Gene, Bits und Ökosysteme

Theorie in der Ökologie
Herausgegeben von Broder Breckling

Band 9

PETER LANG
Frankfurt am Main · Berlin · Bern · Bruxelles · New York · Oxford · Wien

Hauke Reuter
Broder Breckling
Arend Mittwollen
(Hrsg.)

Gene, Bits und Ökosysteme

Implikationen neuer Technologien
für die ökologische Theorie

PETER LANG
Europäischer Verlag der Wissenschaften

Bibliografische Information Der Deutschen Bibliothek
Die Deutsche Bibliothek verzeichnet diese Publikation in der Deutschen
Nationalbibliografie; detaillierte bibliografische
Daten sind im Internet über <http://dnb.ddb.de> abrufbar.

Die Titelgrafik enthält einen kleinen Ausschnitt
aus einem Satellitenbild in starker Vergrößerung.
Die dabei hervortretende Rasterung
symbolisiert die Heterogenität der Skalenbeziehung
in der Ökologie.

ISSN 1615-374X
ISBN 3-631-51545-6
© Peter Lang GmbH
Europäischer Verlag der Wissenschaften
Frankfurt am Main 2003
Alle Rechte vorbehalten.

Das Werk einschließlich aller seiner Teile ist urheberrechtlich
geschützt. Jede Verwertung außerhalb der engen Grenzen des
Urheberrechtsgesetzes ist ohne Zustimmung des Verlages
unzulässig und strafbar. Das gilt insbesondere für
Vervielfältigungen, Übersetzungen, Mikroverfilmungen und die
Einspeicherung und Verarbeitung in elektronischen Systemen.

www.peterlang.de

Danksagung

Die Herausgeber möchten sich auf diesem Weg ganz herzlich bei den Kolleginnen und Kollegen bedanken, die durch ihre Begutachtung und Kommentierung der Artikel einen qualitativ wichtigen Beitrag zu diesem Band geleistet haben.

Jan Barkmann, Göttingen

Uta Berger, Bremen

Michael Bredemeier, Göttingen

Martin Diekmann, Bremen

Arnim von Gleich, Bremen

Volker Grimm, Leipzig

Carsten Harms, Bremen

Sylvia Herrmann, München

Georg Hörmann, Kiel

Fred Jopp, Berlin

Michael Kleyer, Oldenburg

Anke Jentsch, Leipzig

Winfried Kurth, Cottbus

Joseph Müller, Bremen

Boris Oberheitmann, Bremen

Thomas Potthast, Tübingen

Björn Reineking, Leipzig/Zürich

Karl-Heinz Simon, Kassel

Boris Schröder, Oldenburg

Anne Theenhaus, Augsburg

Ludwig Trepl, Freising

Ulrike Weiland, Freising

Die Autorinnen und Autoren

Arnold von Bosse
Bauamt der Hansestadt Stralsund
a.v.b@in-mv.de

Peter Borgmann
Spezielle Botanik, Universität Osnabrück
Barbarastr. 11, 49076 Osnabrück
Peter.Borgmann@Biologie.Uni-Osnabrueck.de

Andreas Born
UFT, Abt 12 (Physiogeographie), Leobener Str
Universität Bremen, 28334 Bremen
born@uni-bremen.de

Ruth Brauner
Öko-Institut e. V., Postfach 6226, 79038 Freiburg
r.brauner@oeko.de

Broder Breckling
Zentrum für Umweltforschung und Umwelttechnologie (UFT), Abt. Allgemeine und Theoretische Ökologie, Universität Bremen, Leobener Str, 28357 Bremen
broder@uni-bremen.de

Ulrich Burkhardt
Zentrum für Umweltforschung und Umwelttechnologie (UFT), Abt. Allgemeine und Theoretische Ökologie, Universität Bremen, Leobener Str, 28357 Bremen
ulrichbu@uni-bremen.de

F. Wilhelm Dahmen
Lorbacher Weg 6, 53894 Mechernich

Hans-Christoph Dahmen
Soorstr. 73, 14050 Berlin
chris.dahmen@gmx.de

Michael Glemnitz
Zentrum für Agrarlandschafts- und Landnutzungsforschung (ZALF) e.V., Eberswalder Str. 84
15374 Müncheberg
mglemnitz@zalf.de

Michael Hauhs
BITÖK, Bayreuth Institute for Terrestrial Ecosystem Research, University of Bayreuth, 95440 Bayreuth
michael.hauhs@bitoek.uni-bayreuth.de

Mathias Kirsten
Fraunhofer-Gesellschaft, Schloß Birlinghoven
53754 Sankt Augustin
mathias.kirsten@zv.fhg.de

Dietmar Kraft	Universität Bremen, Institut für Ökologie und Evolutionsbiologie (IFOE), Abteilung Aquatische Ökologie, 28334 Bremen dietmar.kraft@uni-bremen.de
Hendrik Laue	Institut für Umweltphysik, Universität Bremen Postfach 330 440, 28334 Bremen hlaue@iup.physik.uni-bremen.de
Holger Lange	BITÖK, Bayreuth Institute for Terrestrial Ecosystem Research, University of Bayreuth, 95440 Bayreuth holger.lange@bitoek.uni-bayreuth.de
Karin Mathes	Bürgerschaftsfraktion von B90/Die Grünen in Bremen, Schlachte 19/20, 28195 Bremen Karin.Mathes@gruene-bremen.de
Gertrud Menzel	Zentrum für Umweltforschung und Umwelttechnologie (UFT), Abt. Allgemeine und Theoretische Ökologie, Universität Bremen, Leobener Str, 28357 Bremen gmenzel@uni-bremen.de
Ulrike Middelhoff	Universität Kiel, Ökologiezentrum, Olshausenstr. 75 uli@ecology.uni-kiel.de
Arend Mittwollen	Parkalle 87, 28025 Bremen mittwoll@yahoo.de
Ulrich Mönninghoff	Spezielle Botanik, Universität Osnabrück Barbarastr. 11, 49076 Osnabrück
Barbara Neuffer	Spezielle Botanik, Universität Osnabrück Barbarastr. 11, 49076 Osnabrück neuffer@biologie.uni-osnabrueck.de
Anni Nottebaum	Geschäftsstelle der Fraktion von B90/Die Grünen in Bremen, Schlachte 19/20, 28195 Bremen Anni.Nottebaum@gruene-bremen.de
Björn Reineking	Department of Ecological Modelling, Centre for Environmental Research Leipzig-Halle, Permoserstraße 15, 04318 Leipzig, Germany Natural and Social Science Interface (ETH-UNS), Swiss Federal Institue of Technology, Haldenbachstr. 44, ETH-Zentrum HAD, 8092 Zurich bjorn@oesa.ufz.de

Hauke Reuter	Zentrum für Umweltforschung und Umwelttechnologie (UFT), Abt. Allgemeine und Theoretische Ökologie, Universität Bremen, Leobener Str, 28357 Bremen hauke.reuter@uni-bremen.de
Gunther Schmidt	Institut für Umweltwissenschaften (IUW), Forschungszentrum für Geoinformatik und Fernerkundung (FZG), Hochschule Vechta, Oldenburger Str. 97, 49377 Vechta gschmidt@iuw.uni-vechta.de
Boris Schröder	Landscape Ecology Group, Carl-von-Ossietzky University of Oldenburg, P.O. Box 2503, 26111 Oldenburg boris.schroeder@uni-oldenburg.de
Winfried Schröder	Institut für Umweltwissenschaften (IUW), Forschungszentrum für Geoinformatik und Fernerkundung (FZG), Hochschule Vechta, Oldenburger Str. 97, 49377 Vechta winfried.schroeder@ispa.uni-vechta.de
Manfred Stöckler	FB 9, Universität Bremen, Postfach 330440 28334 Bremen stoeckl@uni-bremen.de
Michael Weingarten	Institut für Philosophie, Universität Marburg Blitzweg 16, 35039 Marburg Susanne.Weingarten@t-online.de
Angelika Wurbs	Zentrum für Agrarlandschafts- und Landnutzungsforschung (ZALF) e.V., Eberswalder Str. 84 15374 Müncheberg awurbs@zalf.de

Inhaltsverzeichnis

Hauke Reuter, Broder Breckling & Arend Mittwollen
  Einleitung: Die Rolle von neuen Technologien 11
  für die ökologische Theorie

Broder Breckling & Ulrike Middelhoff
  Biologische Risikoforschung zu gentechnisch veränderten 19
  Pflanzen in der Landwirtschaft:
  Das Beispiel von Raps in Norddeutschland

Ulrich Burkhardt
  Molekulare Taxonomie – Königsweg oder Werkzeug 47

Barbara Neuffer & Ulrich Mönninghoff
  Prähistorische, historische und gegenwärtige Invasionen – 65
  molekularsystematische Methoden zeichnen die Biogeographie
  von Kreuzblütlern (Brassicaceae) nach

Michael Weingarten
  Die Vielfalt der Genetiken und ihre Reduktion auf 89
  eine Technik

Hauke Reuter
  Objektorientierung als Modellierungsoption: 103
  Neue Möglichkeiten für den ökologischen Erkenntnisprozess

Dietmar Kraft
  Aufbau eines Entscheidungsunterstützungssystems für das 121
  Küstenzonenmanagement: Konzeption und Entwicklung
  eines DSS aus küsten-ökologischer Sicht

Michael Hauhs & Holger Lange
  Virtualities and Realities of Artificial Life 137

Holger Lange & Michael Hauhs
  Interactive Modelling of Ecosystems 153

Björn Reineking & Boris Schröder
    Computer-intensive methods in the analysis of 165
    species-habitat relationships

Mathias Kirsten & F. Wilhelm Dahmen
    Einsatz von Data Mining Techniken zur Analyse 183
    ökologischer Standort- und Pflanzendaten

F. Wilhelm Dahmen & Hans-Christoph Dahmen
    EDV-gestützte Analysen von Boden- und Vegetations- 197
    aufnahmen mit dem Informationssystem TERRA BOTANICA

Arend Mittwollen
    Emergenz in der Ökologie – Philosophische Untersuchungen 215
    zu einem Modebegriff der Ökologie

Broder Breckling & Hauke Reuter
    Bedeutungsebenen des Emergenzbegriffs in der Ökologie 225
    und in der Systemtheorie

Manfred Stöckler
    Über die vielen Formen des Realismus 235

Karin Mathes, Arnold von Bosse & Anni Nottebaum
    Transfer- und Vollzugsdefizite bei der Umsetzung umwelt- 247
    fachlicher Erkenntnisse in Politik und Verwaltung

> GfÖ Arbeitskreis Theorie in der Ökologie 2003: Gene, Bits und Ökosysteme (Hrsg: H. Reuter, B. Breckling, & A. Mittwollen), P. Lang Verlag Frankfurt/M; 11-16

Einleitung: Die Rolle von neuen Technologien für die ökologische Theorie

Hauke Reuter[1], Broder Breckling[1] & Arend Mittwollen[2]

[1]*Zentrum für Umweltforschung und Umwelttechnologie (UFT)*
Abt. Allgemeine und Theoretische Ökologie
Universität Bremen, Leobener Str, 28357 Bremen
hauke.reuter@uni-bremen.de, broder@uni-bremen.de

[2]*Parkalle 87, 28025 Bremen*
e-mail: mittwoll@yahoo.de

1 Hintergrund

Die Vielzahl der neuen Entwicklungen in unterschiedlichen Wissenschaftsbereichen eröffnet zahlreiche neue Möglichkeiten in der Gestaltung des menschlichen Umgangs mit der Natur. Schon heute werden Grenzen, die lange als unüberwindbar erschienen, täglich überschritten. Häufig bezieht sich dies auf Entwicklungen aus dem Bereich der Molekularbiologie/Genetik und der Informationstechnologie. Entwicklungen in der aktuellen gesellschaftlichen Diskussion wie z. B. Artificial Life, Robotik, Genom-Entschlüsselung, Klonen, ... belegen diese Entwicklung. Neben der direkten Anwendung in Medizin, Landwirtschaft und industrieller Produktion haben diese technologischen Entwicklungen direkte und indirekte Auswirkungen auf ökologische Zusammenhänge.

Eingriffe in den Naturhaushalt und deren Auswirkungen beschäftigen von Beginn an die ökologische Theoriebildung. Mit der Entwicklung und Anwendung neuer technologischer Möglichkeiten verändern sich die Einwirkungsqualitäten und die Wirkungsskalen. Betroffen hiervon sind ökologische Beziehungen von der molekularen bis zur globalen Ebene.

Wenn in einem Wissenschaftsbereich grundlegende Innovationen erreicht werden, eröffnet das nicht nur potenzielle neue Anwendungsfelder in der jeweiligen Disziplin selbst. Ermöglicht werden darüber hinaus häufig auch neue Entwicklungsbedingungen für *andere* Wissenschaftsfelder. Für die Ökologie sind es insbesondere die Erkenntnisse und Anwendungen aus der Molekularbiologie und der Informatik, die in dieser Hinsicht besondere Bedeutung erlangen.

Zu dem skizzierten Themenkreis hatte der Arbeitskreises Theorie in der Ökologie 2002 zur Jahrestagung nach Bredbeck (bei Bremen) eingeladen, um zu diskutieren, wie sich die Problemstellungen, Methoden und Ergebnisse der ökologischen Theoriebildung durch die Anwendung von aktuellen Entwicklungen in Bio-, Gen- und Informationstechnologien verändern. Aus jeweils unterschiedlicher Perspektive sollte das Spannungsfeld beleuchten werden, das sich zwischen ökologischer Praxis, Schutzgütern (z.B. in den Bereichen Biodiversität und Nachhaltigkeit) und daraus abzuleitenden wissenschaftstheoretischen und ethischen Fragestellungen ergibt.

Auf der Tagung wurde diese Diskussion in drei verschiedene Sektionen gegliedert, denen auch die Strukturierung des vorliegenden Bandes folgt: Der Bereich **Gene** legt den Schwerpunkt neben den neuen Erkenntnismöglichkeiten, die sich durch den Einsatz von molekularbiologischen Methoden für die ökologische Anwendung ergeben, auch auf die Analyse des Gefährdungspotenzials von Anwendungsbereichen der 'Grünen' Gentechnologie. In dem Abschnitt **Bits** wird ein Überblick über die Entwicklungen in den für die Ökologie relevanten Bereiche der Informationstechnologie gegeben, z.B. ökologische Modellbildungen, Datenbanken und Analysemethoden. Der Bereich der **Öko-Systeme** thematisiert weiterreichende Zusammenhänge, die auch gesellschaftlichen Entwicklungen und deren Implikationen beinhalten.

2 Gene

Die Molekularbiologie hat in ihrem Bezug auf die Ökologie einen ambivalenten Charakter. Zum einen liefert sie beispielsweise für bisher unzugängliche populationsökologische Fragestellungen neue Methoden und Zugangswege, z.B. für die Erfassung von Populationsstrukturen, Ausbreitungsanalysen, und paläoökologische Themen. Anderseits ermöglicht sie aber auch das Schaffen von Organismen mit genetischen Eigenschaften, die in der konventionellen Tier- und Pflanzenzüchtung nicht erreicht werden konnten und die in das ökologische Gefüge bisher nicht vorhandene Interaktionsmuster einfügen können. Die Freisetzung gentechnisch veränderter Organismen und ihre Interaktion mit der Vielfalt der natürlichen Gegebenheiten bringt qualitativ neuartige und sich unter Umständen selbst reproduzierende Risiken und Gefahren mit sich, die aus ökologischer Sicht nicht abschließend prospektiv einschätzbar sind, die aber dennoch Regelungs- und Entscheidungsbedarf für den Umgang mit den entsprechenden Möglichkeiten erfordern.

Letzterer Themenkomplex wird in dem Artikel von BRODER BRECKLING ET AL. (**Seite 19**) behandelt, in dem exemplarisch an Raps Risiken erläutert und diskutiert werden, die sich durch den Einsatz gentechnisch veränderter Pflanzen in der Landwirtschaft ergeben. In dem Beitrag werden mehrere Vorträge, die auf Tagung gehalten wurden, zusammengefasst. Der Schwerpunkt des von den AutorInnen vorgestellten Projektes GenEERA liegt auf der ökologischen Evaluierung des Ausbreitungs- und Auskreuzungspotentials von Raps für unterschiedliche Anbaukonstellationen und Umweltbedingungen für Norddeutschland. Durch die Kombination unterschiedlicher Modellierungsmethoden wird es ermöglicht, eines der wesentlichen Probleme beim Einsatz von GVPs, nämlich deren Verbleib bzw. Ausbreitungspotenzial, abzuschätzen.

Zu dem anderen Aspekt einer verbesserten und vertieften ökologischen Analyse durch Anwendung molekularbiologischer Methoden gibt der Beitrag von ULRICH BURKHARDT (**Seite 47**) einen Einblick. Er greift schwerpunktmäßig den Bereich der molekularen Taxonomie auf.

Aufbauend auf einem einführenden Überblick über das aktuelle Methodenrepertoire werden die sich hieraus ergebenden Möglichkeiten diskutiert und der 'klassischen' Taxonomie gegenüber gestellt. Der Beitrag von BARBARA NEUFFER & ULRICH MÖNNINGHOFF (**Seite 65**) zeigt exemplarisch an der Biogeographie von Kreuzblütlern (Brassicaceae) einen Einsatzbereich des neuen Methodenrepertoires auf. Molekularbiologisch lassen sich vielfach der Ursprung von ökologischen Invasionen und deren geschichtlicher Verlauf nachvollziehen und hieraus Implikationen für Invasionsprozesse ableiten, die potenziell wiederum für die Ausbreitungsabschätzung von GVPs Bedeutung gewinnen können.

In dem letzten Beitrag des Abschnitts diskutiert MICHAEL WEINGARTEN (**Seite 89**) die Stellung und Entwicklung der Gentechnologie im Kontext der sich mit Genen und deren Eigenschaften befassenden Wissenschaften. Aus diesen Betrachtungen wird abgeleitet, dass mehrere Genetiken mit jeweils eigenen Forschungsgegenständen existieren, wobei die molekulare Genetik konstituierend für die Gentechnik als industrielles Produktionsverfahren ist. Im Rahmen der gesellschaftlichen Debatte zu Chancen und Risiken der Gentechnik konstatiert WEINGARTEN eine Verkürzung dieser Entstehungsgeschichte aus strategischen und anwendungsorientierten Gründen.

3 Bits

In der Informationstechnologie sind in den letzten Jahren zahlreiche wichtige Entwicklungen mit großen potentiellen Auswirkungen für die ökologische Theoriebildung erfolgt. Dies bezieht sich zum einen auf die technologische Entwicklung in Bezug auf Rechnergeschwindigkeit und -verfügbarkeit, auf Datenerfassung und Speicherkapazitäten, aber auch auf die Entwicklung von Software, Analyse und Darstellungsmethoden sowie die Verknüpfung unterschiedlicher Datentypen. Hierdurch haben sich Umfang und Reichweite der Datengewinnung, -verarbeitung und das Potenzial der ökologischen Modellbildung nachhaltig verändert. Die heraus resultierenden Potenziale bedürfen der Reflexion.

In dem einleitenden Beitrag von HAUKE REUTER (**Seite 103**) wird aufgezeigt, welche neuen Möglichkeiten sich durch die Etablierung der objektorientierten Programmierung (OOP) in der ökologischen Modellbildung ergeben. Prozesse und Strukturen sowie Interaktionen, vor allem auf der organismischen Ebene, können hierdurch flexibel und in zuvor schwer erreichbarer Detailliertheit repräsentiert werden. Die Modellergebnisse entstehen in Form von Selbstorganisationsprozessen, die aus den Interaktionen der dargestellten Komponenten hervorgehen. An Modellen zu Nahrungsnetzinteraktionen, Dispersion und zu sozialen Interaktionen wird der Erkenntnisbereich erläutert, der für die Ökologie neu erschließbar ist.

Die Verknüpfung von verteiltem und multidisziplinärem Expertenwissen zu einem Entscheidungsunterstützungssystem (Decision Support System, DSS) ist Thema des Artikels von DIETMAR KRAFT (**Seite 121**). Entscheidungsunterstützungssysteme können es erleichtern, Folgewirkungen in komplexen Systemen durch die Verknüpfung unterschiedlicher Informationsebenen und -typen überschaubarer zu machen und tragen so zur Verbesserung von Entscheidungsfindungen bei. Das als Beispiel vorgestellte System soll aus der Sicht verschiedener wissenschaftlicher Disziplinen ein präventives Risikomanagement für die norddeutsche Küstenregion ermöglichen und die gewonnenen Erkenntnisse Entscheidungsträgern wie auch einer breiten Öffentlichkeit zugänglich machen. Der potentiellen Undurchsichtigkeit der eingehenden Informationen und deren Verknüpfungen begegnet der Autor mit dem Hinweis, dass ein DSS Entscheidungen vorbereitet, mögliche Konsequenzen aufzeigt, aber die öffentliche bzw. politisch-administrative Entscheidungsfindung keineswegs ersetzt.

Ausgehend von ihrer These, dass die moderne Informationstechnologie die Untersuchung der Eigenschaften von lebenden Systemen aus einer neuen Perspektive erlaubt, stellen MICHAEL HAUHS & HOLGER LANGE (**Seite 137**) die ihrer Ansicht nach entscheidende Rolle von Interaktionen in der Mittelpunkt ihrer Betrachtungen. Bei der Untersuchung der Frage nach dem Charakteristischem in lebender System kommt der Informationstechnologie eine führende Rolle zu, wodurch sie einen Rahmen für die theoretische Ökologie abgibt. Forschungen im Bereich 'Artificial Life' (AL) untersuchen abstrakte Eigenschaften lebender Systeme, indem sie diese mit Hilfe von technischen Substraten nachvollziehen. Das Verhalten der dabei konzipierten Entitäten wird nicht allein durch interne Strukturen vorgegeben, sondern durch Interaktionen mit dem Außen bestimmt und in dem Sinne auch erst konstituiert. Auf dieser Grundlage schlagen die Autoren eine neue Klassifikation für Artificial Life und Ökosystemmodelle vor, die auf dem Grad der Interaktivität beruht. Ein Exemplifizierung präsentieren HOLGER LANGE & MI-

CHAEL HAUHS in einem zweiten Aufsatz (**Seite 153**). Basierend auf dem Konzept der autonomen Agenten erläutern sie die theoretischen Grundlagen eines interaktiven Multiagentensystems zur Darstellung von Ökosystemen. Als interaktives System bestehen beliebige Eingriffsmöglichkeiten für menschliche Akteure. Beispielhaft wird die Realisierung anhand eines Waldsimulationssystems aufgezeigt.

Die Entwicklung von neuen Analyseverfahren für umfangreiche Datensätze ist ein weitere Aspekt der Informationstechnologie, der wichtige neue ökologische Anwendungen ermöglicht. Hierzu stellen BJÖRN REINEKING & BORIS SCHRÖDER (**Seite 165**) ein Verfahren vor, welches es gestatten soll, aus einer Vielfalt von Habitateigenschaften die Vorkommenswahrscheinlichkeiten von Arten vorherzusagen. Sie evaluieren unterschiedliche Methoden zur Begrenzung der Modellkomplexität und Überprüfung der Vorhersagegenauigkeit u.a. das *stepwise backward* Verfahren und *penalized maximum likelihood*. Eine interne Validierung mittels *Bootstrap* wird zur Abschätzung der Modellgüte benutzt.

Einen verwandten Bereich stellen MATHIAS KIRSTEN & F. WILHELM DAHMEN (**Seite 183**) vor. Die Autoren analysieren die Zusammenhänge zwischen lokalen Standortfaktoren und der Artenzusammensetzung der Phytozönose mittels Methoden des Data Mining bzw. des maschinellen Lernens und schließen zurück vom Vorkommen auf die jeweils benötigten Faktorenkonstellationen der Umwelt. Dies erfolgt unter Einbeziehung von Unsicherheiten (Unvollständigkeit bzw. Ungenauigkeit) in Daten. Die Methode erlaubt es, auf der breiteren Basis von datenbankbasierten Vegetationsaufnahmen Standortansprüche von Pflanzen abzuleiten, die hinsichtlich Genauigkeit und Berücksichtigung des Zusammenwirkens verschiedener Umweltfaktoren die bisherigen Möglichkeiten übertreffen. Die Daten für die Entwicklung der Analysemethode stammen aus dem Datenbanksystem TERRA BOTANICA, welches in dem Beitrag von F. WILHELM DAHMEN & HANS-CHRISTOPH DAHMEN (**Seite 197**) vorgestellt wird. Diese Datenbank enthält eine große Anzahl von Informationen zu pflanzlichen Standortansprüchen, die sowohl als Grundlage für die Charakterisierung von Pflanzenansprüchen wie für die Auswertung von Standorten für Managementverfahren dienen können.

4 Öko-Systeme

In dem abschließendem Bereich **Öko-Systeme** sind die Beiträge enthalten, die sich mit unterschiedlichen gesellschaftlichen Auswirkungen und Betrachtungsweisen von neuen Technologien beschäftigen sowie Beiträge zur Erkenntnistheorie. Die Breite des angesprochenen Themenfeldes bringt es mit sich, daß exemplarische Aspekte für eine vertiefte Behandlung ausgewählt werden müssen.

Ein Grundproblem der Analyse des ökologischen Gefüges ist der Umgang mit komplexen, über verschiedene Skalenbereiche vernetzten Zusammenhänge. Ein Ansatz, ein solches Gefüge konzeptionell zu ordnen, wird mit dem Konzept der „emergenten Eigenschaften" verbunden. Dieses entstammt der Philosophie, seine Anwendung in der Ökologie ist aber nicht unumstritten. In Verbindung mit den skizzierten technischen Möglichkeiten gewinnt die gedankliche Ordnung, die wir komplexen Zusammenhängen unterlegen, neue Bedeutung. Dies ist ein Grund, warum der Diskurs über theoretische Grundkonzepte sich diesem veränderten Rahmen stellen muß. Hierzu stellen die Herausgeber des Bandes zwei kontroverse Sichtweisen vor. AREND MITTWOLLEN (**Seite 215**) analysiert den Begriff aus historisch-philosophischer Perspektive. Dabei weist er nach, daß die aus der überkommenen philosophischen Debatte resultierende Begriffsspezifizierung für die moderne Ökologie wenig hilfreich ist. Er nennt Gründe, die ihn veranlassen, von der Verwendung des Konzeptes abzuraten. Im Gegensatz hierzu verweisen BRODER BRECKLING & HAUKE REUTER (**Seite 225**) darauf, dass in der Systemanalyse der Emergenzbegriff einen Bedeutungswandel erfahren hat, der es rechtfertigt, den Begriff beizubehalten und ihn als Ordnungskriterium zu etablieren, das um so wichtiger wird, je differenzierter das von der Ökologie zu überblickende Wechselwirkungsrepertoire wird, das sich über die Vielzahl von Skalen zwischen dem molekularen und dem globalen Bereich erstreckt, und das durch die neuen technologischen Optionen noch zunehmend aufgeweitet wird. Der Emergenzbegriff wird dazu an verschiedenen Beispielen aus dem ökologischen Kontext erläutert.

MANFRED STÖCKLER (**Seite 235**) schafft in seinem erkenntnistheoretisch ausgerichteten Artikel Klarheit hinsichtlich zentraler erkenntnistheoretischer Grundpositionen. Er bringt Ordnung in die verwirrenden Auffassungen, die zu den Begriffen des Realismus und des Konstruktivismus vertreten werden. Für die Wissenschaftspraxis im allgemeinen und die Ökologie im besonderen sind die erkenntnistheoretischen Grundlegungen deshalb wichtig, weil sie in Bewertungsprozessen und im Hinblick auf Interpretationen von Befunden und in Folge schließlich auch auf der Ebene der Handlung zu unterschiedlichen Folgen führen können. M. STÖCKLER schließt seinen Beitrag mit einem Plädoyer für eine gemäßigt realistische Sichtweise.

Eine Analyse zur Wirksamkeit ökologischer Expertise in der Praxis ist ein Vorhaben, das den isolierten wissenschaftlichne Kontext überschreitet. In welchem Verhältnis stehen ökologisches Wissen und der Gebrauch, der in der gesellschaftlichen Praxis davon gemacht wird? KARIN MATHES, ARNOLD VON BOSSE & ANNI NOTTEBAUM stellen sich in ihrem Beitrag diesem Problem mit einem Erfahrungsbericht aus der praktischen Naturschutzpolitik. Sie veranschaulichen Transfer- und Vollzugsdefizite, die bei der Umsetzung umweltfachlicher Erkenntnisse in Politik und Verwaltung bestehen (**Seite 247**). Sie weisen nach, daß auch hier zu eine Ebenendifferenzierung zunehmend die Randbedingungen prägt. Der rechtliche Rahmen für die Umsetzung umweltfachlicher Erkenntnisse wird zunehmend von der Europäischen Union geschaffen. Das Zusammenspiel dieser Vorschriften mit nationalen bzw. föderalen Vorgaben kann zu partiell antagonistischen Konstellationen führen. Dies verdeutlichen beispielhaft Defizite auf untergeordneter Ebene wie z.B. vorsätzliche Zuwiderhandlungen gegen den Rechtsrahmen auf der Ebene von Landesregierungen. Dies zeigen Beispiele aus Bremen und Mecklenburg-Vorpommern, die die AutorInnen aus ihrem eigenen Erfahrungsbereich berichten.

Mit diesem Beitrag beschließen wir die Themenfolge. Der Band zeigt deutlich, daß die technologischen Durchbrüche, von denen die Ökologie profitiert, gleichzeitig Umbrüche in der Theoriebildung nach sich ziehen. Dies fordert die Theoriebildung heraus, die funktionalen Möglichkeiten, ihre gedankliche Reflexion und die Vertretbarkeit ihres Einsatzes in ein kohärentes Verhältnis zu stellen. Mit der Herausgabe dieses Bandes möchten wir diesen Prozess weniger abschließen als mit einigen Kernbeiträgen darauf hinweisen, daß in diesem Bereich nach wie vor ein erheblicher Bedarf besteht, das technisch Neue so zu verarbeiten, daß dessen Implikationen für das gesellschaftliche Verhältnis zur Natur und dessen Reflexion nicht in disparate Unverbundenheit zerfallen. Sonst bleiben wir dabei, daß wir von den Folgewirkungen, die sich in einer Anwendungsdomäne ergeben, in den anderen Domänen überrascht werden.

Gene

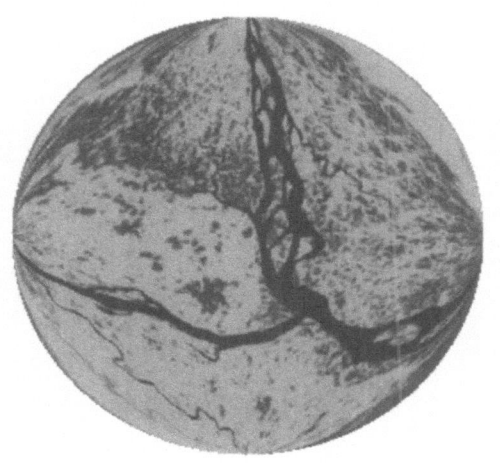

Biologische Risikoforschung zu gentechnisch veränderten Pflanzen in der Landwirtschaft: Das Beispiel Raps in Norddeutschland

Broder Breckling[1], Ulrike Middelhoff[2], Peter Borgmann[3], Gertrud Menzel[1], Ruth Brauner[4], Andreas Born[5], Hendrik Laue[6], Gunther Schmidt[7], Winfried Schröder[7], Angelika Wurbs[8] & Michael Glemnitz[8],

[1] UFT, Abt. 10 (Ökologie), Universität Bremen, Leobener Str, 28357 Bremen, broder@uni-bremen.de, gmenzel@uni-bremen.de

[2] Universität Kiel, Ökologiezentrum, Olshausenstr. 75, uli@ecology.uni-kiel.de

[3] Spezielle Botanik, Universität Osnabrück, Barbarastr. 11, 49076 Osnabrück, Peter.Borgmann@Biologie.Uni-Osnabrueck.de

[4] Öko-Institut e. V., Postfach 6226, 79038 Freiburg, r.brauner@oeko.de

[5] UFT, Abt 12 (Physiogeographie), Leobener Str, Universität Bremen, 28334 Bremen, born@uni-bremen.de

[6] Institut für Umweltphysik, Universität Bremen, Postfach 330 440 28334 Bremen, hlaue@iup.physik.uni-bremen.de

[7] Institut für Umweltwissenschaften (IUW), Hochschule Vechta, Oldenburger Str. 97, 49377 Vechta, gschmidt@iuw.uni-vechta.de, winfried.schroeder@ispa.uni-vechta.de

[8] Zentrum für Agrarlandschafts- und Landnutzungsforschung (ZALF) e.V., Eberswalder Str. 84, 15374 Müncheberg, awurbs@zalf.de, mglemnitz@zalf.de

Abstract

The production of genetically modified (GM) plants became feasable as a result of biotechnological advancement. Oilseed rape is one of the species where genetical modifications have been applied. Admission for these varieties in Europe is sought but not yet given. Biosafety research attempts to analyse potential implications and processes which may result from an introduction and commercialisation of this GM crop in Europe. The paper presents the current state of the joint research project GenEERA (Generic analysis and extrapolation of oilseed rape dispersal), which aims at an extrapolation of potential interaction of GM oilseed rape and conventional crops as well as feral populations and potential hybridisation partners. The paper presents the projects approach to combine information on different integration levels, on the molecular and eco-physiological level, up to geographical information and remote sensing data in order to estimate potential distribution dynamics on the landscape level for larger regions. The investigation area of the project is Northern Germany. Results which are already obtained concern regional phenological implications, cultivation density by remote sensing and feral population density estimations based on vegetation surveys. It can be expected, that in case of commercialisation cross-pollination between neighbouring fields will take place and that the persistence time of transgenic varieties outside cultivation areas may be in the order of magnitude of decade(s). The approach gives an example, how ecological modelling can be used to combine different information levels to derive conclusions on higher scale.[1]

Keywords: genetically modified organisms (GMO), oilseed rape, biosafety research, ecological risk

Schlüsselworte: genetisch veränderte Organismen, Raps, biologische Sicherheitsforschung, ökologische Risiken

1 Einführung: Die Bedeutung von Raps als Forschungsobjekt in der ökologisch orientierten Risikoforschung

Aus der Kombination und dem Zusammenwirken verschiedener, zuvor getrennt operierender Arbeitsgebiete ergeben sich häufig Innovationen, die aus isolierter Einzelperspektive nicht erreicht werden können. Eine solche Erweiterung des Erkenntnisrahmens wie auch des Nutzungspotenzials folgte beispielhaft aus der Einführung neuer molekularer Arbeitstechniken in die Pflanzenzüchtung. In ebenso großem Maße erweiterten sich durch die Anwendung molekularbiologischer Methoden die Möglichkeiten der biologischen Risikoforschung. Letztere kombiniert ein breites Spektrum biogeographischer, ökologischer, physiologischer und biochemischer Methoden, unter anderem um Aussagen über das Umweltverhalten von gentechnisch veränderten (GV-) Pflanzen zu machen. Während in der gentechnischen Pflanzenzüchtung eine Erweiterung „nach unten" in den molekularen Bereich hinein stattgefunden hat, integriert die Risikoforschung Erweiterungen in beide Richtungen, „nach unten" wie auch „nach oben" und umfasst neben den molekularen ebenso agronomische Ansätze, klassische autökologische und synökologische Methoden und schließt Fernerkundung sowie Regionalstatistik ein und bringt geografische Informationssysteme und ökologischer Modellbildung zur Anwendung. Dieser Beitrag begründet anhand einer Fallstudie zu Raps (*Brassica napus*) die Notwendigkeit für das komplexe Herange-

---

[1] Der Artikel fasst drei Beiträge zusammen, die im Rahmen der Tagung „Gene, Bits und Ökosysteme" des Arbeitskreises Theorie in der Ökologie gehalten wurden. Schwerpunkte der Einzelbeiträge waren Fernerkundung, Geografisches Informationssystem und Individuenbasierte Modellierung. Zur Abschätzung des Ausbreitungpotenzials von gentechnisch verändertem Raps wurden diese zu einer Systemanalyse verbunden, die die Bezüge von Prozessen auf unterschiedlichen Skalen und Organisationsebenen thematisiert. Hierzu ist die Kombination verschiedener Methoden erforderlich.

hen der ökologischen Risikoforschung mit der Verschiedenheit der Wirkungsebenen, auf denen durch gentechnisch veränderte Organismen in der Umwelt potenzielle Effekte zu erwarten sind.

Raps wird in weiten Teilen Mitteleuropas, in Kanada, den USA und in Australien angebaut. In Deutschland hat der Rapsanbau in den nördlichen und nordöstlichen Bundesländern seinen Schwerpunkt. Raps trägt als Ölsaat zur menschlichen Ernährung bei und liefert darüber hinaus industriell verwertbare Rohstoffe. Die Entwicklung transgener Rapssorten ist aufgrund der Verbreitung des Rapsanbaus kommerziell interessant, weil transgene Sorten patentrechtlich weitergehend schützbar sind als konventionelle Sorten. Für die Risikoforschung in Mitteleuropa ist Raps von besonderer Bedeutung, da sein Ursprungsgebiet und das anderer Brassicaceae-Arten hier und in Südeuropa angenommen wird (siehe http://www.mpiz-koeln.mpg.de/pr/garten/schau/BrassicanapusLvarnapus/Rape.html). Im Gegensatz zu vielen anderen in Mitteleuropa angebauten Kulturpflanzen kommen hier zahlreiche Wildarten vor, mit denen Raps Hybride bilden kann. Für die Biologische Sicherheitsforschung ist eine Abschätzung, welche Rolle Transgene in Wildpopulationen spielen können und wie groß die Interaktionswahrscheinlichkeiten sind, deshalb von besonderem Interesse (siehe http://www.biosicherheit.de). Im hier vorgestellten Forschungsansatz, der verschiedene Organisationsebenen einbezieht, wird der Weg beschrieben, der zur Abschätzung der Ausbreitung und Persistenz transgener Konstrukte und damit zur Beurteilung deren biologischen Risikos zurückzulegen ist. Raps ist für dieses Vorhaben in verschiedener Hinsicht besonders bedeutsam. Der Anbau erfolgt auf einem erheblichen Anteil der landwirtschaftlich genutzten Fläche. In Übersee werden transgene Sorten bereits in großem Umfang kommerziell angebaut. In Europa liegen aktuell mehrere Zulassungsanträge vor (siehe http://www.rki.de/GENTEC/INVERKEHR/INVKLIST.HTM), deren Genehmigung für den Europäischen Raum erstmals den Anbau einer gentechnisch veränderten Pflanze in ihrer Ursprungsregion ermöglichen würde, in der zahlreiche Interaktionen mit verbreiteten Wildarten zu erwarten sind. Die Funde von transgenem Erbmaterial in mittelamerikanischen Landrassen von Kulturmais (QUIST & CHAPELA, 2001)[2] belegen eindringlich die Intensität und Reichweite solcher Interaktionen.

Am Beispiel von Raps lässt sich für den Europäischen Kontext der Zusammenhang verdeutlichen, den die Analyse zurücklegen muss, wenn sie vom molekularen Ereignis der gentechnischen Transformation bis hin zu großräumigen Folgewirkungen für Biodiversität und Landschaftshaushalt potentiell relevante Effekte ansprechen will. Der Beitrag basiert auf Arbeiten des Projekts GenEERA (Generische Erfassung und Extrapolation der Raps-Ausbreitung), das unter dem Förderkennzeichen 0312637 vom BMBF geför-

---

[2]Die Untersuchungen an Mais wurden 2 Jahre nach dem 1998 erlassenen Anbauverbot durch die Mexikanische Regierung durchgeführt. Drei weitere Studien des mexikanischen Umweltministeriums belegen, dass in 11 Gemeinden ca. 3-10% aller untersuchten Pflanzen (Landrassen und Wildformen von Mais) gentechnisch veränderte DNA enthalten, in 4 weiteren Gemeinden waren es 20-60% der Pflanzen. Weitere Informationen hierzu unter http://www.blauen-institut.ch/Pg/pF/all_pf.html

dert wird. Beschrieben werden hier neben den konzeptionellen Grundlagen auch einige der bisher erzielten Teilergebnisse.

2 Von der gentechnischen Transformation zur biologischen Risikoforschung

Die Vielfalt der molekularen Abläufe in einer Zelle ist bei weitem nicht vollständig untersucht. Die Entschlüsselung genetischer und physiologischer Zusammenhänge ist aber so weit fortgeschritten, dass in das Erbgut von Organismen beliebige Gensequenzen eingefügt werden können, die weder auf natürlichem Wege noch mit den bisher verfügbaren Methoden der Züchtung dort hinein gelangen könnten. Als transgen wird ein Organismus bezeichnet, wenn in seinem Genom Sequenzen vorhanden sind, die mit Hilfe gentechnischer Methoden bei ihm oder einem seiner Vorfahren eingefügt wurden. Die Gensequenzen können anderen Organismen oder Viren entstammen; auf gentechnischem Wege können aber auch im Organismus bereits vorhandene Gene vervielfältigt oder umgruppiert werden. Ferner ist es möglich, die Expression vorhandener Gene zu unterdrücken sowie synthetische Sequenzen einzufügen. Dazu ist es nicht ausreichend, lediglich die genetische Information des gewünschten Zielgens zu transferieren. Neben regulatorischen Sequenzen wie Start- und Stopsignalen sind noch weitere Bestandteile mit sekundärer Funktionalität erforderlich, um die gewünschte Wirkung einer gentechnischen Transformation zu erzielen.

Die Startsequenzen - sogenannte Promotoren - sorgen dafür, dass Polymerasen, die den Ablesevorgang von Genen bewirken, eine Bindungsstelle für die Einleitung des Ablesevorgans finden. Im Rahmen der gentechnischen Anwendung müssen diese so geartet sein, dass die Zielgene ausreichend häufig und überall im Genom abgelesen werden. Häufig wird z.B. eine Promotorsequenz verwendet, die aus dem Blumenkohl-Mosaikvirus (CaMV) stammt (BRAND, 1995). Dieser Teil eines parasitären Genoms ist im Rahmen einer natürlichen Virusinfektion daraufhin ausgelegt, den Zellstoffwechsel einer Wirtspflanze zugunsten der eingedrungenen viralen Gene umzusteuern. Der CaMV-Promotor besitzt in dieser Hinsicht eine wesentlich höhere Wirksamkeit als die natürlicherweise in der Zelle vorkommenden Promotoren. Ohne effizienten Promotor würden Transgene sonst trotz Weitervererbung in der Zelle das erwünschte Genprodukt nicht im angestrebten Umfang bilden.

In vielen Fällen werden zusätzlich Markergene benötigt, um diejenigen Zellen bzw. Organismen selektieren zu können, in denen eine erfolgreiche Transformation stattgefunden hat. Häufig wird eine Antibiotikaresistenz zu diesem Zweck verwendet. Bei einer Antibiotikabehandlung sterben diejenigen Zellen, welche die transgene Sequenz nicht exprimieren. Aus den erfolgreich transformierten Einzelzellen sind schließlich vollständige Pflanzen zu regenerieren. Dies erfolgt mittels Hormonbehandlungen aus einer Gewebekultur der transformierten Zellen.

Sobald der Gesamtorganismus ausgehend von der zellulären Ebene regeneriert ist, beginnen die Untersuchungen seiner Eigenschaften. Dies ist notwendig, weil es mit den etablierten gentechnischen Methoden in der Regel noch nicht möglich ist, bei der Einfügung die Position eines Transgens im Genom gezielt zu bestimmen. Daher kann es je nach Insertionsort zu unterschiedlichen Nachbarschaftseffekten (Positionseffekte, z.B. durch Stilllegung vorhandener Gene, veränderte Regulation benachbarter Gene) kommen. Darüber hinaus können sich in dem gentechnisch veränderten Organismus auch auf molekularer Ebene neuartige Interaktionen ergeben. Artfremde Moleküle, die auf Grundlage der gentechnischen Veränderung gebildet werden, können mit den vorhandenen molekularen Komponenten reagieren und so neben den erwünschten auch unerwartete, neue Eigenschaften bedingen (pleiotrope Effekte, LIPS, 1998).

Aufgrund der Vielfalt der Verknüpfungen auf der molekularen Ebene ebenso wie zwischen der molekularen und der organismischen Ebene ist die Charakterisierung der Eigenschaften eines transformierten Organismus eine umfangreiche Aufgabe. Den Vorrang hat zunächst die Untersuchung der Stabilität des Transgens auf zellulärer Ebene sowie der Grad seiner Expression in den verschiedenen Organen. Von großer Bedeutung sind für die Pflanzenentwickler aber auch agronomisch relevante Eigenschaften.

Im Rahmen des Zulassungsverfahrens können potenzielle Veränderungen überprüft werden, denen der transgene Organismus im Hinblick auf die Nutzung und auf seine Umweltbeziehungen unterliegt. Der Bereich der Nutzung betrifft die Sicherheit als Nahrungsmittel bzw. für den angestrebten Verwendungszweck, also die Wechselwirkungen, denen der Organismus im Hinblick auf die Anthroposphäre unterliegt. Die Umweltbeziehungen betreffen den Bereich der Wechselwirkungen mit der Ökosphäre, die wir hier schwerpunktmäßig betrachten.

Die Überprüfung agronomisch relevanter Eigenschaften beruht auf Untersuchungsprotokollen und Kriterien, die auch im Rahmen der klassischen Pflanzenzucht angewandt werden. Sie stützt sich im wesentlichen auf die Entwicklung der Pflanzen in zeitlicher (Phänologie) und struktureller Hinsicht (Morphologie). Im Rahmen dieser Prüfungen sollten alle Transformanten mit agronomisch relevanten Störungen entdeckt und ausgeschlossen werden können. Die Erfahrung hat jedoch gezeigt, dass Transformanten mit Eigenschaften, die auf besonders gearteten oder nur unter spezifischen Bedingungen auftretenden Wechselwirkungen basieren, unentdeckt bleiben können. So ist erst seit kurzem für GV-Raps bekannt, dass natürlich auftretende Infektionen mit dem Blumenkohl-Mosaikvirus die transgene Eigenschaft unterdrücken können, wenn diese mit einem CaMV-Promotor reguliert ist (AL-KAFF ET AL., 2000). Dieser Effekt beruht auf unerwarteten Wechselwirkungen zwischen dem Virus und erbgleichen viralen Gensequenzen im Genom der transgenen Pflanze. Weitere Fälle unerwarteter Wechselwirkungen, die im Rahmen des kommerziellen Anbaus zu erheblichen finanziellen Ausfällen führten, sind für Baumwolle und Soja bekannt. So entwickelte eine herbizidresistente Baumwollsorte unter Klimastress missgebildete Baumwollkapseln (HAGEDORN, 1997). Eine ebenfalls herbizidresistente Sojasorte wies auf Grund der gentechnischen Veränderung einen unerwartet hohen Ligningehalt auf, der bei erhöhten Temperaturen zur Spaltung der Stengel und damit verbunden zu Ertragseinbußen führte (GERTZ ET AL., 1999; COGHLAN, 1999).

Noch schwieriger gestaltet sich die Prüfung von möglichen Umweltwirkungen. Zum einen hat die Entwicklung von Untersuchungsprotokollen und Kriterien gerade erst begonnen. Zum anderen gehen die Fragestellungen weit über die Ebenen hinaus, die im Falle der Nutzungsaspekte betroffen sind. Durch das Transgen können Räuber-Beute - bzw. Wirt-Parasit Beziehungen betroffen sein oder die Empfindlichkeit des Organismus gegenüber von Pathogenen. Praktisch kann das gesamte ökologische Gefüge, mit dem der Organismus wechselwirkt, durch das Transgen im zeitlichen bzw. räumlichen Ausprägungsmuster beeinflusst werden. Die Beeinflussung kann von dem Transgen selbst ausgehen, indem dieses die Fertilität oder die Überlebensfähigkeit der Pflanze verändert. Beispielhaft ist dies für *Arabidopsis thaliana*, eine verbreitete Versuchspflanze der Gentechnologie, belegt. In einem Versuch wurde diese entfernte Verwandte von Raps durch die Einführung eines Herbizidresistenzgenes unerwartet so verändert, dass die Pflanzen, die sich sonst ausschließlich selbst befruchten, nun auch von anderen Individuen der eigenen Art befruchtet werden konnten (BERGELSON ET AL., 1998). Die Beeinflussung kann auch auf sogenannten sekundären Effekten beruhen. Diese bestehen darin, dass z.B. veränderte Anbau- oder Nutzungsformen ein verändertes Ausbreitungspotenzial oder veränderte Möglichkeiten des Genflusses zu anderen Populationen mit sich bringen. Dass der Genfluss in andere Arten die möglichen Folgewirkungen potenziert, zeigt beispielhaft eine Untersuchung an Sonnenblumen mit einer gentechnisch eingeführten Insektenresistenz. Nachkommen einer Kreuzung aus transgenen Kultursonnenblumen mit wilden Sonnenblumen wiesen neben der erwarteten Insektenresistenz eine unerwartet erhöhte Samenproduktion auf (PILSON ET AL., 2002).

Die Überprüfung von GV-Pflanzen erstreckt sich unter Containment-Bedingungen, d.h. im Labormaßstab und im Gewächshaus, zunächst auf die zelluläre und organismische Ebene. Anschließende Freisetzungsversuche zielen auf die Populations- bzw. Schlag-Ebene („Farm-Scale"). Darüber hinausgehende großräumigere Zusammenhänge wie mögliche Wechselwirkungen zwischen verschiedenen Äckern bzw. mit dem umgebenden agrarisch sowie nicht agrarisch genutzten Raum, Ausbreitungs- und Auskreuzungsprozesse sind bisher weniger untersucht. Für eine Beurteilung der Auswirkungen des routinemäßigen Anbaus („Inverkehrbringen") ist diese Ebene aber letztlich die entscheidende - und auch die am schwersten zu behandelnde. Denn auf großen Skalen kann praktisch nicht experimentiert werden. Aussagen auf dieser Ebene müssen wesentlich aus der synoptischen Extrapolation der untersuchten Teilprozesse abgeleitet werden. Bei transgenen Organismen ergibt sich ein Zusammenwirken bekannter Interaktionen mit einem Gefüge unbekannter Beziehungen. Die Evaluation und Bewertung der beobachtbaren und der potenziell zustandekommenden Resultate ist Gegenstand der biologischen Risikoforschung.

Die Forschungsvorhaben, die das BMBF in diesem Bereich fördert, decken verschiedene Ebenen ab. Darunter sind molekulare Optimierungen der Herstellung transgener Sorten (z.B. die Entwicklung von Transformationsmethoden, die ohne Markergene auskommen), die Untersuchung agronomisch bedeutsamer Eigenschaften der transformierten Pflanzen (z.B. Resistenzeigenschaften einzelner gentechnisch veränderter Sorten) und Nahrungskettenbeziehungen (siehe www.biosicherheit.de). Das Projekt GenEERA untersucht als einziges der vom BMBF geförderten Vorhaben eine Fragestellung, die auf eine Abdeckung eines großen Skalenbereichs abzielt und sich nicht mehr im räumlich begrenzten Experiment behandeln lässt, sondern die Zusammenfassung und Extrapolation des Wissens über beteiligte Detailprozesse erfordert, um daraus Implikationen für den Gesamtzusammenhang abzuleiten.

Als Beispiel, an dem ein solcher Weg der Erkenntnisgewinnung exemplarisch durchgeführt werden soll, wurde die Ausbreitung und Persistenz von Transgenen aus GV-Raps gewählt. Für Raps spricht, dass die ökologischen Zusammenhänge besonders bedeutend sind, da Raps im Gegensatz zu vielen anderen gentechnisch bearbeiteten Kulturpflanzen ein nicht vernachlässigbares Verwilderungspotenzial besitzt. Wild wachsende Bestände kommen häufig an Standorten vor, an denen auch verwandte Wildarten zu finden sind.

3 Gentechnische Veränderungen an Raps: Motivation zur Entwicklung herbizidresistenter Sorten

Die zur Zeit in Entwicklung befindlichen bzw. im Ausland für den Anbau zugelassenen gentechnisch veränderten Pflanzen sind überwiegend solche, die monogen transformiert sind, d.h. die ein bestimmtes Protein bilden, das die gewünschte Eigenschaft vermittelt.

Bei Raps (wie auch bei anderen Kulturpflanzen) kann eine Herbizidresistenz dadurch erreicht werden, dass ein bakterielles Gen zur Expression gebracht wird. Durch diese Transformation sollen betriebsökonomische Verbesserungen erreicht werden. Für die Verbraucher bringen sie keine Vorteile. Totalherbizide können normalerweise nur vor dem Auflaufen der ausgesäten Kulturpflanzen angewendet werden. Nur bei herbizidresistenten Pflanzen kann eine Anwendung auch zu späteren Zeitpunkten der Entwicklung erfolgen, wenn der Unkrautbewuchs sich einer Schadensschwelle nähert. Da Raps nach dem Rosettenstadium einen nahezu geschlossenen Bestand bildet, kann er ohnehin konkurrierende Wildkräuter relativ gut überwachsen. Herbizidanwendungen erfolgen deshalb meist nur im frühen Stadium der Kultur. Ein die Bodenstruktur schonender, erosionsmindernder, pflugloser Anbau soll durch Herbizidanwendungen in jedem Entwicklungsstadium der Kulturpflanze erleichtert werden. Nach bisherigen Erfahrungen in Kanada und in den USA werden im allgemeinen jedoch die Aufwandmengen durch die Herbizid-Resistenztechnik kaum reduziert. Der Nutzen der Herbizidresistenz wird für Raps daher nicht als besonders groß eingeschätzt (AUGUSTIN ET AL., 1998).

Ein ökonomisches Interesse an der Vermarktung herbizidresistenter Kulturpflanzen kann trotz relativ geringen Nutzens für den Anwender aus der Perspektive des Anbieters dadurch begründet sein, dass der Patentschutz für die Komplementärherbizide ausläuft und Nachahmprodukte auf den Markt gebracht werden können. Sofern ein Hersteller von Pflanzenschutzmitteln patentgeschützte herbizidresistente Sorten mit anbietet, kann er dieses Saatgut in einem Paket - Handel vertreiben. Der Käufer des Saatgutes kann vertraglich zur Abnahme des hauseigenen Pestizids verpflichtet werden. Vertraglich untersagt werden kann neben der Anwendung von Konkurrenzprodukten auch der Nachbau bzw. die Weitergabe von selbst geerntetem Saatgut.

4 Die Bedeutung von Raps als Wild- und Kulturpflanze im Untersuchungsraum Norddeutschland

Raps ist eine alte Kulturpflanze (SCHUSTER, 1992) und unterscheidet sich in ihrer Ökologie von vielen anderen kultivierten Arten. Raps vereinigt das Genom zweier anderer Pflanzen, Rübsen (*Brassica rapa*) und Kohl (*Brassica oleracea*) (MORINAGA, 1934). Trotz der jahrhundertelangen Kultivierung hat Raps viele der typischen Wildpflanzeneigenschaften nicht verloren. Dies betrifft insbesondere die Fähigkeit zur Samenausbreitung, die aufgrund der vergleichsweise geringen Platzfestigkeit der Schoten gegeben ist. Das ursprüngliche Verbreitungsgebiet der Ausgangsarten ist der Mittelmeerraum (SINSKAIA, 1928; SCHIEMANN, 1932). Es wird vermutet, dass Raps dort als allotetraploide Pflanze spontan entstanden ist. Dies könnte bei der Kultivierung einer der Ausgangspflanzen erfolgt sein oder möglicherweise auch unabhängig davon beispielsweise als Segetalpflanze.

In Deutschland liegt gegenwärtig ein Schwerpunkt des Rapsanbaus in den Bundesländern Schleswig-Holstein, Mecklenburg-Vorpommern und Brandenburg (**Abb. 1**). Aber auch in den übrigen Bundesländern ist der Rapsanbau verbreitet. Raps liefert ein vielfältig einsetzbares Öl, das sowohl in der Nahrungsmittelindustrie als auch für technische Zwecke verwendet werden kann. In Form von Methylester wird Rapsöl darüber hinaus als Kraftstoff genutzt (Bio-Diesel). Seit gut zehn Jahren sind die unverträglichen sekundären Inhaltsstoffe Glucosinolat und Erucasäure durch züchterische Bearbeitung in den meisten modernen Rapssorten nur noch in minimalem Anteil enthalten. Seitdem kann Rapsschrot als Futtermittel verwendet werden. Als kultivierte Art wird Raps im Rahmen der Florenkartierung üblicherweise nicht mit erfasst. Über das Ausmaß der Verbreitung von wild wachsendem Raps bzw. dem Grad seiner Einbürgerung lagen bis vor kurzem keine verlässlichen Daten vor. Diese wurden im Kontext der biologischen Sicherheitsforschung und paralleler Projekte erstmalig für größere Raumeinheiten erhoben.

5 Systemanalyse von Ausbreitungsprozessen bei Raps: Skalenübergreifende Betrachtung von Wirkungsbeziehungen

Eine Systemanalyse von Umweltwirkungen muss das Zusammenwirken der wesentlichen Gegebenheiten analysieren, die für das Zustandekommen der jeweiligen Phänomene maßgeblich sind. Zu ermitteln sind also im Hinblick auf das Verbreitungspotenzial von transgenem Raps

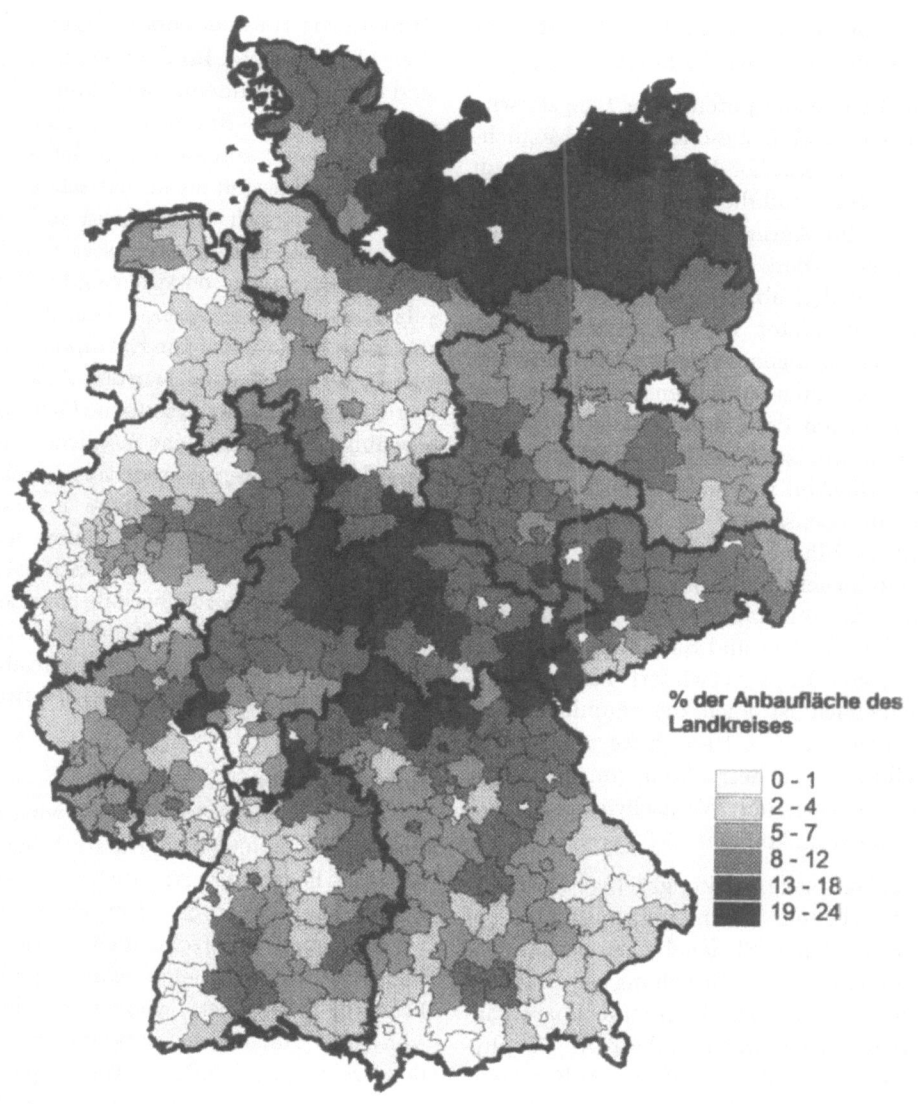

Abb. 1: Die Verbreitung des Rapsanbaus in Deutschland. GIS-Darstellung von R. MISSKAMPF (Bremen) nach Daten aus Statistik Regional 1999 (in Züghart & Breckling, 2003).

diejenigen Faktoren, die für das Vorkommen und die Persistenz von prägender Bedeutung sind. Dazu kann die Analyse der Verbreitung von konventionellem Raps im Zusammenhang mit dem bisherigen Anbau und der Verbreitung von potentiellen Kreuzungspartnern wichtige Grundlagen liefern. Eine entscheidende Frage im Hinblick auf transgenen Raps ist die Möglichkeit des Überdauerns und der Ausbreitung sowohl im Agrarökosystem als auch darüber hinaus.

Zur Evaluation potenzieller Langzeitwirkungen sind insbesondere die Möglichkeiten genetischer Wechselwirkungen zu betrachten und die Verbreitungsmöglichkeiten im Agraraum und auch darüber hinaus. Diese sind zum einen abhängig von den abiotischen Gegebenheiten, wozu in erster Linie Klima- und Bodenbedingungen zählen. Die Möglichkeit der unerwünschten Persistenz von Transgenen beruht auf diesen Gegebenheiten und ist abzuschätzen. Das betrifft Ackerflächen mit konventionellem Rapsanbau ebenso wie landwirtschaftlichgenutzte Flächen mit anderen Kulturen (Durchwuchs aufgrund vorangegangenen Anbaus von Raps) sowie Brachflächen, Ruderalflächen und Saumbiotope, in denen sich Raps verwildert halten kann. Schließlich ist auch die räumliche Verteilung von mit Raps nahe verwandten Wildarten zu betrachten, um die Intensität genetischer Wechselwirkungen abschätzen zu können.

Das komplexe Wirkungsgefüge lässt sich nur erfassen, wenn Informationen auf verschiedenen Skalenebenen zusammengebracht und in Beziehung gesetzt werden. Als kleinräumig untersuchbare Faktoren spielen insbesondere die ökophysiologischen Eigenschaften von Raps eine Rolle, die Reaktion auf unterschiedliche Umweltbedingungen, Keimfähigkeit und Samenüberdauerung. Im großen Maßstab sind Verbreitung des Anbaus sowie klimatische Variationen als Größen zu nennen, die für einen GVP-Impact zu berücksichtigen sind. Die verschiedenen Ebenen müssen zu einem skalenübergreifenden Gesamtbild verbunden werden. Dazu ist zunächst die systematische Erfassung der Einzelaspekte erforderlich.

Klimatische Rahmenbedingungen

Die klimatischen Rahmenbedingungen sind für den Norddeutschen Raum nicht einheitlich. Im Rahmen der meteorologischen Datenaufnahme des Deutschen Wetterdienstes sind die klimatischen Verläufe in räumlich hinreichend differenzierter Weise erfasst, so dass es möglich ist, für Szenarien entsprechende Kompilationen vorzunehmen. Um die klimatische Variabilität für Extrapolationszwecke zu handhaben, wurden Analysen durchgeführt, die es erlauben, Orte auszuwählen, mit denen eine möglichst weitreichende Raumrepräsentativität erreicht werden kann. Zu den dabei in erster Priorität ermittelten Orten gehört auch der Raum Bremen, der im Schnittbereich verschiedener Einflussfaktoren liegt. Gebiete, die aus klimatischer Sicht ein Maximum der naturräumlichen Variabilität repräsentieren, sind in **Abbildung 2** dargestellt.

Anbausituation

Im Rahmen der Agrarstatistik wird der Rapsanbau quantitativ erfasst. Flächendeckend liegen die Angaben auf Kreisebene aggregiert vor. Der Rapsanbau wird regional unterschiedlich betrieben. Meist ist Raps in eine etwa 4-jährige Fruchtfolge integriert, wobei Getreide als Vor- und Nachfrucht vorkommen. In der Praxis sind häufig Abweichungen zu beobachten, so kommt auch gelegentlich eine Folge Raps - Raps vor. Basierend auf Daten aus einer Erhebungsregion in Brandenburg wurde das Schema in **Tabelle 1** entwickelt.

Sowohl was die agrarstrukturelle Situation (Schlaggrößen) als auch die Betriebsstrukturen betrifft, ist im Norddeutschen Raum ein unterschiedliches Spektrum realisiert. Im allgemeinen sind die einheitlich bewirtschafteten Flächen in den

Tab. 1: Übergangswahrscheinlichkeiten Fruchtfolgen (Zeile: aktueller Anbau, Spalte: Wahrscheinlichkeit der Nachfrucht). Die Angaben basieren auf schlagbezogenen Erhebungen einer Testregion Brandenburg. (BRA = Brache, ERB = Erbsen, HAF = Hafer, SGE = Sommergerste, SMA = Silomais, TRI = Triticale, WGE = Wintergerste, WRA = Winterraps, WRO = Winterroggen, WWE = Winterweizen, ZRU = Zuckerrüben, KART = Kartoffeln, SON = Sonderkulturen)

Haupt-Fruchtart	BRA	ERB	HAF	SGE	SMA	TRI	WGE	WRA	WRO	WWE	ZRU	KART	SON	Summe
								Vor-Fruchtart						
BRA	0,05					0,2	0,2		0,2	0,2	0,05	0,05	0,05	1
ERB	0,05	0,05	0,05		0,1	0,15	0,15	0,05	0,15	0,15	0,05	0,05	0,05	1
HAF	0,05				0,15	0,1	0,1	0,05	0,1	0,1	0,1	0,15	0,05	1
SGE	0,05				0,3				0,05	0,05	0,3	0,05	0,05	1
SMA	0,05	0,05	0,05	0,05	0,05	0,15	0,1	0,05	0,15	0,15	0,05	0,05	0,05	1
TRI	0,1	0,05	0,1	0,1	0,1	0,05	0,1	0,05	0,1	0,1			0,05	1
WGE	0,1	0,15	0,05			0,15	0,1	0,1	0,1	0,1			0,05	1
WRA	0,1	0,1				0,15	0,25	0,3	0,15	0,05			0,05	1
WRO	0,1	0,05	0,1	0,1	0,1	0,1	0,1	0,1		0,05	0,05	0,05	0,05	1
WWE	0,1	0,1	0,1	0,1	0,15	0,1		0,2	0,1			0,1	0,05	1
ZRU	0,05	0,05	0,05	0,05	0,2	0,2	0,15		0,2	0,2			0,05	1
KART	0,05	0,05	0,05	0,05	0,05	0,15	0,15	0,05	0,15	0,15	0,05		0,05	1
Summe	0,8	0,65	0,55	0,45	1,05	1,5	1,3	0,95	1,45	1,4	0,65	0,65	0,6	

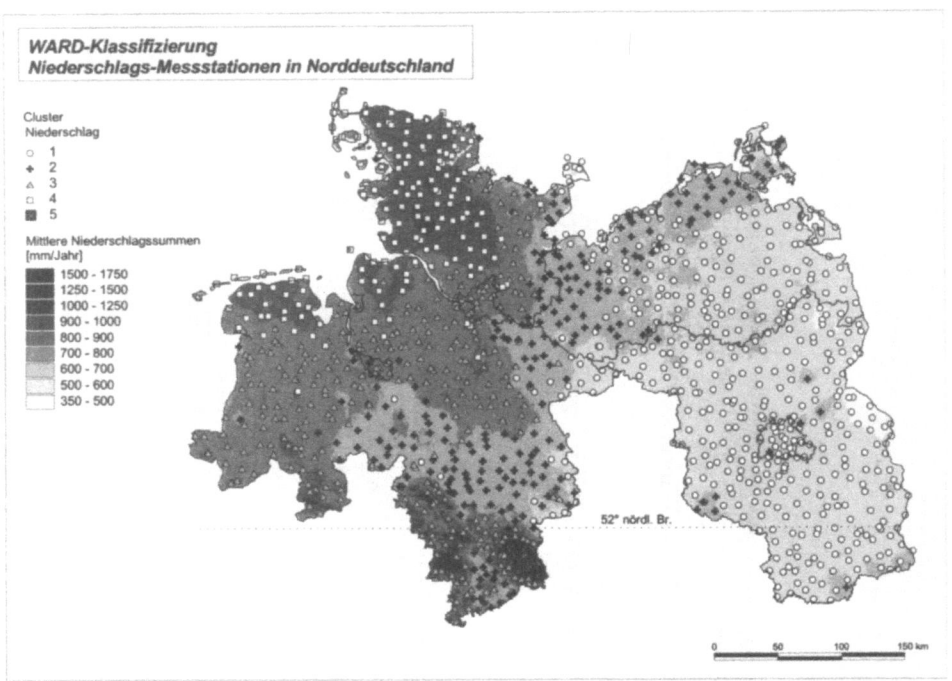

Abb. 2: Auswahl klimatisch repräsentativer Standorte im Norddeutschen Raum.

östlichen Bundesländern größer. Der Rapsanbau variiert naturraumspezifisch und ist in den überwiegend als Grünland genutzten Marschniederungen und in den nicht ackerbaulich bewirtschafteten Mittelgebirgslagen am geringsten. Der Umfang des Anbaus ist entscheidend von agrarpolitischem Einfluss (Agrarsubventionen) abhängig. Deshalb ist es nur schwer möglich, weitere Entwicklungen der Anbausituation vorherzusehen. In den letzten Jahren war der Anbau überwiegend stabil oder hat zugenommen.

Hybridisierungspotenzial

Im Gegensatz zu vielen anderen Kulturpflanzen spielt bei Raps ein möglicher Genaustausch mit Wildarten für die Sicherheitsbeurteilung eine wichtige Rolle. Von Raps ist ein Genfluss zu anderen Arten sogar über Gattungsgrenzen hinweg möglich (siehe Tab. 2). Im Falle eines Anbaus von transgenem Raps ist als Folge potenziell das Auftreten transgener Wildkräuter zu erwarten. In welchem Umfang Genfluss unter Freilandbedingungen tatsächlich vorkommen kann, ist von verschiedenen Faktoren abhängig. Darunter sind neben der genetischen Kompatibilität insbesondere das gemeinsame räumliche Vorkommen und überschneidende Blühfenster zu nennen. In der **Tabelle 2** sind Informationen zum möglichem Genfluss zusammengestellt.

Literatur zur Tabelle 2:
zu *Brassica rapa*: PALMER (1962); BING ET AL. (1991, 1996); JØRGENSEN ET AL. (1996, 1998); FRELLO ET AL. (1995); WARWICK ET AL. (2001)

Tab. 2: Möglichkeiten des Genflusses zwischen Raps und Kreuzungspartnern. Erläuterungen: m = manuelle Handbestäubung, s= spontane freie Bestäubung

	Möglichkeiten des Genflusses zwischen Raps ♀ und Kreuzungspartnern ♂ durch manuelle bzw. spontane freie Bestäubung						
	F1-Hybride nachgewiesen	Art der Pollenübertragung	F2-Hybride nachgewiesen	Rückkreuzgeneration nachgewiesen (BC)	Reziproke Kreuzung per Bestäubung möglich (Raps = ♂)	Art in Norddeutschland potenziell verbreitet	Art im Rahmen eigener Erhebungen nachgewiesen
1 Brassica rapa	fertil	s	X	X	X	X	X
2 Brassica juncea	fertil	s	X	X	X	X	-
3 Raphanus raphanistrum	fertil	s	X	X	X	X	X
4 Hirschfeldia incana	fertil	s	-	X	X	X	X
5 Sinapis arvensis	fertil	m	-	X	-	X	X
6 Diplotaxis muralis	fertil	m	-	X	-	-	X
7 Brassica carinata	fertil	m	-	X	-	X	X
8 Sinapis alba	fertil	m	-	X	X	X	X
9 Brassica nigra	fertil	m	X	X	X	X	-
10 Brassica oleraceae	fertil	m	-	-	-	X	X
11 Diplotaxis erucoides	steril	m	-	-	-	X	X
12 Diplotaxis tenuifolia	steril	m	-	-	-	-	-
13 Rapistrum rugosum	steril	m	-	-	-	X	X
14 Brassica maurorrum	steril	m	-	-	-	X	X
15 Erucastrum gallicum	steril	m	-	-	-	-	-
16 Raphanus sativus	steril	m	-	-	-	X	X
17 Brassica tournefortii	steril	m	-	-	-	X	X
18 Diplotaxis siifolia	steril	m	-	-	-	-	-
19 Brassica fruticulosa	steril	m	-	-	-	-	-
20 Diplotaxis catholica	steril	m	-	-	-	-	-
21 Eruca sativa	steril	m	-	-	-	X	-

zu *Brassica juncea*: BING ET AL. (1991); FRELLO ET AL. (1995); JØRGENSEN ET AL. (1996, 1998); RIEGER ET AL. (1999); WARWICK ET AL. (2001)

zu *Raphanus raphanistrum*: EBER ET AL. (1994); DARMENCY ET AL. (1995, 1998); CHÉVRE ET AL. (1997, 1998, 2000); RIEGER ET AL. (2001)

zu *Hirschfeldia incana*: HARBERD (1976); KERLAN ET AL. (1991); LEFOL ET AL. (1991, 1996b); EBER ET AL. (1994); M. ET AL. (1996); DARMENCY (2001)

zu *Sinapis arvensis*: INOMATA (1988); BING ET AL. (1991, 1995, 1996); LECKIE ET AL. (1993); LEFOL ET AL. (1996b,a); M. ET AL. (1996); INOMATA (1997); MOYES ET AL. (1999, 2002)

zu *Diplotaxis muralis*: SHIGA (1980); FAN ET AL. (1985); RINGDAHL ET AL. (1987); SALISBURY (1989, 1991); HYETT ET AL. (1995); BIJRAL & SHARMA (1996b)

zu *Brassica carinata*: GUPTA (1997); GETINET ET AL. (1997)

zu *Sinapis alba*: BIJRAL ET AL. (1993)

zu *Brassica nigra*: HEYN (1977); BING ET AL. (1991, 1996)

zu *Brassica oleraceae*: RÖBBELEN (1966); HONMA & SUMMERS (1976); GUPTA (1997)

zu *Diplotaxis erucoides*: RINGDAHL ET AL. (1987)

zu *Diplotaxis tenuifolia*: HEYN (1977); RINGDAHL ET AL. (1987); HYETT ET AL. (1995)

zu *Rapistrum rugosum*: HEYN (1977); VALDIVIA & BADILLA (1977)

zu *Brassica maurorum*: BIJRAL ET AL. (1995)

zu *Erucastrum gallicum*: EBER ET AL. (1994); LEFOL ET AL. (1997)

zu *Raphanus sativus*: GUPTA (1997)

zu *Brassica tournefortii*: HEYN (1977); SALISBURY (1991); HYETT ET AL. (1993, 1995); GUPTA (1997)

zu *Diplotaxis siifolia*: GUPTA (1997)

zu *Brassica fruticulosa*: MATTSSON (1988); SALISBURY (1989)

zu *Diplotaxis catholica*: BIJRAL & SHARMA (1998)

zu *Eruca sativa*: BIJRAL & SHARMA (1996a)

Verwilderung und ruderale Verbreitung von Raps

Die meisten der heutigen Kulturpflanzen sind nicht in der Lage, sich in der Natur außerhalb der Anbauflächen auszubreiten, da sie u.a. durch die Züchtung die Wildeigenschaften verloren haben. Sie können sich nicht gegen die Konkurrenz der Wildpflanzen durchsetzen. Bei Raps hingegen belegen aktuelle Untersuchungen, dass er auch außerhalb von Kulturflächen weit verbreitet ist (THEENHAUS ET AL., 2002; SEYBOLD & SHIGA, 1990; ADOLPHI, 1995). Die Sortenzusammensetzung von Raps, der außerhalb von Kulturflächen vorkommt, ist noch weitgehend unbekannt. Erste Untersuchungen deuten jedoch an, dass eine beachtliche Merkmalsvielfalt gegeben ist. Die von uns im Raum Bremen durchgeführten Erhebungen haben ergeben, dass im Schnitt mit etwa einer Raps-Population pro Quadratkilometer gerechnet werden kann (**Abb. 3**). Interessanterweise gilt dies nicht nur für den ländlichen Raum, sondern auch für urbane Gebiete. Die Diversität in Bezug auf die Kreuzungspartnern ist im urbanen Raum sogar deutlich höher als im ländlichen Raum, so dass diese Areale als Zentren eines möglichen Genaustausches in Betracht gezogen werden müssen. Da die Populationen am einzelnen Standort häufig recht klein sind, sind Prozesse wie genetische Drift hier vergleichsweise wirksam und begünstigen eine populationsgenetische Differenzierung.

Pollentransfer

Raps gehört zu den fakultativen Fremdbestäubern mit durchschnittlich 2/3 Selbst- und 1/3 Fremdbestäubung. Unter Feldbedingungen wurden Fremdbefruchtungsraten von 5-55 % ermittelt, die sowohl durch Wind wie auch durch Insekten herbeigeführt wurden, wobei bei relativ geringen Windstärken der größte Teil auf Insektenbestäubung zurückzuführen ist (HEDTKE, 1976; TIMMONS ET AL., 1995). Die leuchtende Farbe, die Nektarien, der starke Duft, die Proterogynie (Vorweiblichkeit) und die nach außen offenen Antheren weisen auf Fremdbefruchtung insbesondere durch Insekten hin (LAMPRECHT, 1943; FREE, 1970; MESQUIDA & RENARD, 1981).

Die Verbreitung genetischen Materials über Pollen erfolgt neben einer Vielzahl von Insekten vor allem durch die blütensteten Honigbienen, die gezielt Sammelorte anfliegen und sich zwischen diesen und ihrem Stock hin und her bewegen. Hierbei sind Aktionsradien von mehreren Kilometern regelmäßig belegt. Bei Honigbienen beträgt der normale Sammelradius 1-2 *km*, es werden aber auch Flugstrecken von bis zu 14 *km* zurückgelegt (EICKWORT & GINSBERG, 1980) Viele andere, insbesondere kleinere Insekten sind nicht in vergleichbarer Weise standorttreu. Sie werden je nach Umständen vom Wind verdriftet. Ihre Ausbreitungsbiologie ist ausgesprochen heterogen. Einige Insekten nutzen die Luftströmungen auch zur weiträumigen Verbreitung. Für die räumliche Dynamik ist die lokale Verteilung und die Größe der Pollenquellen von Bedeutung. Felder stellen sehr große Pollenquellen dar, die auf dem Wege der Windverdriftung noch über weitere Strecken effektiv sein können. Insbesondere der Pollentransfer von Feld zu Feld kann über diesen Weg erfolgen. Der Transfer von Pollen durch Wind zwischen Feldern und entfernteren Ruderalpopulationen, die häufig nur aus wenigen Individuen bestehen, ist dagegen weniger wahrscheinlich. Untersuchungen hierüber liegen kaum vor. Sofern der Transfer über windverdriftete Insekten erfolgt, ist trotz Verdünnungseffekten über große Distanzen noch ein effektiver Pollentransfer möglich. Denn nach einer Verdriftung können pollenbeladene Insekten im Rahmen der Nektarsuche gezielt die im näheren Umkreis erreichbaren gelben Blüten anfliegen. Versuche, die wir im Jahre 2002 mit männlich sterilen Rapspflanzen durchgeführt haben, unterstützen die Vermutung, dass Rapspollen auch in Gebiete fernab von Rapsanbau und wilden Rapsvorkommen gelangen können. Insgesamt stützen die in der Literatur dokumentierten Transferdistanzen die Erwartung, dass Pollentransfer über mehr als 4 Kilometer unter bestimmten Umständen möglich ist. Dokumentierte Distanzen sind mit den Quellenangaben in **Abbildung 4** zusammengestellt.

Die Hauptblütezeit von Kulturraps liegt Ende April bis Anfang Mai. Im Rahmen phänologischer Erhebungen u.a. des Deutschen Wetterdienstes werden die Blühtermine aufgezeichnet und wurden von uns im Hinblick auf die Abhängigkeit von Witterungsverläufen ausgewertet. Eine Extrapolation für den Norddeutschen Raum zeigt die **Abbildung 5**.

Viele der Kreuzungspartner blühen außerhalb dieses Zeitraumes wesentlich später im Jahr. Dieser Umstand ist bei der Abschätzung von Gentransfer-

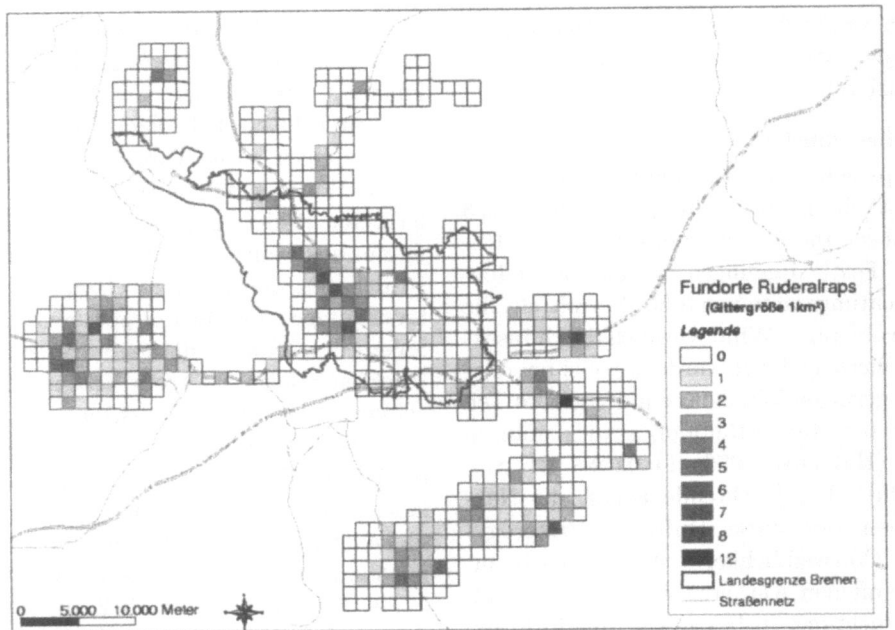

Abb. 3: Vorkommen von verwildertem Raps in Bremen und Umgebung im Jahr 2002. Die untersuchte Fläche wurde mit einem Raster von 1 km Kantenlänge hinterlegt.

Wahrscheinlichkeiten zu berücksichtigen. Durch die zeitlichen Differenzen der Hauptblühphasen ist aber keine vollständige genetische Isolation gegeben.

Es ist regelmäßig zu beobachten, dass Raps, der außerhalb von Kulturflächen wächst, praktisch das ganze Jahr über bis zum ersten Frost blüht. Dies hängt damit zusammen, dass die Keimung von Rapssamen das ganze Jahr über erfolgen kann (SCHLINK, 1994). Insbesondere an Ruderalstandorten oder auf Randstreifen mit gestörter Bodenoberfläche tritt Raps häufig auf. Ferner ist zu berücksichtigen, dass nicht nur der im Frühjahr blühende Winterraps kultiviert wird, sondern auch Sommerraps, der wesentlich später blüht. Als Gründüngung sind ferner Saatgutmischungen gebräuchlich, in denen Raps, Rübsen oder Senf-Arten enthalten sein können. Diese blühen als Nachfrucht häufig erst spät im Jahr. Als Gründünger angebaute Pflanzen werden nicht geerntet sondern stehen gelassen und zur Bodenverbesserung untergepflügt.

Die gegebenen Zusammenhänge lassen also erwarten, dass Rapspollen während der gesamten Vegetationsperiode zur Verfügung stehen kann, wenn auch in geringerer Menge als während der Hauptblütezeit des kultivierten Winterrapses.

Ausfallraps und die Überdauerung im Boden

Für die Persistenz von Raps auf Kulturflächen und darüber hinaus ist die Verbreitung über Samen von großer Bedeutung. Bei der Ernte geht in beachtlichem Umfang Erntegut verloren (vgl. PEKRUN, 1994; LUTMAN, 1993). Die auf einem Rapsacker nach der Ernte verbleibende

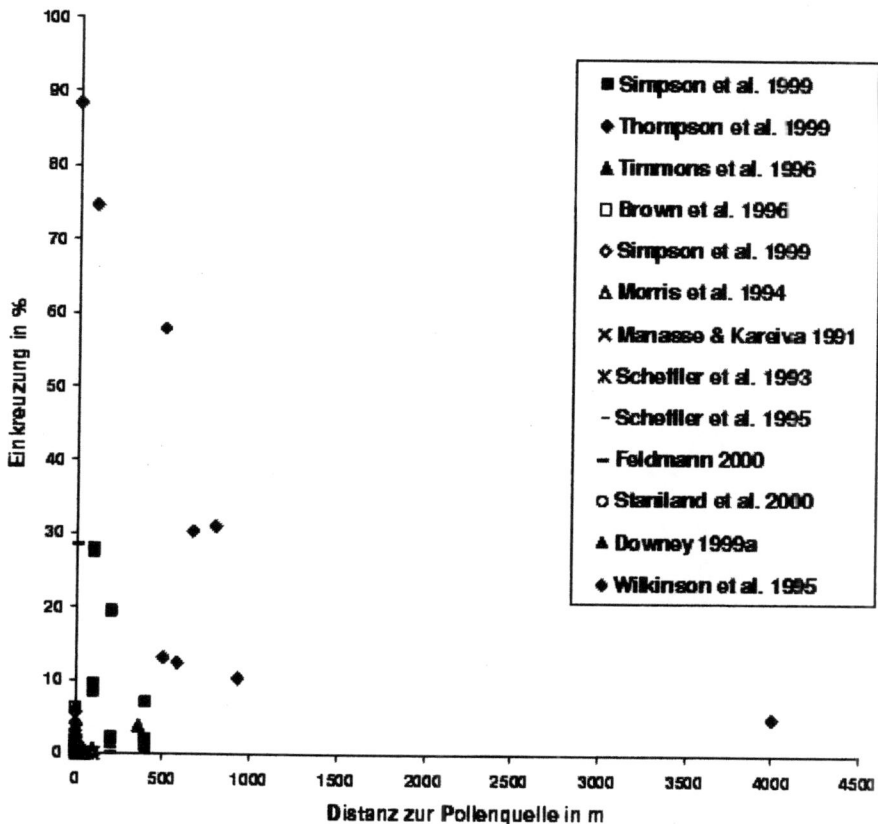

Abb. 4: In der Literatur dokumentierte Pollentransfer-Distanzen. Zu beachten ist, dass die Entfernungen nicht unter direkt vergleichbaren Bedingungen ermittelt wurden. Sowohl das experimentelle Design, die Größe der Pollenquellen und weitere Gegebenheiten variieren, so dass die Angaben nicht als Bestimmung einer Maximalgrenze interpretiert werden können, sondern überwiegend Einzelfälle dokumentieren. Der Nachweis eines erfolgten Pollentransfers kann besonders gut mit Pflanzen durchgeführt werden, die selbst keinen Pollen bilden. Diese erzeugen nur dann Samen, wenn sie aus externer Pollenquelle befruchtet werden.

Anzahl von Samen ist oft höher als die Aussaatmenge. Der größere Teil der Samen keimt aus und kann in Folgekulturen unerwünschten Durchwuchs bilden. Diesen zu bekämpfen ist Teil der Kulturmaßnahmen in der Fruchtfolge und wird mechanisch oder durch den Einsatz von Herbiziden durchgeführt. Wird im Zuge der Bodenbearbeitung der Rapssamen in den Boden eingearbeitet, kann dieser in sekundäre Dormanz eintreten. In entsprechenden Versuchen wurde ermittelt, dass im Freilandexperiment ein gewisser Teil der Samen noch nach 15 Jahren keimfähig war (SCHLINK, 1994). Raps besitzt damit ein erhebliches Überdauerungspotenzial. Überdauerung in der Samenbank ist Voraussetzung dafür, dass

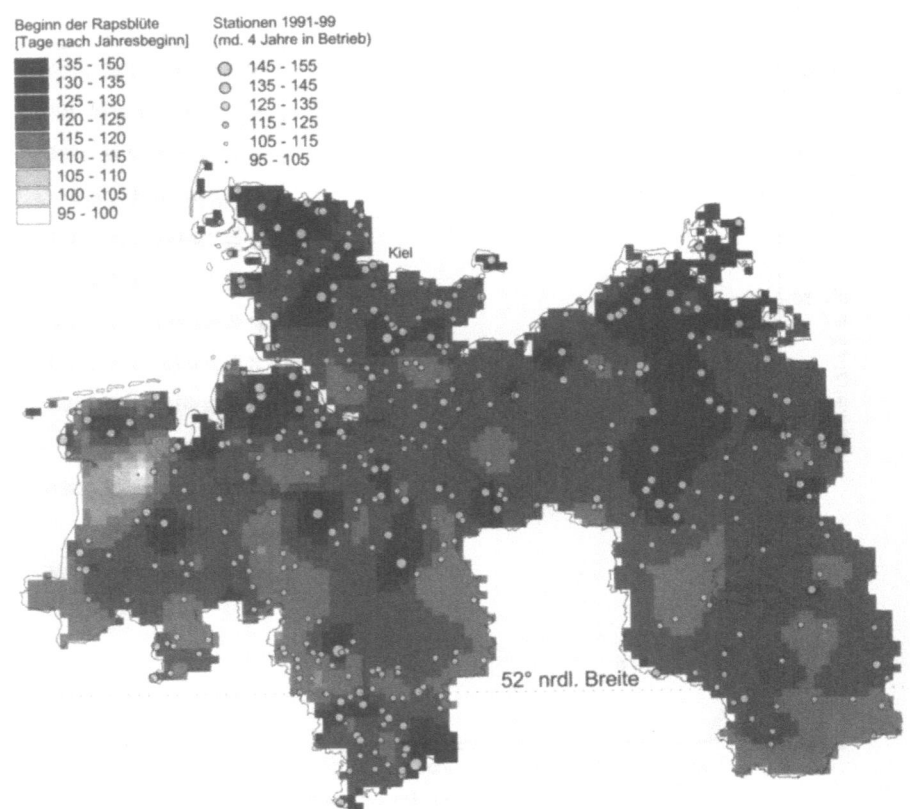

Abb. 5: Blühtermine von Kulturraps: Beginn der Rapsblüte — Mittelwerte der Jahre 1991 – 1999

Raps mit Bodenaushub, Kompostmaterial und auch im Rahmen von Transportverlusten eine weite Verbreitung findet. Dies erklärt, warum Raps auch auf Flächen angetroffen werden kann, auf denen nie Raps kultiviert wurde und die von Kulturflächen weit entfernt sind.

Ausbreitungsdynamiken und Verbreitungsschätzung

Für die Extrapolation von Ausbreitungsdynamiken ist eine Abschätzung des quantitativen Zusammenwirkens der beteiligten Prozesse erforderlich. Soweit bezüglich einiger Prozesse Informationslücken bestehen, müssen diese durch vorläufige Abschätzungen geschlossen werden. Die dadurch bedingten Unsicherheiten im Hinblick auf das Gesamtergebnis sind dann zu diskutieren und im Rahmen von weiterführenden Untersuchungen zu schließen. Folgende Teilprozesse sind grundlegend für den Ausbreitungsprozess insgesamt:

- Kultivierungsdichte von Raps
  - räumliche Verteilung und Häufigkeit des Rapsanbaus
  - Kulturtechnik des Anbaus, Fruchtfolgen

- Verbreitung von Transgensequenzen durch Pollen
  - Pollentransfer durch Wind und Insekten
  - Beeinflussung des Pollentransfers durch klimatische Einflüsse
  - Beeinflussung des Pollentransfers durch Anbaudichte und Landschaftsstruktur
- Verbreitung von Transgensequenzen durch Samen
  - Häufigkeit und Verbreitung von Raps als Durchwuchs
  - Häufigkeit und Verbreitung von Raps außerhalb von Kulturflächen
  - Vorkommen, Persistenz und Reproduktionserfolg außerhalb von Kulturflächen
  - Überdauerungsfähigkeit von Samen außerhalb von Kulturflächen
  - Einbürgerungstendenzen (Bildung permanenter Vorkommen)
- Persistenz von Transgensequenzen in Wildpopulationen und Kreuzungspartnern
  - Häufigkeit und Verbreitung von Kreuzungspartnern
  - Distanzen zwischen Rapsvorkommen und Kreuzungspartnern
  - Häufigkeit und Dispersion von Metapopulationen (intermittierende Vorkommen)

Die Vielfältigkeit der räumlichen Bedingungen im Landschaftsmaßstab führt zu vielfältigen lokalen Ausprägungen von Merkmalskombinationen. Deshalb ist es sinnvoll, nicht nur mit mittleren Erwartungswerten zu arbeiten sondern in Form von Szenarien auch die potenzielle Variabilität des Zusammenwirkens zu analysieren. Die Schätzung der Verbreitung von Raps kann für den im Projektrahmen behandelten Gesamtraum Informationen auf verschiedenen Skalen nutzen. Aus den Satellitendaten lässt sich eine differenzierte Regionalisierung des Rapsanbaus ermitteln. Die räumliche Auflösung erlaubt es, für die Skala des gesamten Untersuchungsraumes näherungsweise die Intensität der Pollenverbreitung zu schätzen, indem ausgehend von den detektierten Rapsfeldern und den Windverhältnissen die Pollenverbreitung modelliert wird. Diese lässt sich als Verdriftung von Pollen mit dem Wind bzw. durch Verdriftung pollentragender Insekten beschreiben. Anhaltspunkte für Transportweiten und Transferdichten sind aus kleinräumigen empirischen Untersuchungen zu gewinnen. Einen ersten Eindruck einer solchen Darstellung liefert die **Abbildung 6**.

Die Saatgutverluste auf Rapsäckern lassen sich anhand der Regionalisierung des Rapsanbaus hochrechnen. Eine flächenhafte Darstellung von Transportverlusten ist dagegen schwieriger. Der kleinräumige Transport vom Acker zu lokalen Sammelstellen wird nach unserem Kenntnisstand für den größeren Teil der Transportverluste maßgeblich sein. Diese lassen sich als korreliert mit der Rapsanbaudichte und dem Wegenetz darstellen. Transportverluste im Rahmen des Ferntransports sind schwer abschätzbar. Der Ferntransport in geschlossenen Tankwagen lässt entlang der Fahrstrecke kaum Verluste erwarten, ebensowenig der Transport größerer Chargen mit der Bahn bzw. mit Binnenschiffen, die ebenfalls in geschlossenen Tanks durchgeführt werden. Schätzungen der

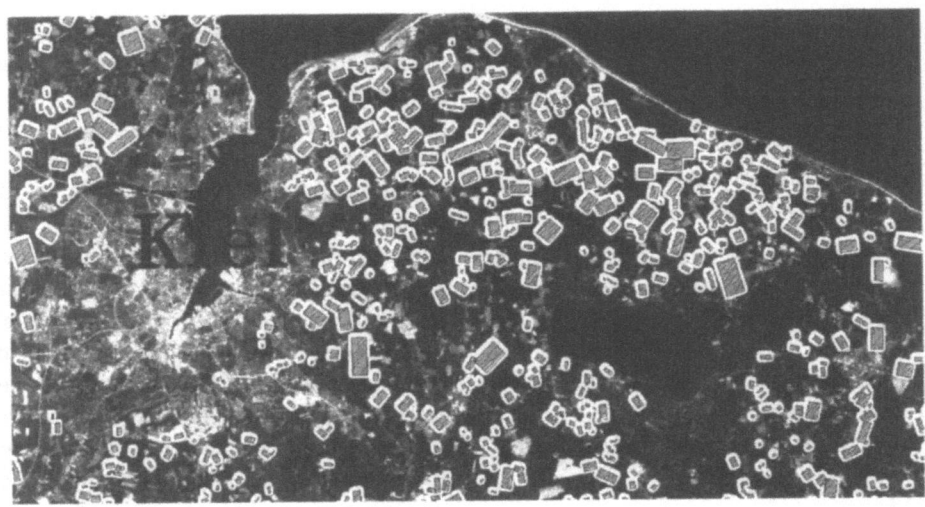

Abb. 6: Landsat 7 ETM+ (Enhanced Thematic Mapper)-Aufnahme vom 2. Mai 2001, Kiel mit Umgebung. Die schaffierten Rechtecke stellen detektierte Rapsfelder dar und die weißen Flächen einen 200 m Buffer um diese.

Verbreitung von verwilderten Rapspopulationen müssen sich wesentlich auf Kartierungen stützen. Für den Bremer Raum wurden solche Erhebungen durchgeführt, wobei die Auswahl der kartierten Areale so vorgenommen wurde, dass ein möglichst weites Spektrum unterschiedlicher Landschaftstypen mit erfasst wurde. Zusätzlich erfolgte eine genaue Standortcharakterisierung. Auf dieser Basis lassen sich vorläufige Anhaltspunkte gewinnen, mit welchen Populationsdichten im Gesamtraum zu rechnen ist (**Abb. 3**).

Individuenbasierte Simulation als Syntheseinstrument und Grundlage für ein Scaling-up

Die Einzelinformationen zu den genannten Teilprozessen lassen sich in einem weiteren Schritt nicht nur in räumlicher Hinsicht miteinander verknüpfen, sondern auch bezüglich ihrer zeitlichen Dynamik. Sie werden dazu in einem kleinräumigen Modell miteinander verknüpft. Teilprozesse wie Pflanzenentwicklung, Pollen- und Samentransfer sowie Anbaumanagement und Häufigkeiten von Störungsereignissen werden integriert. Um einen wesentlichen Teil der Merkmalsvariabilität im gegebenen Kulturraum abzubilden, werden die Teilprozesse jeweils für typische Kombinationen der Einflussfaktoren:

- räumliche Strukturierung (Schlaggrößen, Ruderalflächen, Transportwegedichte)
- Landnutzung und Anbaupraxis
- Verbreitung von ruderalem Raps und Kreuzungspartnern sowie
- klimatischen Einflüssen auf Phänologie der Entwicklung sowie Pollentransfer

in dem kleinräumigen Modell simuliert. Sofern dieses in Form von geeigneten Szenariobedingungen durchgeführt wird, lassen sich dynamische

Aspekte nachvollziehen und die resultierenden Ausbreitungs- und Persistenzraten in geostatistischem Analogieschluss großräumig übertragen.
Sofern in das Modell bzw. in die Extrapolation unterschiedliche Anbauszenarien bzw. erreichbare Marktanteile für GV-Raps aufgenommen werden, lässt sich eine Abschätzung von Interaktionsfrequenzen durchführen. Auf der Basis der bisher vorliegenden Kenntnisse sind bereits einige Schlussfolgerungen ableitbar:

- Die vorhandenen Informationen zum Pollentransfer lassen erwarten, dass es zu nicht unerheblicher Verdriftung von Pollen zwischen Rapsfeldern kommen wird. Dies wird zunächst zu einer Ausbreitung von Transgenen auf auch auf Nachbarfelder führen. Je nach verwendeter Sorte können sich Resistenzen im Durchwuchs wiederfinden, die bei späterem erneuten Rapsanbau verstärkt und weiterverbreitet werden können. Schliesslich können sich mehrere Transgene in Einzelpflanzen akkumulieren (gene-stacking).

- Eine lokale längerfristige Präsenz von Transgenen in ruderalen Populationen ist als sehr wahrscheinlich anzunehmen. Nach der vorläufigen Auswertung von Kartierungsergebnissen kann davon ausgegangen werden, dass sich in urban geprägten Gebieten mindestens eine längerfristig persistierende Population von wild wachsendem Raps auf etwa 100 km^2 findet (MENZEL/BRECKLING IN VORB. HAEUPLER ET AL. (2003)). Dies entspricht einem mittleren Abstand der Populationen von ca. 10 km. Den großflächigen Anbau von Raps sowie die weit verbreiteten unbeständigen wildwachsenden Vorkommen hinzugenommen kann daher mit großer Wahrscheinlichkeit mit einer längeren Persistenz von Transgenen in der Kulturlandschaft ebenso wie auch im urbanen Raum gerechnet werden. Als Untergrenze für eine Persistenz ist die Zeit der Überdauerung in der Samenbank anzusetzen. Genauere Ergebnisse werden die aktuell durchgeführten Modellrechnungen liefern. Es ist damit zu rechnen, dass Zeiträume, die für den Übergang des transgenen Materials auf Wildarten zur Verfügung stehen, unabhängig von der Zeit des Anbaus transgener Sorten in der Größenordnung von Dekaden liegen.

Insgesamt ist beim gegenwärtigen Stand der Entwicklung festzustellen, dass zu wichtigen Bereichen Informationen verfügbar sind, die sinnvoll aufeinander beziehbare Näherungen ermöglichen. Für mehrere Rapsanbauregionen Australiens liegen Datensätze vor, die bereits bei einem einmaligen Anbau eines Genotypes dessen Ausbreitung über mehr als 3 km Entfernung von den jeweiligen Ursprungsfeldern belegen (RIEGER ET AL., 2002). Aus dem kanadischen Raum, wo trangener Raps bereits seit mehreren Jahren großflächig angebaut wird, ist bekannt, dass sich die Transgene weiter als erwünscht ausgebreitet haben und in Einzelpflanzen akkumulieren können (BECKIE ET AL., 2001). Der Europäische Naturraum ist wesentlich kleinräumiger gegliedert und bietet eine höhere Vielfalt lokaler Variabilität. Die Abschätzung der Ausbreitung und Persistenz von Raps-Transgenen für den norddeutschen Raum ermöglicht eine erste Quantifizierung der zu erwartenden Reichweite und Dauer wichtiger ökologischer Interaktionen.

Bei der Einführung der verschiedenen transgenen Pflanzen besteht die einzige Möglichkeit zur Abschätzung des Risikopotenzials in der modellgestützten Zusammenführung der einzelnen Wirkungsketten und deren großflächiger Extrapolation. Die ökologischen Folgewirkungen abzuschätzen bevor ein großflächiges Inverkehrbringen erfolgt, stellt eine zentrale wissenschaftliche Herausforderung für die Entscheidungsfindung über mögliche Zulassungen und einen zentralen Beitrag der biologischen Risikoforschung für den verantwortlichen Umgang mit neuen technologischen Möglichkeiten dar.

6 Zusammenfassung: Identifikation der Schlüsselprozesse und offene Fragen

Aufgrund der Tatsache, dass in Raps eingebrachte Transgene sich durch verwilderte Populationen und durch genetische Wechselwirkung mit verwandten Wildarten sich in der Umwelt etablieren können, lässt sich Raps als eine Schlüsselart für die biologische Risikoforschung ansehen. Der Prozess der Verbreitung von Transgenen in der Umwelt erfolgt hauptsächlich durch Pollen und Samen. Pollen können von Feld zu Feld oder von und zu wild wachsenden Populationen außerhalb der Anbauflächen transportiert werden. Bei der Verbreitung über Samen sind als Schlüsselprozesse Saatgutverluste auf Anbauflächen mit anschließendem Durchwuchs zu nennen. Ferner tragen Verluste von Saatgut beim Transport zur Verbreitung von Transgenen in der Umwelt bei.

Viele der nicht kultivierten Rapspopulationen sind ephemer, d.h. sie sind nach kurzer Zeit wieder verschwunden, oft schon bevor es zur Ausbildung von Samen kommt. Aber an geeigneten Standorten ist auch eine längerfristige Etablierung zu beobachten, ferner ist zu bedenken, dass auch an Standorten mit häufigen Störungen aufgrund der langen Überdauerungsfähigkeit der Samen im Boden Rapspflanzen an Standorten mit zerstörten Populationen in Folgejahren wieder in Erscheinung treten können und Raps so intermittierende Vorkommen bildet.

Aufgrund des aktuellen Wissensstandes muss es als wahrscheinlich gelten, dass im Falle des Anbaus von transgenem Raps ein Übergang auf die kreuzbaren Wildarten erfolgen kann. Ob und in welchem Umfang dies geschieht, kann derzeit nur auf Grund von plausiblen Annahmen und empirischen Detailuntersuchungen extrapoliert werden. Hier bestehen die relativ größten Kenntnislücken. Welche ökologischen Eigenschaften unter Freilandbedingungen zustandegekommene Hybride haben werden und welches Ausbreitungspotenzial diese besitzen werden, ist zur Zeit nicht absehbar. Die Eigenschaften eines transgen herbizidresistenten Hederichs ließen sich auch nicht allein durch Rückkreuzung mit einer bestimmten Kultursorte von Raps bestimmen. Zugrundezulegen wäre der Möglichkeitsraum, der durch die hohe Variabilität wild wachsender Populationen mit einem weiten Eigenschaftsspektrum gespannt ist. Der Problemaufriss verdeutlicht die Notwendigkeit der weiter zu führenden detaillierten Erforschung von Einzelprozessen, um ihr Zusammenwirken genauer spezifizieren zu können.

References

ADOLPHI, K., 1995. Neophytische Kultur- und Anbaupflanzen als Kulturflüchtlinge des Rheinlandes. Martina Galunder-Verlag, Wiehl.

AL-KAFF, N. S., KREIKE, M. M., COVEY, S. N., PITCHER, R., PAGE, A. M. & DALE, P. J., 2000. Plants rendered herbicide-susceptible by cauliflower mosaic virus-elicited suppression of a 35S promotor-regulated transgene. *Nature Biotechnology 18* pp. 995 – 999.

AUGUSTIN, C., BECKER, R., GOTTWALD, R., HEDTKE, C., HONERMEIER, B., LENTZSCH, P., PATSCHKE, K., ULRICH, A., ULRICH, K. & WIRTH, S., 1998. Ökologische Auswirkungen der Einführung der Herbizidresistenz(HR)-Technik bei Raps und Mais.- Gutachten für das Ministeriums für Umwelt, Naturschutz und Raumordnung (MUNR) des Landes Brandenburg. Eigenverlag.

BECKIE, H. J., HALL, M. L. & WARWICK, S. I., 2001. Impact of herbicide-resitant crops as weeds in Canada. *British Crop Protection Council - Weeds* pp. 135–142.

BERGELSON, J., PURRINGTON, C. B. & WICHMANN, G., 1998. Promiscuity in transgenic plants. *Nature 395*:25.

BIJRAL, J. S. & SHARMA, T. R., 1996a. Cytogenetics of intergeneric hybrids between Brassica napus L. and Eruca sativa Lam. *Cruciferae Newsletter Eucarpia 18*:12 – 13.

BIJRAL, J. S. & SHARMA, T. R., 1996b. Intergeneric hybridisation between *Brassica napus* and *Diplotaxis muralis*. *Cruciferae Newsletter Eucarpia 18*:10 – 11.

BIJRAL, J. S. & SHARMA, T. R., 1998. Production and cytology of intergeneric hybridization between *Brassica napus* and *Diplotaxis catholica*. *Cruciferae Newsletter. Eucarpia 20*:15.

BIJRAL, J. S., SHARMA, T. R., GUPTA, B. B. & SINGH, K., 1995. Interspecific hybrids of Brassica maurorum with Brassica crops, and their cytology. *Cruciferae Newsletter. Eucarpia 17*:18 – 19.

BIJRAL, J. S., SHARMA, T. R. & KANWAL, K. S., 1993. Morphocytogenetics of Brassica napus L. x Sinapis alba L. sexual hybrids. *Indian J. Genet. Pl. Breed. 51*:476 – 478.

BING, D., DOWNEY, R. K. & RAKOW, G. F. W., 1991. Potential of gene transfer among oilseed Brassica and their weedy relatives. In *GCIRC Rapeseed Congress*, pp. 1022 – 1027.

BING, D. J., DOWNEY, R. K. & RAKOW, G. F. W., 1995. An evaluation of the potential of intergeneric gene transfer between *Brassica napus* and *Sinapis arvensis*. *Plant Breeding 114*:481 – 484.

BING, D. J., DOWNEY, R. K. & RAKOW, G. F. W., 1996. Hybridisations among *Brassica napus, B . rapa* and *B. juncea* and their two weedy relatives *B. nigra* and *Sinapis arvensis* under open pollination conditions in the field. *Plant Breeding 115*:470 – 473.

BRAND, P., 1995. Transgene Pflanzen - Herstellung, Anwendung, Risiken und Richtlinien. Birkhäuser - Basel, Boston, Berlin.

BROWN, A. P., BROWN, J., THILL, D. C. & BRAMMER, T. A., 1996. Gene transfer between canola (*Brassica napus*) and related weed species. *Cruciferae Newsletter 18*:36 – 37.

CHÉVRE, A., EBER, F., BARANGER, A., HUREAU, G., BARRET, P., PICAULT, H. & RENARD, M., 1998. Characterization of backcross generations obtained under field conditions from oilseed rape wild radish F1 interspecific hybrids: an assessment of transgene dispersal. *Theoretical and Applied Genetics 97* pp. 90 – 98.

CHÉVRE, A. M., EBER, F., BARANGER, A. & RENARD, M., 1997. Gene flow from transgenic crops. *Nature 389*:924.

CHÉVRE, A. M., EBER, F., DARMENCY, H., FLEURY, A., PICAULT, H., LETANNEUR, J. C. & RENARD, M., 2000. Assessment of interspecific hybridization between transgenic oilseed rape and wild radish under normal agronomic conditions. *Theoretical and Applied Genetics 100*:1233 – 1239.

COGHLAN, A., 1999. Splitting headache. *New Scientist 2215*:25.

DARMENCY, H., 2001. Gene flow between *B. napus* and *Hirschfeldia incana*. In *European Science Foundation Meeting of a Working Group on: Interspecific gene flow from oilseed rape to weedy species*, p. 18. June 2001, Rennes, France.

DARMENCY, H., FLEURY, A. & LEFOL, E., 1995. Effect of transgenic release on weed biodiversity: Oilseed rape and wild radish. In *Proceedings of Brighton Crop Protection Conference - Weeds*, pp. 433 – 438.

DARMENCY, H., LEFOL, E. & FLEURY, A., 1998. Spontaneous hybridization between oilseed rape and wild radish. *Molecular Ecology* 7:1467 – 1473.

DOWNEY, R. K., 1999. Gene flow and rape - the Canadian experience. In Lutmann, P. J. W. (ed.), *Gene Flow and Agriculture: Relevance for Transgenic Crops. BCPC Symposium Proceedings No. 72*, pp. 95–100.

EBER, F., CHÉVRE, A. M., BARANGER, A., VALLEE, P., TANGUY, X. & RENARD, M., 1994. Spontaneous hybridization between a male sterile oilseed rape and two weeds. *Theoretical and Applied Genetics* 88:362 – 368.

EICKWORT, G. C. & GINSBERG, H. S., 1980. Foraging and mating behavior in Apoidea. *Ann. Rev. Ent.* 25:421 – 446.

FAN, Z., TAI, W. & STEFANSON, B. R., 1985. Male sterility in *Brassica napus* L-associated with an extra chromosome. *Canadian Journal of genetics and cytosoles* 27:467 – 471.

FELDMANN, S., 2000. Begleitforschung zur Freisetzung herbizidresistenter, transgener Rapspflanzen 1995 - 1999. Ein Beitrag zur biologischen Sicherheitsforschung - Endbericht. In für Ökologie, N. L. (ed.), *Nachhaltiges Niedersachsen 13 - Dauerhaft umweltgerechte Entwicklung*, pp. 1 – 57.

FREE, J. B., 1970. Insect Pollination of Crops. Academic Press, London.

FRELLO, S., HANSEN, K. R., JENSEN, J. & JORGENSEN, R. B., 1995. Inheritance of rapeseed (*Brassica napus*)-specific RAPD markers and a transgene in the cross *B. juncea* x (*B. juncea x B. napus*). *Theor. Appl. Gent.* 91:236 – 241.

GERTZ, J., VENCILL, W. & HILL, N., 1999. Tolerance of transgenic soybean (Glycine max) to heat stress. In *Brittish Crop Protection Conference, 15-18 November 1999 - Weeds, Proceedings of an International Conference*, pp. 835 – 840. Brighton.

GETINET, A., RAKOW, G. F. W., RANEY, J. P. & DOWNEX, R. K., 1997. Glucosinolate content in interspecific crosses of *Brassica carinata* with *B. juncea* and *B. napus*. *Plant Breeding* 116:39 – 46.

GUPTA, S. K., 1997. Production of interspecific and intergeneric hybrids in Brassica and Raphanus. *Cruciferea Newsletter Eucarpia* 19:21 – 22.

HAEUPLER, H., LOOS, G. H. & SARRAZIN, 2003. Monitoring von herbizidresistentem Raps – Populationsbiologische Untersuchungen an verwilderten Populationen von Raps im östlichen Westfalen. In Umweltbundesamt (ed.), *Monitoring von gentechnisch veränderten Pflanzen: Instrument einer vorsorgenden Umweltpolitik*. 13. Juni 2002 im Bundespresseamt, Berlin. UBA Texte 23.

HAGEDORN, C., 1997. Boll drop problems in roundup-resistant cotton. *Crop and Soil Environmental News* 12.

HARBERD, D. J., 1976. Cytotaxonomic studies of Brassica and realted genera. In Vaughan, J., Macleod, A. J. & Jones, B. M. G. (eds.), *The biology and chemistry of the Cruciferea*, pp. 47 – 68. Academic Press, London.

HEDTKE, C., 1976. Bleibt uns der Raps als gute Trachtpflanze erhalten? Entwicklungen beim Rapsanbau und Bewertung des Trachtwertes verschiedener Sorten. *die biene* 135/2:11 – 13.

HEYN, F. W., 1977. Analysis of unreduced gametes in the Brassiceae by crosses between species and ploidy levels. *Zeitschrift für Pflanzenzüchtung* 78:13 – 30.

HONMA, S. & SUMMERS, W. L. ABD INOMATA, N., 1976. Intergeneric Interspecific hybridization between *Brassica napus* L. (Napobrassica group) and *B. oleracea* L. (Botrytis group). *Journal of American Society of Horticultural Science* 101:299 – 302.

HYETT, J. H., BROWN, J. S. & SALISBURY, P. A., 1993. Wide hybridisation of rapeseed - update. In *Proceedings of 9th Australian Research Assembly on Brassicas*, pp. 143 – 145. October 1993, Wagga Wagga, Australia.

HYETT, J. H., BROWN, J. S., SALISBURY, P. A. & BALLINGER, D. J., 1995. Introducing wild genes for blackleg resistance into canola. In *Proceedings of 10th Australian Research Assembly on Brassicas*, pp. 36 – 37. September 1995, Struan, Australia.

INOMATA, N., 1988. Intergeneric hybridisation between *Brassica napus* and *Sinapis arvensis* and their crossability. *Cruciferae Newsletter 13*:22 – 23.

INOMATA, N., 1997. Hybrid progenies of the cross in *Brassica napus* x *Sinapis arvensis*. *Cruciferae Newsletter 19*:23 – 24.

JØRGENSEN, R. B., ANDERSEN, B., HAUSER, T. P., LANDBO, L., MIKKELSEN, T. & ØSTERGÅRD, H., 1998. Introgression of crop genes from oilseed rape (*Brassica napus*) to related wild species - an avenue for the escape of engineered genes. *Acta Horticulturae 459*:211 – 217.

JØRGENSEN, R. B., ANDERSEN, B., LANDBO, L. & MIKKELSEN, T. R., 1996. Spontaneous hybridization between oilseed rape (*Brassica napus*) and weedy relatives. *Acta Horticulturae 407*:193 – 200.

KERLAN, M. C., CHEVRE, A. M., EBER, F., BOTTERMAN, J. & DEGREEF, W., 1991. Risk assessment of gene transfer from transgenic rapeseed to wild species in optimal conditions. In *Proceedings of GCIRC 8th International Rapeseed Congress*, pp. 1028 – 1033. Saskatoon, Canada.

LAMPRECHT, H., 1943. Brassica - Futterpflanzen. In Roemer, T. & Rudorf, W. (eds.), *Handbuch der Pflanzenzüchtung. Bd. 3*, pp. 438 – 467. Verlag Paul Parey, Berlin.

LECKIE, D., SMITHSON, A. & CRUTE, I., 1993. Gene movement from oilseed rape to weedy populations - a component of risk assessment for transgenic cultivars. *Aspects of Applied Biology 35*:61 – 66.

LEFOL, E., DANIELOU, V. & DARMENCY, H., 1996a. Predicting hybridization between transgenic oilseed rape and wild mustard. *Field Crops Research 45*:153 – 161.

LEFOL, E., DANIELOU, V., DARMENCY, H., KERLAN, M. C., VALLEE, P., CHEVRE, A. M., RENARD, M. & REBOUD, X., 1991. Escape of engineered genes from rapeseed to wild Brassiceae. In *Proceedings of Brighton Crop Protection Conference - Weeds*, pp. 1049 – 1056.

LEFOL, E., FLEURY, A. & DARMENCY, H., 1996b. Gene dispersal from transgenic crops. II Hybridization between oilseed rape and the wild hoary mustard. *Sexual Plant Reproduction 9*:189 – 196.

LEFOL, E., SÉGUIN-SWARTZ, G. & R. KEITH, D., 1997. Sexual hybridisation in crosses of cultivated Brassica species with the crucifers *Erucastrum gallicum* and *Raphanus raphanistrum*: Potential for gene introgression. *Euphytica 95*:127–139.

LIPS, J., 1998. Pleiotrope Effekte und genetische Stabilität transgener Pflanzen. In Schütte, G., Heidenreich, B. & Beusman, V. (eds.), *Nutzung der Gentechnik im Agrarsektor der USA - die Diskussion von Versuchsergebnissen und Szenarien zur Biosicherheit*, pp. 121 – 156. Umweltbundesamt Deutschland, UBA-Texte 47/98.

LUTMAN, P. J. W., 1993. The occurrence and persistence of volunteer oilseed rape (Brassica napus). *Aspects of Applied Biology 35*:29–36.

M., C. A., EBER, F., BARANGER, A., KERLAN, M. C., BARRET, P., FESTOC, G. & P., V., 1996. Interspecific Gene Flow as a Component of Risk Assessment for Transgenic Brassicas. In *ISHS Acta Horticulturae 407 ISHS Brassica Symposium - IX Crucifer Genetics Workshop*. Publication date 1 April.

MANASSE, R. & KAREIVA, P., 1991. Quantifying the Spread of Recombinant Genes and Organisms. In LR, G. (ed.), *Assessing ecological risks of biotechnology*, pp. 215 – 231. Boston.

MATTSSON, B., 1988. Interspecific crosses within the genus Brassica and some related genera. *Sveriges Utsadesforen Tidskr. 98*:187 – 212.

MESQUIDA, J. & RENARD, M., 1981. Le colza, principales caractéristiques botaniques et biologiques. *Bul. Tech. Apic. 8*:119 – 130.

MORINAGA, T., 1934. On the chromosome number of Brassica juncea and *Brassica napus*, on the hybrid between the two, and an offspring line of the hybrid. *Jpn. J. Genet.* 9:161 – 163.

MORRIS, W. F., KAREIVA, P. M. & RAYMER, P. L., 1994. Do barren zones and pollen traps reduce gene escape from transgenic crops? *Ecological Applications* 4:157 – 165.

MOYES, C. L., LILLEY, J., CASAIS, C. & DALE, P. J., 1999. Gene flow from oilseed rape to *Sinapis arvensis*: Variation at the population level. In *Gene Flow and Agriculture: Relevance for Transgenic Crops*, pp. 143 – 148. BCPC Symposium Proceedings No. 72, April 1999, Keele, UK.

MOYES, C. L., LILLEY, J. M., CASAIS, C. A., COLE, S. G., HAEGER, P. D. & DALE, P. J., 2002. Barriers to gene flow from oilseed rape (*Brassica napus*) into populations of *Sinapis arvensis*. *Molecular Ecology* 11:103 – 112.

PALMER, T. P., 1962. Population structure, breeding system, interspecific hybridisation and alloploidy. *Heredity* 17:278 – 283.

PEKRUN, C., 1994. Untersuchungen zur sekundären Dormanz bei Raps (*Brassica napus* L.). Cuvillier Verlag Göttingen. Zugl.: Diss. Univ. Göttingen.

PILSON, D., SNOW, A., RIESEBERG, L. & ALEXANDER, H., 2002. Fittness and population effects of gene flow from transgenic sunflower to wild *Helianthus annus*. In *Proceedings of Gene Flow Workshop, 5-6 March 2002, Ohio State University.* http://www.biosci.ohio-state.edu/~lspencer/gene-flow.htm.

QUIST, D. & CHAPELA, I. H., 2001. Transgenic DNA introgressed into traditional maize landraces in Oaxaca, Mexico. *Nature* 414:541 – 543.

RIEGER, M., A., LAMOND, M., PRESTON, C., POWLES, S. B. & ROUSH, R. T., 2002. Pollen-mediated movement of herbicide resistance between commercial canola fields. *Science* 296:2386 – 2388.

RIEGER, M. A., POTTER, T. D., PRESTON, C. & POWLES, S. B., 2001. Hybridisation between *Brassica napus* L. and *Raphanus raphanistrum* L. under agronomic field conditions. *Theoretical and Applied Genetics* 103:555 – 560.

RIEGER, M. A., PRESTON, C. & POWLES, S. B., 1999. Risks of gene flow from transgenic herbicideresistant canola (*Brassica napus*) to weedy relatives in southern Australian cropping systems. *Australian Journal of Agricultural Research* 50:115 – 128.

RINGDAHL, E. A., MCVETTY, P. B. E. & SERNYK, J. L., 1987. Intergeneric hybridization of Diplotaxis ssp. with *Brassica napus*: a source of new CMS systems? *Can. J. Plant Sci.* 67:239 – 243.

RÖBBELEN, G., 1966. Beobachtungen bei interspezifischen Brassica - Kreuzungen, insbesondere über die Entstehung matromorpher F1 - Pflanzen. *Angewandte Botanik* 39:205 – 221.

SALISBURY, P. A., 1989. Potential utilization of wild crucifer germplasm in oilseed Brassica breeding. In *Proc. ARAB 7the Workshop*, pp. 51 – 53. Toowoomba, Queensland, Australia.

SALISBURY, P. A., 1991. Genetic variability in Australian wild crucifers and its potential utilisation in oilseed Brassica species. PhD Thesis, University of Melbourne, 205 pp.

SCHEFFLER, J. A., PARKINSON, R. & DALE, P. J., 1995. Evaluating the effectiveness of isolation distances for field plots of oilseed rape (Brassica napus) using herbicide-resitance transgene as a selection marker. *Plant Breeding* 114:317 – 321.

SCHEFFLER, J. A., PARKINSON, R. & DALE P, J., 1993. Frequency and distance of pollen dispersal from transgenic oilseed rape (*Brassica napus*). *Transgenic Research* 2:356 – 364.

SCHIEMANN, E., 1932. Entstehung der Kulturpflanzen. Handb. Vererbwis., Lfg. 15.

SCHLINK, S., 1994. Ökologie der Keimung und Dormanz von Körnerraps (*Brassica napus* L.) und ihre Bedeutung für eine Überdauerung im Boden. Dissertationes Botanicae 222, Gebrüder Borntränger, Berlin, Stuttgart. Zugl.: Diss. Univ. Göttingen, 1994.

SCHUSTER, W., 1992. Ölpflanzen in Europa. DLG-Verlag, Frankfurt.

SEYBOLD, S. AND PHILIPPI, G. & SHIGA, T., 1990. Die Farn- und Blütenpflanzen Baden-Württembergs. Ulmer-Verlag.

SHIGA, T., 1980. Male sterility and cytoplasmic differentiation. In Tsunoda, S., Hinata, K. & Gomez-Campo, C. (eds.), *Brassica Crops and Wild Allies, Biology and Breeding*, pp. 205 – 234. Japan Scientific Societies Press, Tokyo.

SIMPSON, E. C., NORRIS, C. E., LAW, J. R., THOMAS, J. E. & SWEET, J. B., 1999. Gene flow in genetically modified herbizide tolerant oilseed rape (*Brassica napus*) in the UK. In Lutmann, P. J. W. (ed.), *Gene Flow and Agriculture: Relevance for Transgenic Crops*. BCPC Symposium Proceedings No. 72, pp. 75 – 81.

SINSKAIA, E. N., 1928. The oleiferous plants and root crops of the family Cruciferae. *Bull. Appl. Bot. Genet. Pl. Breed.* 19:1 – 64.

STANILAND, B. K., MCVETTY, E, P. B., FRIESEN, L. F., YARROW, S., FREYSSINET, G. & FREYSSINET, M., 2000. Effectiveness of border areas in confining the spread of transgenic Brassica napus pollen. *Canadian Journal of Plant Science* 80:521–526.

THEENHAUS, A., ZEITLER, R., VON BRACKEL, W., BOTSCH, H.-J., BAUMEISTER, W. & PEICHL, L., 2002. Langzeitmonitmonitoring möglicher Auswirkungen gentechnisch veränderter Pflanzen auf Pflanzengesellschaften - Konzeptentwicklung am Beispiel von Raps (*Brassica napus*). *Z. Umweltwissenschaften und Schadstoffforschung 14*.

THOMPSON, C. E., SQUIRE, G., MACKAY, G. R., BRADSHAW, J. E., CRAWFORD, J. & RAMSAY, G., 1999. Regional patterns of gene flow and ist consequence for GM oilseed rape. In Lutmann, P. J. W. (ed.), *Gene Flow and Agriculture: Relevance for Transgenic Crops*. BCPC Symposium Proceedings No. 72, pp. 95–100.

TIMMONS, A. M., CHARTERS, Y. M., CRAWFORD, J. W., BURN, D., SCOTT, S. E., DUBBELS, S. J., WILSON, N. J., ROBERTSON, A., O'BRIEN, E. T., SQUIRE, G. R. & WILKINSON, M. J., 1996. Risks from transgenic crops. *Nature* 380:487.

TIMMONS, A. M., O'BRIEN, E. T., CHARTERS, Y. M., DUBBELS, S. J. & WILKINSON, M. J., 1995. Assessing the risks of wind pollination from fields of genetically modified Brassica napus ssp. oleifera. *Euphytica* 85:417 – 423.

VALDIVIA, V. A. & BADILLA, M. E., 1977. Artificial and natural crosses between rapeseed (*Brassica napus* L.) and wild and cultivated cruciferous. *Agricultura Tecnica (Chile)* 37:25 – 30.

WARWICK, S., SEGUIN-SWARTZ, G., BECKIE, H., LEGERE, A. & SIMARD, M.-J., 2001. Gene flow between *Brassica napus* and different Canadian weeds. In *European Science Foundation Meeting of a Working Group on: Interspecific gene flow from oilseed rape to weedy species, June 2001*.

WILKINSON, M. J., TIMMONS, A. M., CHARTERS, Y., DUBBELS, S., ROBERTSON, A., WILSON, N., SCOTT, S., O'BRIEN, E. & LAWSON, H. M., 1995. Problems of Risk Assessment With Genetically Modified Oilseed Rape. In *Brighton crop protection conference -weeds-*, p 1035.

ZÜGHART, W. & BRECKLING, B., 2003. Konzeptionelle Entwicklung eines Monitoring von Umweltwirkungen transgener Kulturpflanzen. In Umweltbundesamt (ed.), *Monitoring von gentechnisch veränderten Pflanzen: Instrument einer vorsorgenden Umweltpolitik*. 13. Juni 2002 im Bundespresseamt, Berlin. UBA Texte 23.

Molekulare Taxonomie – Königsweg oder Werkzeug?

Ulrich Burkhardt
UFT, Abt. Ökologie, Universität Bremen, 28359 Bremen
ulrichbu@uni-bremen.de

Zusammenfassung

Die biochemischen Entdeckungen der letzten Jahrzehnte haben der Molekularbiologie ein breites Betätigungsfeld in der Biosystematik eröffnet. Die Stärken einer molekularen Taxonomie ergeben sich aus der Möglichkeit, die Informationsträger des genetischen Codes, der ebenso wie seine Wirkmechanismen in der belebten Welt universell ist, zu vervielfältigen und zu charakterisieren. Daher kann mit bekannten oder ableitbaren molekularen Methoden an die Taxierung beliebiger, auch noch weitgehend unerforschter Gruppen ebenso herangegangen werden wie an die Diskriminierung selbst extrem kleiner Spezies, an denen nur sehr wenige anatomisch-morphologische Bestimmungsmerkmale erarbeitet werden können. Kleinste Probenmengen genügen zur Darstellung der molekularen Information, so dass auch das Screening großer Sammlungsbestände oder die Verwendung von gelagertem Material aus lange zurückliegenden Probennahmen möglich ist, um etwa zeitabhängige Veränderungen festzustellen. Das grundlegende methodische Rüstzeug ist weltweit kompatibel, wodurch die taxonomische Verständigung und der Austausch von Methoden und Ergebnissen unproblematisch verlaufen. Geläufige molekularbiologische Methoden werden vorgestellt und bewertet. Ein Problem stellt nach wie vor die Gewichtung vorgefundener Merkmalsmuster und ihre Einordnung in den evolutiven Kontext dar. Die Ergebnisse bei der systematischen Aufschlüsselung evolutiv alter Ebenen sind oft dergestalt widersprüchlich, dass vor der Etablierung eines verläßlichen Methodenapparates, mit dem ein breites molekulares Screening an einer Vielzahl von Spezies durchgeführt werden kann, eine molekularbiologisch begründbare Auftrennung eher auf der Ebene von Rassen, Populationen und Spezies möglich ist. Sinnvollerweise sollte die molekulare Taxonomie versuchen, auf der Basis vorhandener ‚klassischer' morphologisch-anatomischer Arbeiten Methoden bereitzustellen, um unklare oder widersprüchlich beschriebene Artenkomplexe sicher und schnell auch durch Forscher anzusprechen, die keine jahrelange Erfahrung in der Arbeit mit der betreffenden Artengruppe besitzen.

Abstract

During the last decades, molecular techniques have become an important tool for taxonomy. The potential to amplify and to detect the information basing on the universal genetic code allows the study even of species groups yet poorly investigated and of minute individuals which lack of stable morphological characters due to small size or morphological diversity. Small amounts of sampling material are sufficient for gaining lots of molecular data, allowing to screen vast abundant species or material from collections for gene flow, genetic diversity, intraspecific variability and expansion history. The basal techniques of molecular biology are used the same way all over the world, making an exchange of methods and results is quick and easy. The most popular of these techniques are listed and discussed. Unfortunately molecular characters are susceptible to misinterpretation due to homoplasy and mutation effects in a similar way as morphological characters do, sometimes leading to the construction of a gene based tree aberrant from the organismal tree. As it remains problematic to describe taxa by molecular characters only, molecular taxonomy should try to provide methods to resolve the status of cryptic species and species groups and for fast and easy re-identification of taxa.

Schlüsselworte: AFLP, Allozyme, DNA-Sequenzierung, Methodenspektrum, Mikrosatelliten, Molekulare Marker, PCR, RAPD, RFLP, Taxonomie

1 Einleitung

Taxonomie, also die Theorie und insbesondere die Praxis der biologischen Klassifikation wird im allgemeinen als praktischer Teil der Systematik angesehen und oft mit der Systematik als Begriff durcheinandergeworfen. Ziel der Taxonomie ist es, Lebewesen zu benennen und so genau zu beschreiben, dass sie entweder als neue (Art-) Einheit von bereits beschriebenen Einheiten abgegrenzt oder anhand der Beschreibung sicher identifiziert und einer bestehenden Art zugeordnet werden können. Ersteres ist der Traum jedes Taxonomen, letzteres sein tägliches Brot. Hierzu gehört auch, die zuverlässig wiedererkennbaren Eigenschaften oder Kennzeichen eines Lebewesens als taxonomische Merkmale zu definieren und ein System zu erstellen, das Prinzipien der Klassifikation, Nomenklatur, Beschreibungen und Mittel zur Identifizierung zur Verfügung stellt. Die Systematik erstellt hierzu den biologischen Unterbau des natürlichen Systems: sie beschreibt und benennt die Lebewesen und ordnet nach ihrem Verwandtschaftsgrad alle Lebensformen zu natürlichen Gruppen in ein System, das ihre Evolution aus älteren Stammformen ebenso wiederspiegelt wie ihren tatsächlichen Grad der Verwandtschaft. Mittlerweile sind beide Forschungsbereiche derart ineinander übergegangen, dass einer Unterscheidung untergeordnete Bedeutung beigemessen wird (z. B. HAWKSWORTH & BISBY, 1988) oder beide von vornherein als Synonym angesehen werden (AX, 1988).

Die heute auf der Erde anzutreffende Formenvielfalt ist das Ergebnis evolutiver Prozesse, die seit etwa 3,5 Milliarden Jahren ablaufen. Einheiten dieser Organismenvielfalt sind die Arten. Artenkenntnis ist damit die entscheidende Voraussetzung für die Bearbeitung aller weiterführenden wissenschaftlichen, ökologischen und ökonomischen Fragen. Nach wie vor lässt sich die globale Zahl der Arten nur grob schätzen, dabei schwanken die Annahmen von etwa fünf bis über zwanzig Millionen. Trotz der großen Zahl von bisher ungefähr 1,8 Millionen beschriebenen Arten zeigen alle weiteren systematisch-taxonomischen Untersuchungen und Aufsammlungen, dass erst ein Bruchteil des auf der Erde bestehenden Arteninventars erfasst wurde. Und selbst von diesen besitzt der Mensch nur bruchstückhafte Kenntnis ihrer zahlenmäßigen Verteilung, ihrer Reproduktionsbiologie, ihrer ökologischen Ansprüche und der Rollen, die sie in den Ökosystemen spielen. Folglich erweisen sich bei zunehmender Kenntnis neuer Arten die bisher vorliegenden Beschreibungen oft als unzureichend und unvollständig und müssen entsprechend ergänzt werden.

Die Betrachtung unterschiedlicher Erscheinungsformen von Lebewesen führte zur Einteilung in 'Taxa' als Einheiten einer biologischen Klassifikation, die nach unterscheidbaren Merkmalen gedanklich zusammengefaßt und benannt werden. Linné schuf ein einheitliches System von Regeln der Beschreibung und eine Nomenklatur, die im wesentlichen heute noch gültig ist. Hierbei stützte er sich vor allem auf Merkmale der Morphologie. Seit Lamarck postulierte, dass Ähnlichkeit von Taxa nicht durch ähnliche Lebensweisen, sondern durch Abstammung von gemeinsamen Vorfahren bedingt werde, wuchs die Bedeutung der Phylogenie als der evolutionären Verwandtschaft von Arten. Linnés Systematik geht von Entwicklung neuer Arten aus andersgestaltigen Urformen aus, wobei die Ähnlichkeit zwischen Lebewesen in ihrer Verwandtschaft begründet ist und der Grad der Verwandtschaft mit dem Grad der Ähnlichkeit der Merkmale korreliert; im Idealfall paraloger Sequenzen (siehe unten) auch der molekularen Merkmale.

Durch ungerichtete Mutation entstehen in einer Population neue Merkmale, die sich durch gerichtete Selektion innerhalb der Population durchsetzen oder untergehen. Die Trennung von Teilpopulationen durch räumliche oder zeitliche Ereignisse kann langfristig zur Ausbildung abweichender Merkmalskomplexe und damit zur Ausbildung neuer Arten führen. Diese besitzen plesiomorphe Merkmale, die schon ihre gemeinsame Stammart besaß, und auch neu ausgebildete, apomorphe Merkmale, die nur den Individuen dieser Art eigen sind und durch die sie als eigene Art von anderen Spezies getrennt werden können. Im Zuge weiterer Artaufspaltung können apomorphe Merkmale bei mehreren nahe verwandten Arten gefunden werden; man spricht von Synapomorphien und kann aus diesen drei Merkmalstypen eine Stammart und alle ihre Nachkommenarten in einer monophyletischen Gruppe zusammenfassen. Die Merkmale der Stammart finden sich auch bei allen Nachkommen, sofern sie nicht reduziert wurden. Das Verteilungsmuster von gemeinsamen, neuen und reduzierten Merkmalen erlaubt somit auch Rückschlüsse auf die Phylogenese.

Problematisch bleibt dabei die Einordnung fossiler Formen, weil hier von vielen Übergangstypen keine Belege gefunden wurden, also Lücken in der Evolution klaffen, und bei jenen, von denen Belege existieren, oft nur wenige Merkmale erhalten sind, die für eine systematische Einordnung taugen. Bei rezenten, d.h. noch lebenden Formen hingegen kann eine enorme Vielzahl von Merkmalen beschrieben werden. Die Schwierigkeit liegt hier darin, diese Merkmale in ihrer unterschiedlichen Aussagekraft zu bewerten. Nach wie vor gültig ist die biologische Definition der Art, die von Individuen mit einer Anzahl gemeinsamer Merkmale innerhalb der Spezies ausgeht, die einander als potentielle Geschlechtspartner erkennen, aktiv zur Fortpflanzung aufsuchen und fertile Nachkommen erzeugen. Die fortpflanzungsbiologische Isolation bewirkt zusammen mit weiteren Faktoren den Arterhalt. Problematisch dabei ist, dass Arten auch als Formenkreise geographisch nebeneinander lebender Rassen mit fließenden Übergängen, aber auffälligen Unterschieden im Bereich der Merkmale, die zur Trennung herangezogen werden, angesehen werden können, da sich zum einen der Prozess der Artbildung in Zeiträumen vollzieht, die vom Individuum Mensch nur schwer zu verfolgen sind und zum anderen Effekte wie Kleptonbildung und Hybridisierung zwischen Spezies (z. B. GRANT & GRANT, 1994; MILINSKI, 1994; VORBURGER, 2001) noch nicht konsequent in der Systematisierung umgesetzt werden.

Der Anerkennung der Mendelschen Regeln folgte die Erforschung der biochemischen Prinzipien, die diesen zugrunde lagen. Diese Erkenntnisse wiederum beeinflussen fast alle Forschungsfelder der heutigen Biologie, nicht zuletzt auch die Taxonomie, deren Ziele man heute wie folgt definieren kann:

i) Die Bestandsaufnahme rezenter wie fossiler Arten zu ermöglichen und zu vervollständigen und

ii) Ihre Einordnung in ein phylogenetisches System.

Zum etablierten Arsenal der Taxierungswerkzeuge neu hinzugetreten sind seit dem letzten Jahrhundert die Detektion biochemischer und molekulargenetischer Unterscheidungsmerkmale (z. B. SIBLEY & AHLQUIST, 1987). Seitdem erkannt wurde, dass in allen lebenden Organismen die Information für die Ausprägung jedes vererbbaren Merkmals in Form komplexer Nukleinsäuremoleküle vorhanden ist (DNA, RNA), haben Systematiker gehofft, diese genetische Datenbank anzapfen zu können, um Antworten auf Fragen zu erhalten, wie sich Arten unterscheiden und wie Arttrennung und -ausbreitung vonstatten gehen. Unter den biochemischen Entdeckungen der letzten Jahrzehnte haben vor allem die Entwicklung der Elektrophoresetechniken, der DNA-Sequenzierung, und der Polymerase-Kettenreaktion (PCR) sowie die Isolierung von Restriktionsenzymen die Bedeutung der Molekularbiologie für Systematik und Taxonomie verstärkt. Nachdem, quasi als erster Schritt, die Stabilität molekularer Daten durch ihren Einsatz in der Systematisierung belegt wurde, tritt der zweite, die molekulare Taxonomie hinzu. Mittlerweile haben molekulargenetische Methoden ihre Kinderkrankheiten - Materialaufwand und Unzuverlässigkeit - soweit abgelegt, dass sie dem Systematiker ein wertvolles Werkzeug sein können.

Ausgenutzt wird dabei die Universalität des genetischen Codes bzw. des Aufbaus einzelner komplexer Moleküle, untersucht werden insbesondere Proteine und Nukleinsäuren. Neben DNA mit einfacher Sequenz finden sich im Genom eines Individuums mittelrepetitive Sequenzen, in denen Nukleotidfolgen zwanzig- bis fünfzigmal tandemartig wiederholt auftreten, und hochrepetitive Sequenzen mit bis zu einigen Millionen mal wiederholten Basenfolgen. Durch ungleiche Crossing-over bei der Zellteilung variieren diese Sequenzen sehr stark in der Zahl der Repeats und damit in ihrer Länge, wodurch sie für die Erstellung eines genetischen Fingerabdrucks sehr nützlich sind, in Kombination mit 2D-Gelelektrophorese aber auch zur Trennung auf Gattungsebene eingesetzt werden können (HARMS ET AL., 2000). DNA einfacher Sequenz variiert hingegen auf der Ebene einzelner Basenaustausche, insbesondere auf der dritten Position eines Tripletts, die für die Codierung der resultierenden Aminosäure nur noch von untergeordneter Bedeutung ist. Hier spielen etwa Einbaufehler bei der Replikation, Mutationen, Strangbrüche oder das Exon-shuffling der beweglichen DNA-Elemente eine Rolle. Rund 90 Prozent der DNA enthalten keine bekannte sequenzabhängige Variation und sind von daher durch hohe Variabilität auf Populationsniveau gekennzeichnet. Austausch oder Verlust einzelner Nukleotide oder ganzer Sequenzabschnitte führt hier nicht zu einem Nachteil für den Organismus.

Doch selbst für den Organismus lebenswichtige Sequenzen, etwa proteincodierende Gene, können in gewissem Rahmen mutieren, da der genetischen Code mehr Kombinationsmöglichkeiten erlaubt als daraus resultierende Aminosäuren existieren. Während die Zahl hier möglicher Variationen also wesentlich stärker eingeschränkt ist als etwa in den Satelliten-Abschnitten der DNA, deren Zahl sich wiederholender Sequenzmotive von Individuum zu Individuum verschieden ist, liegen DNA-Abschnitte wie zum Beispiel die internal transcribed spacer (ITS) in ihrer Variabilität zwischen den vorgenannten; ihre Länge zwischen Exonabschnitten muß annähernd gleich bleiben, um ein korrektes Spleißen bei der Transkription zu gewährleisten.

Aus diesen Graden von Variabilität kann sich der Taxonom Marker suchen, die auf der taxonomischen Ebene stabil sind, die er untersuchen möchte, während sie auf anderen Ebenen hohe Variabilität zeigen. Wie in der Morphologie kann man auf molekularer Ebene ebenfalls nach ‚apogenen' und ‚plesiogenen' Merkmalen suchen, die eine Arttrennung ermöglichen; hierzu prinzipiell die Basenabfolge betrachten, Unterschiede in der Abfolge suchen und ihre Summe kladistisch als Ansammlung von Merkmalswerten oder variable Sequenzbereiche suchen, die die Gestalt des betreffenden Strangabschnitts bzw. des resultierenden Proteins verändern, oder die sich mit Restriktionsenzymen zu anderen Fragmentmustern zerschneiden lassen als bei verwandten Arten.

2 Methodik der Molekulartaxonomie

Ehe die Entwicklung der PCR und die Entdeckung der Restriktionsenzyme den DNA-basierten Techniken ihre heute dominierende Position verschaffte, wurden auf molekularer Ebene vor allem Proteine, etwa Hormone und Cytochrome auf ihren Wert für die Verwandtschaftsforschung untersucht. Höhere taxonomische Ebenen können etwa durch die An- oder Abwesenheit bestimmter biochemischer Stoffklassen oder einer typischen Abwandlung in der Proteinstruktur charakterisiert werden. In der Pflanzentaxonomie sind dies insbesondere Stoffklassen, die ursprünglich aus wirtschaftlichem Interesse erforscht wurden, etwa Alkaloide, Flavonoide und Terpenoide (HEGNAUER, 1962; GIBBS, 2003). Einige davon, wie etwa Flavonoide und Terpenoide sind sowohl geeignet, um auf Artebene Hybride zu erkennen als auch zur Gruppierung höherer Ebenen durch Betrachtung von Stoffunterklassen wie den Sesquiterpenen (z. B. SEAMAN, 1982). Die Aminosäuresequenzierung von Molekülen wie Hämoglobin oder Myoglobin wird nach wie vor in der Arttrennung eingesetzt (z. B. GOODMAN ET AL., 1987). Die Proteinelektrophorese wird bereits seit den fünfziger Jahren des letzten Jahrhunderts praktiziert.

Proteine unterscheiden sich abhängig von der Aminosäurezusammensetzung in elektrischer Ladung und in räumlicher Gestalt durch Faltung in Tertiär- und Quartärstruktur. Bringt man sie in ein Gel und legt eine Spannung an, so werden sie entsprechend ihrer Ladung unterschiedlich stark zur Anode gezogen und wandern aufgrund ihrer Größe auch unterschiedlich schnell durch das Molekularsieb, das ein Gel darstellt. Durch zeitliche Trennung der elektrischen und der größenabhängigen Auftrennung kann man mit zweidimensionalen (2D-)Gelen auch komplexe Enzymgemische auftrennen. Der Nachweis der Moleküle erfolgt anschließend durch spezifische Färbungstechniken. Neben Isozymen, d.s. Enzyme, die ähnliche katalytische Funktionen erfüllen, obwohl sich in ihrer Struktur deutlich unterscheiden (FERGUSON, 1988; PASTEUR ET AL., 1988), werden vor allem Allelvarianten (Allozyme) eines Enzyms oder einer Enzymgruppe, z.B. verschiedene Esterasen, untersucht (z. B. RODRIGUEZ ET AL., 2000; SNABEL ET AL., 2001). Großer Vorteil der Technik ist die Trennschärfe bei engverwandten Arten. Aus dem Informationsfundus, den die DNA bereitstellt und der bei mehreren Spezies sich ähnlich darstellt, werden oft unterschiedliche Kombinationen von Proteinen synthetisiert, die eine Trennung in Subpopulationen, von Geschwisterarten und Rassen ermöglichen (z. B. HEWITT, 1988). Proteinmarker können daher aussagekräftiger sein als DNA-Marker, weil sie nicht das bloße Vorhandensein von Information, sondern deren Umsetzung als Reaktion des Organismus auf seine Umwelt darstellen. Nicht oder nur schwer unterscheidbare Arten können entlang von Umweltgradienten morphologische Merkmale ausbilden, die anhand der Enzymvariabilität eine Trennung in verschiedene Taxa erlauben (z. B. SIMONSEN ET AL., 1999) Daher ist die Enzymanalyse bedeutsam für die Trennung kryptischer Artkomplexe oder Subpopulationen auf dem Weg zur eigenen Art. Während etwa (AVISE, 1983) empfiehlt, wenigstens 100 Genloci zu untersuchen, um die genetische Differenzierung verläßlich abschätzen zu können, werden üblicherweise nur 10 bis 30 Loci untersucht, da ein Nachteil der Proteintechnik im apparativen Aufwand und der Unbeständigkeit der Proteine gegenüber Temperaturschwankungen, Austrocknung, ionischen Lösungen und Enzymen besteht. Weil relativ große Mengen gut gekühlten oder frischen Materials benötigt werden, können bei kleinen Arten nur wenige Marker je Individuum detektiert werden (z. B. KAZMER, 1991).

Bei der Untersuchung von DNA ist von Vorteil, dass die Methodik kaum mit der Art der untersuchten DNA variiert, dass kleinste Gewebemengen für die Extraktion genügen und dass DNA auch weit stabiler ist als Proteine und selbst aus qualitativ minderwertigem Material gewonnen werden kann. In der DNA-Sequenz selbst können Polymorphismen in den Intronsequenzen oder auf den Wobble-Positionen detektiert werden, die bei der Proteinsynthese nicht berücksichtigt werden. Hier liegt eine enorme Menge von Information in unterschiedlichen Graden von Variabilität vor, die ebenfalls nach geeigneten Markern für den gewünschten Zweck abgesucht werden kann.

Dies macht sich die molekulare Taxonomie zunutze, indem sie die DNA-Sequenz als eine Abfolge von Basen und folglich als eine Abfolge von potentiellen Merkmalen betrachtet, die zur Taxierung im Grad ihrer Abweichung gemessen werden kann oder aus der charakteristische Sequenzunterschiede sichtbar gemacht werden können. Grundsätzlich kann also die Sequenz selbst untersucht werden oder man kann bekannte oder unbekannte Abweichungen in der Sequenz nutzen, um ein Fragmentmuster zu erzeugen, das zwischen den gewünschten Taxa variiert. Die geläufigsten DNA-basierten Verfahren hierbei sind die DNA-Sequenzierung, RFLP, AFLP, RAPD, VNTR, SSCP und DGGE (siehe unten). Welches Verfahren tatsächlich gewählt wird, hängt von der jeweiligen Fragestellung ab. Die Wiedererkennung von Taxa richtet sich natürlich zunächst nach den bisher beschriebenen Methoden. Geht man vom Vorhandensein eines normal ausgestatteten molekularbiologischen Labors mit Elektrophoresekammern, Tiefkühlschrank und PCR-Thermocycler aus, so bieten sich für Neuuntersuchungen zur ersten Abschätzung, etwa zur Trennung von Zwillingsarten, schnelle und relativ preiswerte Methoden an. Blind, also ohne genaue Kenntnis der Sequenz, können Sequenzierung mit Universalprimern, AFLP, RAPD, SSCP und DGGE, mit Einschränkung auch RFLP und VNTR-Techniken eingesetzt werden. Eine Übersicht hierzu zeigt **Tabelle 1**

Beim Restriction Fragment Length Polymorphism (RFLP) wird ein Teil der DNA nach PCR-Amplifikation oder, falls nur wenige Schnittstellen detektiert werden, die gesamte DNA mit Restriktionsenzymen ‚verdaut'. Diese Enzyme zerschneiden die DNA an enzymspezifischen Erkennungsstellen, so dass das entstehende Fragmentmuster elektrophoretisch aufgetrennt werden kann. Ist z.B. bei Art A durch Mutation eine dieser Schnittstellen verändert, wird hier nicht geschnitten und es entsteht ein anderes Muster als bei Art B. Abhängig von den gewählten Enzymen können in konservativen DNA-Bereichen höhere taxonomische Ebenen untersucht werden, in stärker variablen Individuen und ihre Verwandtschaftsbeziehungen (**Abb. 1**).

Für letzteres werden vor allem Fingerprinting-Techniken eingesetzt, die sogenannten VNTR (Variable Number of Tandem Repeats), je nach Länge auch Mini- oder Mikrosatelliten genannt, die als hypervariable einfachrepetitive Sequenzen, etwa GATA, sich im ganzen Genom verteilt finden oder an bestimmten Bereichen der Chromosomen gehäuft auftreten. Aufgrund der erwähnten individuenspezifischen Länge der Repeats besitzen sie ein großes Potential zur Individualisierung gleich einem Fingerabdruck (JEFFREYS ET AL., 1985) und ermöglichen eine Feintrennung zwischen Arten und v.a. Populationen bis hinab zu Verwandtschaftsbeziehungen. Eine Suche nach noch unbekannten geeigneten Markerdifferenzen erfordert das Austesten zahlreicher Genloci, hieraus die Auswahl der reproduzierbaren Loci und hieraus wiederum die Auswahl der aussagekräf-

Tab. 1: Molekulargenetische Techniken und ihre geläufigsten Anwendungen

Technik	Geeignet für	Einsatz ohne Kenntnis der Gensequenz
AFLP	Arttrennung, Diversität	möglich
Allozyme	Paarungssysteme, Verwandtschaft	möglich
Isozyme	Arttrennung, Verwandtschaft, geographische Variation	möglich
RAPD	Arttrennung, Diversität	möglich
RFLP	Diversität, geographische Variation, Arttrennung	aufwendig
Sequenzierung konservativer Bereiche	Stammbaumerstellung	möglich
Sequenzierung variabler Bereiche	Arttrennung, Diversität, Verwandtschaft, Populationen	möglich
SSCP/DGGE	Diversität, Verwandtschaft	möglich
VNTR	Paarungssysteme, intraspezifische Variation, Verwandtschaft	aufwendig

tigsten. Der Nachteil ist ersichtlich: dieses Procedere muß komplett durchgegangen werden, wenn für die untersuchten Arten noch keine geeigneten Marker vorliegen, und erst am Ende ist absehbar, ob man an den richtigen Stellen im Genom gesucht hat. Der Einsatz von VNTR oberhalb der Ebene von Populationen ist daher selten (**Abb. 2**).

Als häufigstes Blindverfahren wird das RAPD-Fingerprinting eingesetzt (Randomly Amplified Polymorphic DNA, WILLIAMS ET AL., 1990). Hierbei amplifizieren Zufallsprimer von 10 Basenpaaren Länge jene Sequenzbereiche, an die sie sich bei der gewählten PCR-Temperatur anlagern können. Um die Bindungsstellen in überschaubarem Rahmen zu halten, benutzt man Primer mit hohem Anteil an Guanin- und Cytosinbasen, die in der DNA seltener auftreten, und erhält ein Muster aus meist wenigstens zehn starken und vielen schwächeren Banden zur Auswertung. Auch hier führen Abwandlungen in der Sequenz der Bindungsstellen zu abweichenden Mustern bei der Elektrophorese, auch hier spielen der oder die gewählten Primer eine große Rolle, eine mindestens ebenso große allerdings die Versuchs- und Laborbedingungen, was von der Heizmethode des Thermocyclers über unterschiedliche Konzentrationen der eingesetzten DNA bis zur Herkunft der verwendeten Chemikalien reichen kann. Manchmal sind nur wenige Banden auswertbar oder die Variabilität innerhalb des Taxons zu hoch, um taugliche Fragmente zu finden (**Abb. 3**) und der Wert der erhaltenen Daten wird teilweise durch mangelhafte Wiederholbarkeit eingeschränkt (z. B. BLACK, 2003).

Ein gefundenes Markerset sollte in jedem Fall durch Wiederholung unter strin-

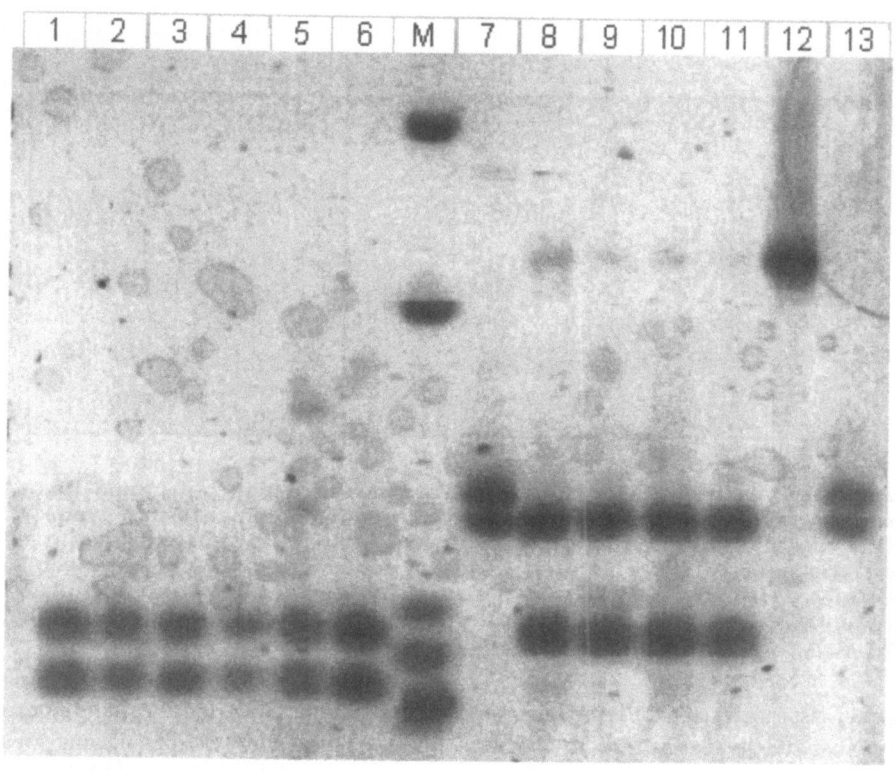

Abb.1: PCR-RFLP: ein DNA-Abschnitt wird amplifiziert und anschließend mit Restriktionsenzymen verdaut. Durch Mutationen in der Sequenz kann derselbe Abschnitt für dasselbe Restriktionsenzym bei unterschiedlichen Taxa unterschiedliche Schnittstellen und damit unterschiedliche Fragmentmuster aufweisen. In diesem Beispiel ist das Muster für Art A (Nrn.1-6) stabil, weist aber bei Art B (Nrn. 7-13) (innerartliche?) Variation auf: bei Individuum Nr. 12 wurde keine Schnittstelle erkannt. Die Längenvariation bei Nr. 7 und 13 ist auf Verwendung eines weiter strangabwärts bindenden Primers zurückzuführen. M = Molekulargewichtsmarker.

genteren Bedingungen verifiziert werden (LANDRY & LAPOINTE, 1996). Auch der Einsatz eines Pipettierroboters kann die Zuverlässigkeit der RAPD deutlich steigern, da dieser Konzentrationen und Behandlung der Proben vereinheitlicht.

Das AFLP-Fingerprinting (Amplified Fragment Length Polymorphism, VOS ET AL., 1995) steht gewissermaßen zwischen RFLP und RAPD. Nach Schneiden der gesamten DNA mit Restriktionsonsenzymen werden durch Zugabe von Adaptern, die Schnittstelle und Primerbindungsstelle kombinieren, bestimmte Fragmente in der PCR selektiv amplifiziert. Die Variation entsteht hier durch Sequenzabweichungen an der Schnittstelle, an die der Adapter bindet (oder eben nicht). Die Konstruktion der Adapter erfordert gewisse Erfahrung und das

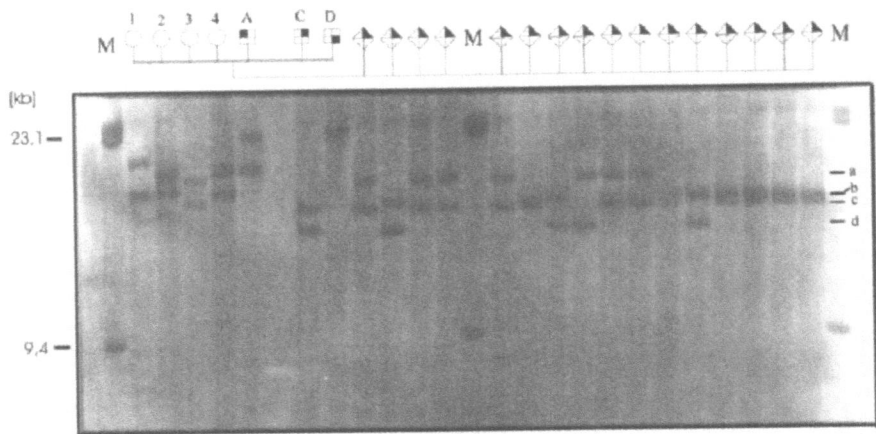

Abb. 2: Analyse des Fortpflanzungserfolges in einem polygynen Paarungssystem von Staphyliniden mittels Monolocus-Fingerprint: Detektion von Minisatelliten-Fragmenten durch Verdau der DNA mit dem Restriktionsenzym *Hinf* I. Durch Vergleich der Fragmentmuster der Nachkommen (Rhomben) von vier potentiellen Müttern (Kreise) und drei potentiellen Vätern (Quadrate) können die jeweiligen Eltern bestimmt werden. M = Molekulargewichtsmarker.

Verfahren ist material- und zeitaufwendiger, aber auch stabil reproduzierbar und liefert weit mehr Merkmale als die RAPD.

Betrachtet man die Gesamt-DNA, so führen Sequenzunterschiede auch zu Änderungen in Faltung und Raumstruktur des DNA-Moleküls, wodurch die Beweglichkeit bei der Elektrophorese (Single Strand Conformation Polymorphism, SSCP, z. B. HAYASHI, 1991) und die Stabilität der Doppelstrangbindung beeinflußt wird (Denaturing Gradient Gel Electrophoresis, DGGE, z. B. MYERS ET AL., 1986). Da diese beiden Techniken sehr geringe Unterschiede detektieren, ist ihre Wiederholbarkeit problematisch. Die Sequenzierung selbst, d.i. das Identifizieren der Nukleotidabfolge auf der DNA oder der Aminosäuren, stellt bereits taxonomische Information bereit, da Unterschiede in ebendieser Abfolge summiert und taxonomisch bewertet werden können. Seit dem Aufkommen der PCR ist die DNA-Sequenzierung zu einem erschwinglichen und weit verbreiteten Werkzeug geworden, das zur Untersuchung beinahe jedes systematischen Problems herangezogen werden kann, da sie den wohl höchsten Informationsgehalt zur DNA-Variation bietet. Sie wird oft für Stammbaumrekonstruktionen und zur Systematisierung von höheren Taxa bis hinab zur Populationsebene eingesetzt, seltener hingegen für Studien, die eine Untersuchung zahlreicher Individuen oder Genloci erfordern, z.B. die Auflösung kryptischer Artenkomplexe oder junger Artaufspaltungen, da sie, je Probe betrachtet, zeit- und arbeitsintensiv ist.

Auf der anderen Seite stellt sie eine relativ sichere Basis, von der aus, nach Auffinden von Bereichen mit gewünschter Stabilität, zur Reidentifikation preiswertere Techniken wie VNTR oder RFLP,

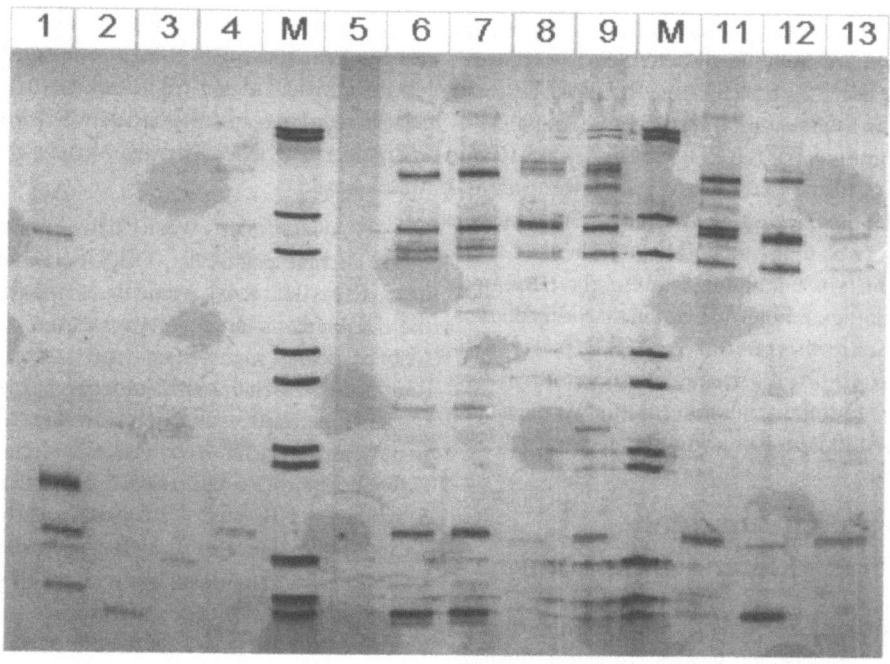

Abb.3: Anderes Taxon oder andere DNA-Konzentration? Bei der RAPD-Technik können schon durch kleine Änderungen in den Reaktions- und Reagenzbedingungen gewaltige Unterschiede im resultierenden Muster auftreten. Hier bei der Trennung von Collembolen: Art A (Nrn. 1, 2); Art B von zwei Standorten I (3, 4, 12, 13) und II (6-9, 11). M = Molekularmarker 0,1 - 2,2 kb.

nunmehr abgesichert, zum Einsatz kommen können.

Seitdem bekannt ist, dass viele Gene beständiger Veränderung durch ungleiche Crossing-over, Genkonversion usw. unterliegen (z. B. PATTERSON, 1987), dass etwa die Evolutionsraten der mitochondrialen DNA von Säugern rund siebenmal schneller evoluieren als die von Selachiern (MARTIN ET AL., 1992), und Regionen innerhalb des Gens in verschiedenen Spezies unterschiedlich schnell evoluieren (z. B. SIMON ET AL., 1996), können sie einerseits, sobald die Mechanismen und Evolutionsgrade für die betreffende Region bekannt und abschätzbar sind, zur Verifizierung schwacher morphologischer Belege herangezogen werden (z. B. TAVARE ET AL., 2002) und andererseits danach als Markerregion gewählt werden, um für eine bestimmte taxonomische Ebene das maximale Trennungspotential zu gewährleisten.

Zu den eher variablen Bereichen gehören z.B. mitochondriale Gene oder Satelliten-DNA, zu den gemäßigt variablen die ITS-Sequenzen, die von konservativen rRNA-codierenden Genabschnitten flankiert werden, zu den eher konservativen Kerngene wie die 18S-rDNA. Unter den Aminosäuren evoluieren z. B. Histone nicht, Hämoglobine langsam und Immunglobuline schnell. Auf Stamm- bis Gattungsebene wird daher eher DNA-

Sequenzierung eingesetzt, auf Art- und Populationsebene neben Sequenzierung auch RFLP, Satelliten, und AFLP, auf Populations- und Individuenebene Allozymanalysen, RAPD und VNTR. Hier muß betont werden, dass die Übergänge fließend sind, da sehr viele Faktoren in die Wahl der Methode einfließen. Man kann etwa auf der Basis einiger Sequenzierungen eine Variationskarte erstellen, die im weiteren durch RFLP oder Mikrosatelliten überprüft werden kann, was im Endeffekt erheblich billiger kommt als eine Vielzahl von Sequenzierungen.

3 Bedeutung der molekularen Taxonomie

Aufgrund der erwähnten Universalität des genetischen Codes kann mit bekannten oder ableitbaren Methoden an die Taxierung beliebiger, auch noch teilweise systematisch dürftig bearbeiteter Gruppen herangegangen werden. Beispielhaft seien hier genannt viele Gruppen von Mikroarthropoden, ferner Picoplankton, Pilze, Hefen, Archäen und Phagen. Daneben können unsichere Gruppen in die Stammbäume aufgenommen und die Zusammenfassung bestehender Phyla aufgrund etablierter taxonomischer Methoden auf eventuelle Unstimmigkeiten überprüft werden. Das grundlegende methodische Rüstzeug – Extraktion, PCR, Elektrophorese und Chromatographie – ist weltweit kompatibel, wodurch die Verständigung und der Austausch von Methoden und Ergebnissen unproblematisch verläuft. Hinzu kommt, dass sich molekulargenetische Erkenntnisse auch in verwandten Disziplinen wie der Virologie, Krebsforschung, Pharmakologie, Tier- und Pflanzenzucht, Entwicklungsbiologie, Biogeographie, Physiologie, Parasitologie etc. verwenden lassen. Ihre hohe Faszination für finanzierende Stellen liegt nicht zuletzt im fließenden Übergang von der grundlegenden Wirkungsforschung zur Möglichkeit aktiver Einflußnahme.

Die Untersuchung von Chromosomen- und Proteinmustern, DNA-Sequenzen und Restriktionsfragmenten ermöglicht die Diskriminierung selbst extrem kleiner Spezies, an denen nur sehr wenige anatomisch-morphologische Bestimmungsmerkmale erarbeitet werden können, wie auch die Arbeit mit nicht ausgewachsenen und saisonal veränderlichen Stadien. Kleinste Probenmengen genügen zur Darstellung der molekularen Information, so dass auch das Screening großer Sammlungsbestände oder die Verwendung von gelagertem Material aus lange zurückliegenden Probennahmen für die Erstellung eines genetischen Archivs herangezogen werden kann, um etwa Effekte genetischer Drift oder intra- und interspezifische Variation festzustellen. Gleichzeitig kann so eine Schwäche des morphologisch basierten Systems, das Typensystem, ausgeglichen werden: Die erste Beschreibung einer neuen Art erfolgt an einem Exemplar, das anschließend als Vergleichstyp in einer Sammlung verwahrt wird und hierdurch nicht ohne weiteres mit neuen Funden verglichen werden kann. Aus Paratypen oder Neufängen könnte aber DNA extrahiert werden, deren Sequenz dann als weitere Referenz dient (TAUTZ ET AL., 2003).

Zu beachten ist dabei, dass der DNA-Amplifikation eine gewisse Unwägbarkeit anhaftet, da angesichts minimaler Probenmengen kleine Änderungen im Procedere oder auch Lesefehler der Polymerase, Verunreinigungen und Störsubstanzen zu deutlich abweichenden Resultaten führen können. Ferner muß wie auch in der Morphologie bei molekularer Taxonomie mit intraspezifischer Variabilität gerechnet werden. Mehrere Genotypen in einer Population können ein Zeichen für das Vorhandensein noch nicht erkannter echter Arten (good species, z. B. MILLER, 2001; DRES & MALLET, 2002), aber auch Zeichen von jüngst stattgefundenen Veränderungen in der Populationszusammensetzung sein (SOLTIS ET AL., 1992). Dies schwächt die Aussagekraft vor allem von minderstabilen Methoden wie der RAPD. Begegnen kann man diesem Problem, indem man Exemplare einer Art aus mehreren Populationen vergleicht. Abweichende Resultate aus der Untersuchung mit unterschiedlichen molekularen Techniken spielen für den Systematiker eher eine Rolle als für den Taxonomen. Idealerweise benutzt dieser, statt neue Genabschnitte oder Techniken zu untersuchen, jene, die bereits - meist von Systematikern - untersucht wurden. Doch ist die Abweichung des Merkmals von allen anderen Taxa nur ebenso wichtig wie die Stabilität. Ein evolutiv unbedeutender oder in seiner Bedeutung noch nicht erkannter Sequenzabschnitt wie etwa die ITS-Regionen kann taxonomisch bedeutsam sein, wenn es innerhalb des untersuchten Taxons stabil auftritt (z. B. OTRANTO ET AL., 2001). Im Sinne der Markerbewertung und der Vergleichbarkeit geht der Trend zur Konzentration auf bewährte Sequenzen als Markerregionen, die einheitlich auf verschiedene Spezies angewandt werden (CATERINO ET AL., 2000).

Das systematische Ergebnis stimmt keineswegs immer mit der Morphologie überein, z. B. zeigten nach DAVIS & GILMARTIN (1985) morphologisch klar getrennte Pflanzengruppen kaum Unterschiede in ihren Proteinmustern. Weil sich an solchen Abweichungen leicht ein systematisch-methodischer Streit entzündet - den molekularen Merkmalen wird vorgeworfen, sie seien schwach, den morphologischen, sie seien irreführend oder nicht bedeutsam - wird oft übersehen, dass, wenigstens für den Taxonomen, ein Taxon durch verschiedenste Merkmalstypen charakterisiert ist, aus deren Angebot er nicht das ‚modernste', sondern die sichersten und reproduzierbarsten verwenden sollte. DOYLE (1992) etwa betont am Beispiel der Chloroplasten-DNA, dass deutliche Abweichungen zwischen ‚gene tree' und ‚species tree' nicht aus den Daten untersuchter Genloci abgeleitet werden können, wenn diese rein zufällig ausgewählt wurden. Orthologe Sequenzen als genetisch basierte Stammlinien, deren Abwandlungen im Verlauf der Stammaufspaltung mit denen der zugehörigen Spezies einhergingen und übereinstimmen, müssen daher von paralogen Sequenzen, Veränderungen im Genom, vor allem durch Genduplikationen, die schon vor der Artaufspaltung auftraten und bei der Bewertung zu abweichenden genetischen Gruppierungen führen können, abgegrenzt werden (FITCH, 1970; PATTERSON, 1988).

Neben der Betrachtung der Auftrennungs- und Fragmentmuster kann die Ereigniswahrscheinlichkeit von Punktmutationen in der DNA-Sequenz gewichtet werden; hieraus ergeben sich variable und konservative Genomabschnitte, die anhand ihrer unterschiedlichen Evolutionsrate für Diskriminierungen auf basaler respektive terminaler Ebene eingesetzt werden können. Die Identität von Sequenzen bzw. Markern kann bedeuten, dass die untersuchten Individuen zum selben Taxon gehören, aber auch, dass an den gewählten Loci zuwenig Variation vorliegt, um unterschiedliche Taxa definieren zu können. Der Molekulartaxonom sucht folglich nach konservierten oder langsam evolvierenden Merkmalen, nach komplexen, funktionslosen und funktionell voneinander unabhängigen Merkmalen als 'guten' Merkmalen für eine stabile Taxierung.

Somit stellt die Gewichtung vorgefundener Merkmalsmuster und ihre Einordnung in den evolutiven Kontext ein erhebliches Problem der Molekularsystematik dar. Auch dem Molekulartaxonomen bleibt nicht erspart, die aufgefundenen Merkmale zu werten und ihre Evolutionsrichtung festzustellen, um seine Taxierung nicht auf scheinbare Übereinstimmungen (Analogien) oder Plesiomorphien zu stützen. Erschwerend kommt hinzu, dass in seinem Forschungsbereich scheinbare Rückentwicklungen sehr wohl auftreten können, weil mit zunehmender genetischer Distanz zweier Taxa auch die Zahl von parallelen Mutationen und Rückmutationen und damit die Gefahr fehlerhafter Merkmalsanalysen und des Auftretens von Homoplasien zunimmt (z. B. BANDELT ET AL., 1995). Ein vorhandener entwicklungsgeschichtlicher Zusammenhang zweier Arten kann hierdurch maskiert oder ein nichtvorhandener vorgetäuscht werden. Demnach kann der Taxonom durch kritische Vergleiche, vor allem aber durch Heranziehen von Ergebnissen und Befunden anderer Taxierungsmethoden Homologien suchen in Sequenzen, in Sequenzabschnitten und Nukleotiden (viele geringwichtige Merkmale), in Genen (weniger, aber gewichtigere Merkmale), in Schnittstellen und Fragmenten, Isoenzymen, Allelen und cytogenetischen Merkmalen. Die Ergebnisse bei der systematischen Aufschlüsselung basaler, d.h. evolutiv alter Ebenen sind teilweise aber sehr widersprüchlich, so dass vor der Etablierung eines verläßlichen molekulartaxonomischen Methodenapparates, mit dem ein breites molekulares Screening an einer Vielzahl von Spezies durchgeführt werden kann, eine molekularbiologisch begründete Auftrennung eher auf der Ebene von Rassen, Populationen und Spezies möglich ist. Solange die Frage des rein molekular definierten Taxons noch Gegenstand der Diskussion bleibt (z. B. FLOYD ET AL., 2002), molekulare Marker also bei der Identifikation von Taxa helfen, sie aber nicht selbst definieren können, sollte die molekulare Taxonomie auf die Erkenntnisse bewährter Taxierungstechniken zurückgreifen und diese kritisch hinterfragen, dabei aber ebenso sich selbst hinterfragen lassen. Sinnvollerweise sollte sie versuchen,

i) Methoden für ein schnelles Screening von Gruppen bereitzustellen, die systematisch noch wenig erforscht sind oder nur wenige bzw. instabile morphologische Merkmale tragen (z. B. KROES ET AL., 1999)

ii) Taxonspezifische Signalsequenzen zu finden und die molekularen Daten in bestehende morphologische Beschreibungen einzubinden (z. B. TAUTZ ET AL., 2003)

iii) auf der Basis vorhandener ‚klassischer' morphologisch-anatomischer Arbeiten Methoden bereitzustellen, um unklare oder widersprüchlich beschriebene Artenkomplexe sicher und schnell auch durch Forscher anzusprechen, die keine jahrelange Erfahrung in der Arbeit mit der betreffenden Artengruppe besitzen.

Hierbei *kann* sie ermöglichen, Artenkomplexe erstmals zu trennen und daraufhin morphologisch neu zu betrachten, variable Merkmale zu definieren und stabile Merkmale festzulegen, anhand derer die Arten nun auch morphologisch getrennt werden können. Die Zukunft liegt aber ohne Frage in einer gleichwertigen Betrachtung aller erhältlichen Merkmale zur Taxonabgrenzung, seien sie nun molekular oder morphologisch (z. B. EDGECOMBE ET AL., 2002). Die wahren evolutiven Verwandtschaftsbeziehungen können wohl nie definitiv geklärt werden, weder durch Betrachtung von Knochen noch durch Betrachtung von DNA. Doch besteht die Möglichkeit, sich diesem Idealzustand am besten anzunähern wohl darin, Verwandtschaftshypothesen mit so vielen Methoden als möglich zu testen.

4 Anmerkungen

Ich danke Dr. C. Harms für seine kritischen Anmerkungen zum Manuskript.

References

AVISE, J. C., 1983. Protein variation and phylogenetic reconstruction. In Oxford, G. S. & Rollinson, D. (eds.), *Protein Polymorphism: Adaptive and Taxonomic Significance*, pp. 103 – 110. Academic Press.

AX, P., 1988. Systematik in der Biologie. Gustav Fischer.

BANDELT, H. J., FORSTER, P., SYKES, B. C. & RICHARDS, M. B., 1995. Mitochondrial portraits of human-populations using median networks. *Genetics 141*:743 – 753.

BLACK, W. C., 2003. PCR with arbitrary primers: approach with care. *Insect Molecular Biology 2*:1 – 6.

CATERINO, M. S., CHO, S. & SPERLING, F. A. H., 2000. The current state of insect molecular systematics: a thriving tower of Babel. *Annual Review of Entomology 45*:1 – 54.

DAVIS, J. I. & GILMARTIN, A. J., 1985. Morphological variation and speciation. *Syst.Bot. 10*:417 – 425.

DOYLE, J. J., 1992. Gene Trees and species trees: Molecular systematics as one-character taxonomy. *Systematic Botany 17*:144 – 163.

DRES, M. & MALLET, J., 2002. Host races in plant-feeding insects and their importance in sympatric speciation. *Philosophical Transactions of the Royal Society of London B Biological Sciences 357*:471 – 492.

EDGECOMBE, G. D., GIRIBET, G. & WHEELER, W. C., 2002. Phylogeny of Henicopidae (Chilopoda: Lithobiomorpha): A combined analysis of morphology and five molecular loci. *Systematic Entomology 27*:31 – 64.

FERGUSON, A., 1988. Isozyme studies and their interpretation. In Hawksworth, D. L. (ed.), *Prospects in Systematics*, pp. 184 – 201. Clarendon Press.

FITCH, W. M., 1970. Distinguishing homologous from analogous proteins. *Systematic Zoology 19*:99 – 113.

FLOYD, R., ABEBE, E., PAPERT, A. & BLAXTER, M., 2002. Molecular barcodes for soil nematode identification. *Molecular Ecology 11*:839 – 850.

GIBBS, R. D., 2003. Chemotaxonomy of Flowering Plants. McGill-Queen's University Press.

GOODMAN, M., MYAMOTO, M. M. & CZELUSNIAK, J., 1987. Pattern and process in vertebrate phylogeny revealed by coevolution of molecules and morphologies. In Patterson, C. (ed.), *Molecules and Morphology in Evolution: Conflict or Compromise?*, pp. 141 – 176. Cambridge University Press.

GRANT, P. R. & GRANT, B. R., 1994. Phenotypic and genetic effects of hybridization in Darwins Finches. *Evolution 48*:297 – 316.

HARMS, C., KLARHOLZ, I. & HILDEBRANDT, A., 2000. Two-dimensional agarose gel electrophoresis as a tool to isolate genus- and species-specific repetitive DNA sequences. *Analytical Biochemistry 284*:6 – 10.

HAWKSWORTH, D. L. & BISBY, F. A., 1988. Systematics: the keystone of biology. In Hawksworth, D. L. (ed.), *Prospects in systematics*, pp. 3 – 30. Clarendon Press.

HAYASHI, K., 1991. PCR-SSCP: A simple and sensitive method for detection of mutations in the genomic DNA. *PCR Methods and Applications* 1:34 – 38.

HEGNAUER, R., 1962. Chemotaxonomie der Pflanzen. Birkhäuser.

HEWITT, G. M., 1988. Hybrid zones - natural laboratories for evolutionary studies. *Trends In Ecology & Evolution* 3:158 – 167.

JEFFREYS, A. J., WILSON, V. & THEIN, S. L., 1985. Hypervariable 'minisatellite' region in human DNA. *Nature* 314:67 – 73.

KAZMER, D., 1991. Isoelectric focusing procedures for the analysis of allozymic variation in minute arthropods. *Annals of the Entomologic Society of America* 84:332 – 339.

KROES, I., LEPP, P. W. & RELMAN, D. A., 1999. Bacterial diversity within the human subgingival crevice. *Proceedings of the National Academy of Sciences of the United States of America* 96:14547 – 14552.

LANDRY, P. A. & LAPOINTE, FRANCOIS, J., 1996. RAPD problems in phylogenetics. *Zoologica Scripta* 25:283 – 290.

MARTIN, A. P., NAYLOR, G. J. P. & PALUMBI, S. R., 1992. Rates of mitochondrial DNA evolution in shark are slow compared with mammals. *Nature* 357:153 – 155.

MILINSKI, M., 1994. Hybridogenetic frogs on an evolutionary dead-end road. *Trends In Ecology & Evolution* 9:62 – 62.

MILLER, W., 2001. The structure of species, outcomes of speciation and the species problem': ideas for paleobiology. *Palaeogeography Palaeoclimatology Palaeoecology* 176:1 – 10.

MYERS, R. M., MANIATUS, T. & LERMAN, L. S., 1986. Detection and localization of single base changes by denaturing gradient gel electrophoresis. *Methods in Enzymology* 155:501 – 527.

OTRANTO, D., TARSITANO, E., TRAVERSA, E., GIANGASPERO, A., DELUCA, F. & PUCCINI, V., 2001. Differentiation among three species of bovine Thelazia (Nematoda: Thelaziidae) by polymerase chain reaction-restriction fragment length polymorphism of the first internal transcribed spacer ITS-1 (rDNA). *International Journal for Parasitology* 31:1693 – 1698.

PASTEUR, N., PASTEUR, G., CATALAN, J. & BONHOME, F., 1988. Practical Isozyme Genetics. Ellis Horwood Ltd.

PATTERSON, C., 1987. Molecules and Morphology in Evolution: Conflict or Compromise? Cambridge University Press.

PATTERSON, C., 1988. Homology in classical and molecular biology. *Molecular Biology and Evolution* 5:603 – 625.

RODRIGUEZ, C., PICCINALI, R., LEVY, E. & HASSON, E., 2000. Contrasting population genetic structures using allozymes and the inversion polymorphism in Drosophila buzzatii. *Journal Of Evolutionary Biology* 13:976 – 984.

SEAMAN, F. C., 1982. Sesquiterpene lactones as taxonomic characters in the Asteraceae. *Bot.Rev.* 48:121 – 595.

SIBLEY, C. G. & AHLQUIST, J. E., 1987. Avian phylogeny reconstructed from comparisons of the genetic material, DNA. In Patterson, C. (ed.), *Molecules and Morphology in Evolution: Conflict or Compromise?*, pp. 95 – 121. Cambridge University Press.

SIMON, C., NIGRO, L., SULLIVAN, J., HOLSINGER, K., MARTIN, A., GRAPPUTO, A., FRANKE, A. & MCINTOSH, C., 1996. Large differences in substitutional pattern and evolutionary rate of 12S ribosomal RNA genes. *Molecular Biology and Evolution* 13:923 – 932.

SIMONSEN, V., FILSER, J., KROGH, P. H. & FJELLBERG, A., 1999. Three species of Isotoma (Collembola, Isotomidae) based on morphology, isozymes and ecology. *Zoologica Scripta* 28:281 – 287.

SNABEL, V., MALAKAUSKAS, A., DUBINSKY, P. & KAPEL, C. M. O., 2001. Estimating the genetic divergence and identification of three Trichinella species by isoenzyme analysis. *Parasite-Journal De La Societe Francaise De Parasitologie* 8:S30 – S33.

SOLTIS, D. E., SOLTIS, P. S. & MILLIGAN, B. G., 1992. Intraspecific chloroplast DNA variation: Systematic and phylogenetic implications. In Soltis, D. E., Soltis, J. J. & Doyle, J. J. (eds.), *Molecular systematics of plants*, pp. 117 – 150. Chapman & Hall.

TAUTZ, D., ARCTANDER, P., MINELLI, A., THOMAS, R. H. & VOGLER, A., 2003. A plea for DNA taxonomy. *Trends In Ecology & Evolution 18*:70 – 74.

TAVARE, S., MARSHALL, C. R., WILL, O., SOLIGO, C. & MARTIN, R. D., 2002. Using the fossil record to estimate the age of the last common ancestor of extant primates. *Nature 416*:726 – 729.

VORBURGER, C., 2001. Heterozygous fitness effects of clonally transmitted genomes in waterfrogs. *Journal Of Evolutionary Biology 14*:602 – 610.

VOS, P., HOGERS, R., BLEEKER, M., REIJANS, M., LEE, T. V. D., HORNES, M., FRIJTERS, A., POT, J., PELEMAN, J., KUIPER, M. & ZABEAU, M., 1995. AFLP: A new technique for DNA fingerprinting. *Nucleic Acids Research 23*:4407 – 4414.

WILLIAMS, J. G. K., KUBELIK, A. R., LIVAK, K. J., RAFALSKI, J. A. & TINGEY, S. V., 1990. DNA polymorphisms amplified by arbitrary primers are useful as genetic markers. *Nucleic Acids Research 18*:6531 – 6536.

Prähistorische, historische und gegenwärtige Invasionen - molekularsystematische Methoden zeichnen die Biogeographie von Kreuzblütlern (Brassicaceae) nach

Barbara Neuffer & Ulrich Mönninghoff

Spezielle Botanik, Universität Osnabrück, Barbarastr. 11
D-49076 Osnabrück
neuffer@biologie.uni-osnabrueck.de

Abstract

The spread of species beyond their natural ranges is a well known phenomenon and comprises a key role in the dynamics of biodiversity. However, the species exchange rates have rarely be investigated. The evolutionary impact of biological invasions has only recently received a wider attention. The availability of many molecular marker systems allowed new informations about gene flow, introgression and hybridisation between native and invasive gene pools. Molecular methods for systematic analyses are described. To understand the biology of invasions and to give realistic predictions about invasiveness, case studies are necessary. The analyses about the genera *Capsella* (man-made postcolumbian colonization of extraeuropean regions), *Cardamine* (preglacial or glacial colonization of the southern hemisphere as well as the present man-made or climatically influenced speciation), and *Diplotaxis* (man-made speciation by hybridisation and expansion in historical times) are well studied examples. With molecular markers (e.g. isozymes, DNA-fingerprinting, DNA-sequencing of plastid and nuclear genome, and genomic in situ hybridisation) mating system, hybridisation, and introgression of plastids or parts of the nuclear genome are examined. Especially fitness relevant investigations are important. Such studies are clearly relevant for risk assessment of genetically modified organisms. Furthermore case studies within the Brassicaceae family have model character for the closely related oilseed rape (*Brassica napus*).

Zusammenfassung

Biologische Invasionen werden heute als wesentliche Komponenten des globalen Biodiversitätswandels betrachtet. Erst seit kurzem wird den biologischen Invasionen die Aufmerksamkeit zuteil, die insbesondere die evolutionsbiologischen Konsequenzen fordern. Vegetationsökologische und ökonomische Aspekte beherrschen traditionell die

Diskussion zu diesem Thema. Moderne molekularsystematische experimentelle Ansätze haben Erkenntnisse bezüglich Genfluss, Introgression und Hybridisierungen zwischen nativen und fremden Genpools revolutioniert. Molekularbiologische Methoden, die für die Systematik zur Verfügung stehen, werden vorgestellt. Fallstudien sind notwendig, um die Biologie von Invasionen zu verstehen und realistische Voraussagen machen zu können. Mit den Studien an den Gattungen *Capsella* (anthropogen bedingte postkolumbianische Besiedlung extraeuropäischer Gebiete), *Cardamine* (präglaziale bzw. glaziale Besiedlung der Südhalbkugel sowie anthropogen oder klimatisch bedingte gegenwärtig stattfindende Artbildungsprozesse) und *Diplotaxis* (anthropogen bedingte Hybridartbildung und Expansion in historischer Zeit) liegen gut untersuchte Beispiele aus der Familie der Brassicaceae vor. Mit molekularbiologischen Ansätzen (Isoenzymanalysen, Fingerprinting-Methoden, DNA-Sequenzierung mit dem Plastiden- und dem Kerngenom) können Auskreuzungsraten, Hybridisierungsereignisse, Introgression des Plastiden oder von Teilen des Kerngenoms zwischen verschiedenen Taxa analysiert werden. Eine besondere Bedeutung kommt darüberhinaus Fitness relevanten Untersuchungen zu. Die genannten Untersuchungen sind auch für die Risikobewertung bei der Freisetzung gentechnisch veränderter Organismen von Bedeutung. Modellcharakter haben die Fallstudien an Brassicaceenarten in besonderem Masse für den nahe verwandten Raps (*(Brassica napus)*.

Schlüsselworte: Botanische Invasionen, Brassicaceae, *Cardamine*, *Diplotaxis*, *Capsella*, AFLP-fingerprinting, RAPD-fingerprinting, Isoenzyme, Biogeographie, QTL-Analyse, Blühökotypen

1 Einleitung

Im Zuge des Florenwandels und biologischer Invasionen kommt es zur Etablierung und Ausbreitung gebietsfremder Organismen. Solche Prozesse traten mit allen Konsequenzen zu allen Zeiten der Erdgeschichte auf. Konsequenzen können resultieren in der Verdrängung einheimischer Arten, in der Hybridisierung von einheimischen mit invasiven Arten oder in drastischen Veränderungen für das Zusammenspiel zwischen Pflanzen und Tieren. Die in der Gegenwart ablaufenden menschlich bedingten Invasionen erfolgen im Vergleich mit erdgeschichtlichen Abläufen global und wesentlich schneller (vgl. ABBOTT, 1992; ELLSTRAND & SCHIERENBECK, 2000; MOONEY & CLELAND, 2001; HURKA ET AL., im Druck). Invasionen gelten neben Habitatzerstörungen als eine in höchstem Maße ernst zu nehmende Bedrohung der biologischen Vielfalt (vgl. z.B. WILLIAMSON, 1999).

Die Probleme, die sich aus diesem Florenwandel ergeben, sollen nicht nur erkannt, sondern auch vorhergesagt werden können. Informationen zu folgenden Punkten werden gefordert: - Eigenschaften und Veränderungen von Ökosystemen, die die Ausbreitung und Etablierung von invasiven Arten begünstigen, - biologische Eigenschaften von Arten, Unterarten sowie anderen taxonomischen Einheiten, die sich in einem Gebiet erfolgreich ausbreiten, - evolutionäre Konsequenzen, die sich aus den Interaktionen zwischen einheimischen und kolonisierenden Arten ergeben (vgl. WILLIAMSON, 1999). Solche Informationen können nur aus detaillierten experimentellen Studien anhand konkreter Fälle gewonnen werden. Untersuchungen an Beispielen aus der Familie der Brassicaceen sollen die Möglichkeiten molekularsystematischer Forschungsansätze demonstrieren.

2 Methodenspektrum

Diese Informationen können durch experimentelles Arbeiten mit verschiedene Methoden, wie z.B. Arealkunde und Ökologie, Morphologie und Anatomie/Histologie, Palynologie und Paläobotanik, Embryologie, Cytologie, Genetik und Cytogenetik, Biochemie, Serologie, Physiologie und Molekularbiologie gewonnen werden. Gerade die Molekularbiologie ist es, die in den letzten zwei Jahrzehnten die Systematik und die Evolutionsbiologie revolutionierte, ohne dass die anderen genannten Methoden an Bedeutung verloren haben. Wichtige Aspekte der molekularbiologischen Methoden und der Interpretation der Ergebnisse sind:

- die Einschätzung der Geschwindigkeit der molekularen Uhr und damit eine Datierung von biologischen Invasionen und anderen Ereignissen,
- der horizontale Gentransfer zwischen Organismen ungleicher taxonomischer Gruppen bis hin zur Übertragung von Genen oder Teilen von Genen über Bakterien auf Pflanzen,
- die Zusammensetzung von Genen nach einem Bausteinprinzip, wobei ein Baustein für verschiedene Gene verwendbar ist ('exon-shuffling'),
- die Aufklärung von Genkaskaden, die nur zu bestimmten Zeitpunkten der Ontogenese exprimiert werden (homoiotische Gene der Entwicklungsgenetik, MADS-Box),
- die Theorie der selektionsneutralen Gene,
- die Bedeutung von wenigen Genen mit großer Auswirkung auf den Phänotyp ('major genes'), bei denen bereits geringfügige Änderungen auf molekularem Niveau entscheidende Schlüsselveränderungen zur Folge haben, wie z.B. das Umschalten des Befruchtungssystems von Selbstinkompatibilität auf Selbstkompatibilität, oder von Frühblühen auf Spätblühen.

Alle diese Aspekte hatten und haben einen enormen Einfluss auf die Vorstellungen der natürlichen Verwandtschaftsverhältnisse bei Organismen aller taxonomischer Ebenen, also auf die Stammbaumrekonstruktionen.

Speziell: Methoden der molekularen Systematik

In der molekularen Systematik werden Proteine und Nukleinsäuren analysiert. Jedes Taxon hat spezifische Merkmale oder Merkmalskombinationen; verschiedene Taxa werden je nach Datenmenge qualitativ und/oder quantitativ miteinander verglichen und in Beziehung gesetzt. Während morphologische Merkmale durch verschiedene Umweltbedingungen beeinflusst werden und innerhalb der genetisch vorgegebenen Reaktionsnorm phänotypisch modifizierbar sind, können molekulare Merkmale nicht beeinflusst werden. Solche Merkmale sind in der Regel selektionsneutral oder quasi selektionsneutral und es können in kurzen Untersuchungsphasen viele Merkmale gewonnen werden. Diese Eigenschaften der molekularen Merkmale gelten als die entscheidenden Vorteile gegenüber phänotypischen oder quantitativen Parametern (vgl. BACHMANN, 1997). Es steht eine Vielzahl von Methoden zur

Verfügung, die je nach Fragestellung und taxonomischem Level eingesetzt werden. Einige dieser Methoden sollen hier kurz genannt werden:

- elektrophoretische Auftrennung des Gesamtproteins nach Ladung und/oder Größe.

- isoelektrische Fokussierung von Proteinuntereinheiten (IEF z.B. von Rubisco). Auf eine elektrophoretische Trennung nach Größe erfolgt eine zweite Elektrophorese mit einer Trennung nach Ladung (MUMMENHOFF ET AL., 1992, 1993).

- elektrophoretische Analyse von Isoenzymen und Allozymen. Isoenzyme werden auf verschiedenen Loci des Genoms kodiert, haben aber die gleiche Funktion. Auf jedem Locus können verschiedene Allele vorkommen (Allozyme). Sie können aus ein bis mehreren Untereinheiten aufgebaut sein. Die Analyse erfolgt in einer nativen Elektrophorese, d.h. der Nachweis erfolgt durch eine Reaktion, die das Isoenzym/Allozym nach dem Lauf im Elektrophoresegel durchführen muss. Isoenzymanalysen liefern innerartliche Differenzierungsmuster und lassen biogeographische Interpretationen zu (HURKA, 1993, Beispiel 3: *Capsella*).

- durch Sequenzierung der Proteine werden Hypothesen über die Tertiärstruktur der Enzyme möglich und somit eine Interpretation der funktionalen Ebene. Solche Analysen können wesentlich zum Verständnis der Evolutionsprozesse beitragen.

- serologische Untersuchungen liefern durch die Intensität der Antikörperreaktionen Aufschluss über Verwandtschaftsbeziehung (FISCHER & JENSEN, 1992).

- durch Fluiddensitometrie (flow cytometry) können rasch die DNA-Gehalte von Zellen erfaßt werden. Nach einer Eichung können Ploidiestufen und sogar Aneuploidien sicher ermittelt werden (BRETAGNOLLE & THOMPSON, 1995).

- DNA-DNA Hybridisierungen machen Aussagen über die Ähnlichkeit der Gesamt-DNA zweier Organismen zueinander.

- durch die FISH (fluorescent in situ hybridisation) können z.B. Expressionsmuster von Genen in bestimmten Organen zu bestimmten Zeiten der Ontogenese nachgewiesen werden. Durch genomische in situ Hybridisierung (GISH, SCHWARZACHER ET AL., 1989) können an Metaphase-Teilungsstadien der Mitose Ähnlichkeiten der Chromosomen miteinander verwandter Arten, z.B. Eltern und Hybrid, erkannt werden. Die GISH ist eine Kombination aus Cytologie und DNA-DNA Hybridisierung (Beispiel 2: *Diplotaxis*).

- aufgrund der Kenntnisse über die DNA-Sequenzen vieler Gene können diese als Zielsequenzen eingesetzt werden. Diese Ziel-Sequenzen werden mit den Genen von ebenso vielen Organismen hybridisiert und verglichen (microarray-Technik). Diese Technik erlaubt nach ihrer Etablierung eine sehr rasche Analyse von tausenden von Genen von ebensovielen Organismen (SCHWARZACHER & HESLOP-HARRISON, 2000).

- wenn die DNA mit Restriktionsenzymen in Fragmente geschnitten wird, so ergibt sich für verschiedene Taxa ein charakteristisches Bandenmuster bei der elektrophoretischen Auftrennung (RFLP = restriction fragment length polymorphism). Für kleinere Genome, z.B. das Plastidengenom, können Restriktionskarten erstellt werden (ZUNK ET AL., 1996).

- die Sequenzierung bestimmter DNA-Abschnitte ist eine der häufigsten Methoden in der molekularen Systematik. In der Regel werden DNA-Abschnitte gewählt, die in jeder Pflanzenzelle in bis zu 1000-facher identischer Version vorliegen. Diese DNA-Abschnitte können im Kerngenom (ITS = internal transcribed spacer region der Gene, die die ribosomale DNA kodieren) oder im Organellengenom (z.B. im Plastid, trnL intron, trnL/F intergenic spacer der Gene, die die tRNA kodieren, (FRANZKE ET AL., 1998)) gefunden werden. Es handelt sich um nicht kodierende intergenische oder intragenische Spacer-Bereiche. Durch die Verankerung spezifischer Primer in den benachbarten konservativen kodierenden Bereichen können diese Sequenzabschnitte vervielfältigt (PCR = polymerase chain reaction) und anschließend sequenziert werden (Beispiel 1: *Cardamine pratensis* Komplex). Ein großer Vorteil dieses Verfahrens ist die Möglichkeit, auf Herbarmaterial zurückgreifen zu können.

- in Fingerabdruckverfahren werden DNA-Abschnitte in der Regel aus dem Kerngenom auf Fragmentlängenunterschiede hin untersucht. Diese Verfahren eignen sich besonders für das Aufdecken innerartlicher Differenzierungsmuster. Generell werden bei allen Fingerprintingverfahren nur 'multicopy'-Sequenzen abgegriffen. Heterozygotie kann sicher mit Verfahren wie z.B. der Mikrosatelliten-Technik festgestellt werden, nicht mit RAPDs oder AFLPs. Fingerprintanalysen können individuelle Unterschiede nachweisen und sind einzusetzen für die Analyse klonaler Strukturen, den Nachweis von morphologisch nicht erkennbaren Hybridisierungen und Introgressionen sowie für die Aufstellung genetischer Karten. Verschiedene Verfahren werden angewendet:

- im Genom verteilt befinden sich bestimmte kurze mehrmals wiederholte Sequenzstücke (VNTR - variable number of tandem repeats). Wird die Gesamt-DNA mit Restriktionsenzymen geschnitten, elektrophoretisch getrennt und mit VNTR-Sonden hybridisiert, so können spezifische Muster erkannt werden. Mikrosatelliten haben beispielsweise tandem repeats mit zwei bis fünf Basenpaaren, Minisatelliten mit ca. 20 Basenpaaren (TANSLEY ET AL., 1989).

- beim RAPD-Fingerprinting (random amplified polymorphic DNA, WILLIAMS ET AL., 1990) werden durch definierte Zufallsprimer von zehn Basenpaaren Länge mit Hilfe der PCR-Technik Fragmente aus der Gesamt-DNA abgegriffen und vermehrt. Im Elektrophoresegel können individuell verschiedene Muster erkannt werden. Pro Gel, d.h. bei einem verwendeten Primer sollten ca. zehn informative Merkmale ausgewertet werden können. Die Methode ist sehr empfindlich. Geringfügige Abwandlungen im Versuchsprotokoll erschweren die Vergleichbarkeit der Ergebnisse oder machen dies sogar gänzlich unmöglich. Für Versuchsansätze mit begrenzter Individuenzahl bietet dieses Verfahren durch die schnelle Durchführbarkeit und apparative Anspruchslosigkeit enorme Vorteile (Beispiel 2 und 3: *Diplotaxis, Capsella*). In der Regel kann nur mit Frischmaterial ein sicheres Ergebnis erzielt werden.

- durch AFLP-Fingerprinting (amplified fragment length polymorphism, VOS ET AL., 1995) wird die Gesamt-DNA zunächst mit Restriktionsenzymen geschnitten. Anschließend werden die gewonnenen Fragmente durch Adaptoren und Primer in PCR basierten Verfahren selektiert und vermehrt. Dieses Verfahren kann Fragmentlängen von einem Basenpaar Unterschied sicher detektieren und somit können in einem Gellauf, in dem gleichzeitig bis zu drei Primerkombinationen durch unterschiedliche Fluoreszenzfarbstoffe markiert werden, ca. 100 informative Merkmale gewonnen werden. Während bei der RAPD-Technik nur eine begrenzte Anzahl Individuen miteinander verglichen werden kann, ist bei der AFLP-Technik die Individuenzahl nicht begrenzt. Diese Methode liefert jederzeit sicher reproduzierbare Ergebnisse und darüberhinaus können Resultate aus verschiedenen Gelläufen problemlos miteinander in Beziehung gebracht werden. Der apparative und zeitlich Aufwand ist deutlich größer als beim RAPD-Verfahren. Neben Frischmaterial ist es möglich, sehr rasch mit Silikagel getrocknetes Blattmaterial zu verwenden. Der große Vorteil des AFLP-Verfahrens liegt zudem darin, dass verschiedene Datensätze nachträglich miteinander kombiniert werden können (Beispiel 4: *Cardamine* - Introgression einer Talart in Gebirgsformen).

Bei allen Fingerprinting-Verfahren werden die Fragmente zufällig ohne Kenntnisse über deren Funktion oder Position im Genom gewonnen. Ein Fragment gleicher Größe kann somit theoretisch bei zwei verschiedenen Individuen unterschiedliche Abschnitte im Genom erfassen. Das heißt, es wird ein Fragment als ein Merkmal gewertet, obwohl es sich um zwei verschiedene nicht homologe Genabschnitte handelt. Bei einem Vergleich von RAPD-Fingerprints zwischen zwei Arten einer Gattung können bis zu zehn Prozent der als gleich angesehenen Merkmale nicht homolog sein (RIESEBERG, 1996). Je näher zwei Individuen miteinander verwandt sind, desto wahrscheinlicher sind gleiche Banden auch homolog. Beim AFLP-Fingerprinting wird diesem Problem durch die Genauigkeit der Methode begegnet. Generell kann das Homologieproblem bei keinem Fingerprintingverfahren ganz ausgeschlossen werden.

3 Gründe für die Untersuchung von Beispielen aus der Familie der Brassicaceen

Die weltweit verbreitete Pflanzenfamilie der Brassicaceen ist ein wesentlicher Bestandteil unserer heimischen Flora und beinhaltet ca. 3000 Arten in etwa 400 Gattungen. Sie umfasst zum einen wichtige Kultur- und Nahrungspflanzen, z.B.

mit der Gattung *Brassica* alle Kohl- und Rapspflanzen, mit der Gattung *Raphanus* Rettich und Radieschen u.a.m.. Zum anderen prägen ornamentale Pflanzen wie Blaukissen (*Aubrieta* spec.), Schleifenblume (*Iberis sempervirens* L.), Judassilberblatt (*Lunaria annua* L.) u.a.m. mit attraktiven Blüten oder Früchten Steingärten und Blumenrabatten. Weiterhin wachsen neben und zwischen diesen und anderen Kulturpflanzen viele Unkräuter, wie z.B. das Ackerhellerkraut *Thlaspi arvense* L., die Ackerschmalwand *Arabidopsis thaliana* (L. Heynh.), das Hirtentäschelkraut *Capsella bursa-pastoris* (L. Medik.), verschiedene Vertreter des Doppelsamens (*Diplotaxis* - Arten). Diese Unkräuter sind den kulturell angebauten Pflanzen ausgehend von Europa in die ganze Welt gefolgt, sie können als Kulturfolger bezeichnet werden. Durch die verwandtschaftliche Nähe zu der genetisch gut untersuchten Modellpflanze *Arabidopsis thaliana* und zu der ebenfalls genetisch gut untersuchten Kulturpflanze *Brassica napus* L. (Raps) ist es möglich, die an diesen Objekten erforschten Erkenntnisse auf andere Vertreter dieser Familie zu übertragen.

Die Systematik in dieser evolutionsbiologisch jungen Familie ist jedoch umstritten und weitgehend artifiziell. Die natürlichen Verwandtschaftsbeziehungen werden durch einen molekularsystematischen Ansatz untersucht (z.B. in der Arbeitsgruppe Hurka, Osnabrück). Viele Formenkreise unterliegen dynamischen Prozessen. Hybridisierung zwischen Arten ist häufig und sogar zwischen Genera möglich; dies kann zu Introgression von Teilen des einen Genpools in den anderen (vgl. NEUFFER & JAHNCKE, 1997) oder darüberhinaus sogar zur Entstehung neuer Taxa führen (vgl. MUMENHOFF & HURKA, 1995). Hybridisierung und infolge davon Introgression von Genen zwischen Kulturpflanzen und den sie begleitenden Unkräutern gehört demzufolge ebenfalls zu dem Szenario, das die Brassicaceen zu bieten haben (vgl. WARWICK & SMALL, 1999).

In der vorliegenden Zusammenfassung soll über Geschichten des Florenwandels berichtet werden, die anhand von geeigneten molekularbiologischen Markersystemen aufgeklärt werden konnten. Die folgenden vier Beispiele aus Problemkreisen der Brassicaceen werden erläutert:

- die präglaziale bzw. glaziale Besiedlung der Südhalbkugel durch Vertreter des *Cardamine pratensis* Komplexes ist eine alte nicht anthropogene Invasion,
- die Entstehung eines kolonisierenden polyploiden Hybriden aus zwei Arten der Gattung *Diplotaxis* in historischer Zeit führt zu evolutionären Konsequenzen durch Interaktionen zweier Arten,
- der weltweite postkolumbianische Siedlungserfolg des Hirtentäschelkrautes *Capsella bursa-pastoris* war möglich aufgrund charakteristischer biologischer für erfolgreiche Kolonisatoren typischer Eigenschaften,
- die Unterwanderung des indigenen Genpools von *Cardamine*-Arten der montanen Gebirgsstufe durch eine vermutlich infolge des Klimawandels einwandernde Talart. Hier führt gegenwärtig eine anthropogen bestimmte Veränderung des Ökosystems zu in ihrem Ausmaß und in ihrer Geschwindigkeit beobachtbaren evolutionären Konsequenzen.

Anhand der Beispiele werden zum einen jeweils für die verschiedene Problematik in Raum, Zeit und taxonomischer Ebene passenden verschiedenen molekularbiologischen Methoden angewendet und die Ergebnisse vorgestellt. Es werden einer nicht vom Menschen beeinflussten Invasion anthropogene Invasionen gegenübergestellt. Darüberhinaus werden unterschiedliche zeitliche Dimensionen einer prähistorischen, einer historischen und einer gegenwärtig ablaufenden Invasion erläutert.

3.1 Beispiel 1: Die prähistorische Invasion nordhemisphärischer *Cardamine*-Arten auf die Südhalbkugel

Cardamine pratensis s.l. ist ein hoch polymorpher Artenkomplex mit diploiden und polyploiden Arten weltweiter, jedoch vorwiegend europäischer und arktisch-zirkumpolarer Verbreitung. Es gibt sowohl auf der Nord- als auch auf der Südhalbkugel einheimische Arten. Die alpine Flora Australiens hat sich relativ jung durch zwei Prozesse entwickelt: zum einen konnten Tieflandarten in die Gebirge vordringen, zum anderen verbreitete sich Saatgut über Ferntransportmechanismen aus entlegenen Regionen mit ähnlich alpinem Klima. Einwanderer kamen aus Südamerika, aus Afrika oder aus Südostasien über Neu Guinea.

Für die Aufdeckung von Unterschieden zwischen Verwandtschaftsgruppen innerhalb dieses Komplexes sowie deren Biogeographie sind hochvariable Markersysteme notwendig. Solche Markersysteme liegen mit den nicht kodierenden Bereichen der ITS (rDNA) aus dem Kerngenom sowie dem *trn*L Intron und dem *trn*L/F intergenischen Spacer (cpDNA) vor (vgl. BLEEKER ET AL., 2002, und siehe vorne zum Thema Sequenzierungen). In der **Abbildung 1** wird ein Strikt Konsensus Baum aus 377 'most parsimonious trees' der cpDNA Analysen gezeigt. Die Länge des *trn*L-introns des Plastidengenoms umfaßte 439 bis 452 Nukleotidpositionen, die Länge des *trn*L/F intergenischen Spacers 367 bis 661 Basenpaare. Nach Entfernen der Sequenz-Regionen mit zweifelhaftem Alignment konnten aus dem Plastidengenom 877 Positionen ausgewertet werden. Die Plastiden werden bei den Brassicaceen immer mütterlich vererbt, so dass die Analyse des Plastidengenoms die mütterliche Linie widerspiegelt, während die Kernmarker biparental vererbt werden. Die Sequenzmatrizen werden in einer Fitch-Parsimonie (FITCH, 1971) analysiert. Die evolutionäre Richtung konnte durch die Wahl der Gattung *Rorippa* als Außengruppe bestimmt werden. Im vorliegenden Beispiel (**Abb. 1**) wurden nord- und südhemisphärische Arten aus der Gattung *Cardamine* analysiert. Aufgrund der PCR-basierten Technik konnten die Sequenzierungen sogar an daumennagelgroßen Blattstücken aus über 100 Jahre altem Herbarmaterial vorgenommen werden.

Die Analyse demonstriert, dass die montanen Arten aus Australien (*C. corymbosa, C. lilacina*) und Neuseeland (*C. corymbosa, C. debilis*) eng verwandt sind mit *C. glacialis* (Forster) DC. aus Südamerika. Die geringen Unterschiede zwischen *C. glacialis* und den Neuseeländischen Taxa sprechen für eine Wanderung vor weniger als 500.000 Jahren entweder von Südamerika nach Australasien oder in umgekehrter Richtung. Die Verwandtschaft der Arten aus Neu Guinea mit den australischen Arten ist nicht aufgelöst. Herkünfte der *C. africana* L. aus Afrika, Südamerika und Neu Guinea haben sehr unterschiedliche DNA-Sequenzen. Dies spricht für eine Mehrfachentstehung die-

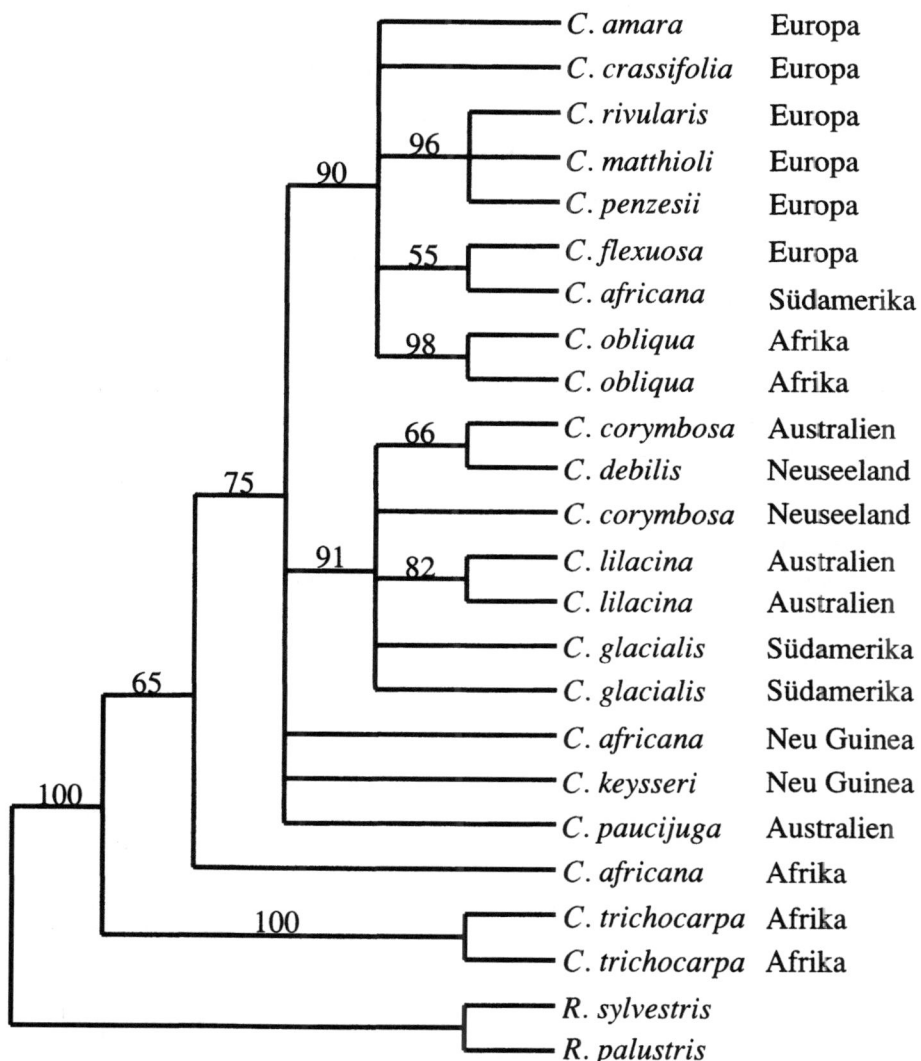

Abb. 1, Beispiel 1: Verwandtschaftliche Zusammenhänge zwischen nord- und südhemisphärischen Taxa aus dem *Cardamine pratensis*-Komplex. Phylogenetischer Sequenzvergleich der *trn*L Intron- und der *trn*L/F intergenischen Spacer-Regionen des Plastiden in einem Strikt-Konsensus-Baum. Vertreter der Gattung *Rorippa* wurden zur Bewurzelung des Stammbaumes als Außengruppe eingesetzt. Die Bootstrapwerte sind über den Ästen gezeigt. Die Baumlänge umfasst 126 Schritte, Konsistenz Index (CI): 0,78 (Autapomorphien ausgeschlossen). Nur Kladen mit einer Bootstrapunterstützung von mehr als 50% sind gezeigt (aus Bleeker et al., 2002).

ses Taxons. Zwei Wanderrouten der *Cardamine* von der Nord- auf die Südhalbkugel sind als Hypothese möglich:

- die Besiedelung von Neu Guinea auf der indomalayischen Route aus Asien, und
- die Besiedelung von Neuseeland, Tasmanien und Australien auf der Anden-Korridor-Route aus Südamerika.

Die molekularen Daten sprechen dafür, dass möglicherweise beide Routen unabhängig voneinander eingeschlagen wurden. Die enge Verwandtschaft der *C. glacialis* mit den neuseeländischen und australischen Taxa spricht deutlich für die Anden-Korridor-Hypothese (vgl. BLEEKER ET AL., 2002).

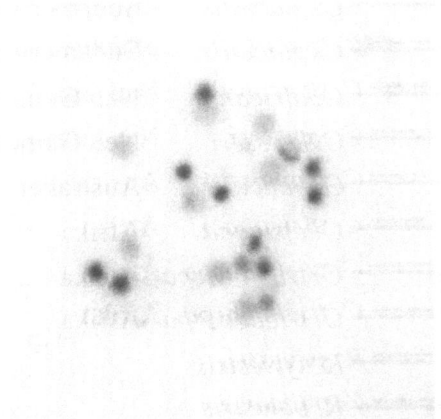

Abb. 2, Beispiel 2: **Genomische in-situ Hybridisierung. Parentale Genomkomponenten von** *Diplotaxis viminea* **(dunkelgrau) im Genom von** *D. muralis* **(hellgrau); nicht alle Chromosomen von** *D. muralis* **sind in der gezeigten Ebene der Metaphaseplatte sichtbar (aus Eschmann-Grupe et al. (2002); Farbabbildung siehe** http://www.biologie.uni-osnabrueck.de/spezielleBotanik/botany/home.htm**).**

3.2 Beispiel 2: Artbildung via Hybridisierung bei dem anthropogen beeinflussten Kolonisten *Diplotaxis*

Der Mauerdoppelsame *D. muralis* (L.) DC. ($2n=4x=42$) wurde wahrscheinlich im 13. Jahrhundert aus seiner nordafrikanischen Heimat mit Kulturgütern nach Mitteleuropa eingeschleppt (zusammengefaßt in ESCHMANN-GRUPE ET AL., 2002, im Druck). Eine auffällige Ausbreitung bis nach Skandinavien erfolgte in den letzten 100 Jahren und war zunächst hauptsächlich entlang der Verkehrswege zu beobachten. Morphologische und cytologische Daten lassen vermuten, dass *D. muralis* allogam entstanden ist aus dem Schmalblättrigen Doppelsamen *D. tenuifolia* (L.) DC. ($2n=2x=22$) und dem Rutendoppelsamen *D. viminea* (L.) DC. ($2n=2x=20$).

Diese Annahme wird durch zahlreiche Indizien unterstützt: Samenproteine, Flavonoidmuster, Isoenzymanalysen (zusammengefaßt in ESCHMANN-GRUPE ET AL., 2002, im Druck) sowie genomische in-situ Hybridisierung (GISH, **Abb. 2**, siehe vorne und ESCHMANN-GRUPE ET AL., 2002). Die GISH kombiniert Fortschritte der Molekularbiologie mit denen der Cytologie und Mikroskopie. Bei dieser Technik werden die Chromosomen auf Metaphaseteilungsplatten mit einem Fluoreszenzfarbstoff markiert.

In der schwarzweiß Abbildung sind die Chromosomen von *D. muralis* in hellem Grau. Von einer anderen Art, von der man verwandtschaftliche Beziehungen vermutet, kann man die Gesamt-DNA mit Restriktionsenzymen schneiden und anschließend die Fragmente mit einem anderen Fluoreszenzfarbstoff markieren. Auf den Metaphaseplatten in der

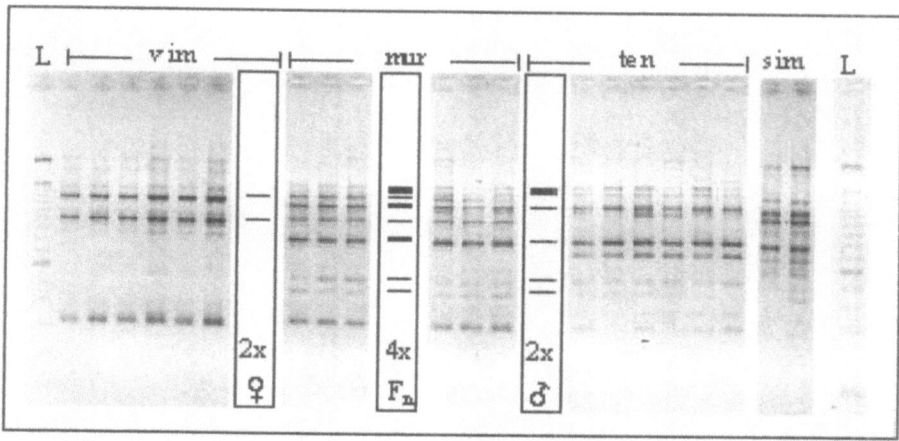

Abb. 3, Beispiel 2: RAPD Bandenmuster von Diplotaxis muralis (mur) resultierend aus additiven Banden von D. viminea (vim) und D. tenuifolia (ten). RAPD Muster von D. simplex sind in die Abb. integriert. x = Ploidiestufe, Fn = Generationen der D. muralis. L = 100 Basenpaarleiter (Standard), (aus Eschmann-Grupe et al., im Druck).

Abbildung 2 hybridisieren nur die in diesem Fall von *D. tenuifolia* stammenden Chromosomen bzw. Chromosomenstücke mit der markierten Sonde (dunkelgrau). Die GISH ist eine anschauliche und effektive Methode zum Vergleich des Genoms zweier Arten, bei denen Introgression oder Hybridisierung vermutet wird.

MUMMENHOFF ET AL. (1993) weisen aufgrund der Rubisco-Peptidzusammen- setzung (IEF, siehe vorne) *D. viminea* als den mütterlichen Partner im ursprünglichen Kreuzungsgeschehen hin. Die Chloroplasten kodierte große Untereinheit (LSU) des Holoenzyms wird bei den Brassicaceen maternal vererbt.

Als Pollenspender kommt jedoch nicht allein *D. tenuifolia* in Frage. Drei Arten gehören zu dem (n=11) Cytodem, nämlich neben *D. tenuifolia* auch *D. cretacea* Kotov und *D. simplex* (Viv.) Sprengel. Diese drei Arten sind mit den bisher angewandten Methoden nicht zu unterscheiden. Die Additivität der Bandenmerkmale des RAPD-Fingerprintings (**Abbildung 3**, zu Fingerprinting-Techniken siehe vorne) befürworten neben *D. tenuifolia* auch *D. simplex* als möglichen Elter. Die Wahrscheinlichkeit für die Beteiligung von *D. simplex* am Hybridisierungsprozess ist groß bei der Betrachtung des überlappenden Verbreitungsgebietes von *D. simplex* (mediterrane Regionen Nordafrikas) und *D. viminea* (zirkummediterran).

Insgesamt wurden mehr als 20 Herkünfte der *D. muralis* mit jeweils mehreren Individuen mit RAPD-fingerprinting untersucht. Die Muster innerhalb dieser Art zeigten kaum Variabilität. Dies läßt auf ein junges Alter der Sippe schließen. Man nimmt an, dass sich *D. muralis* durch das autogame Befruchtungssystem möglicherweise durch den Zusammenbruch des Inkompatibilitätssystems gegenüber den Elternarten, hier vor allem gegenüber den obligat auskreuzenden *D. sim-*

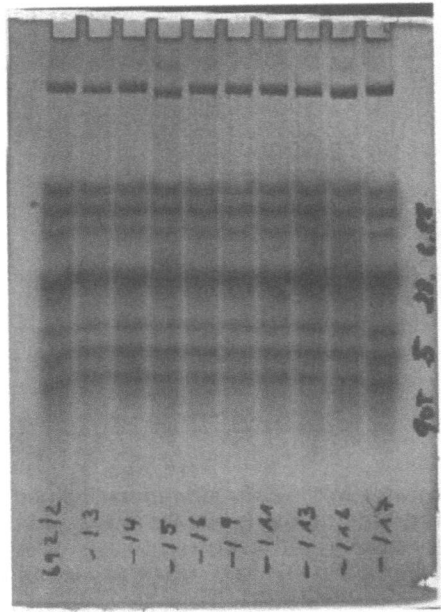 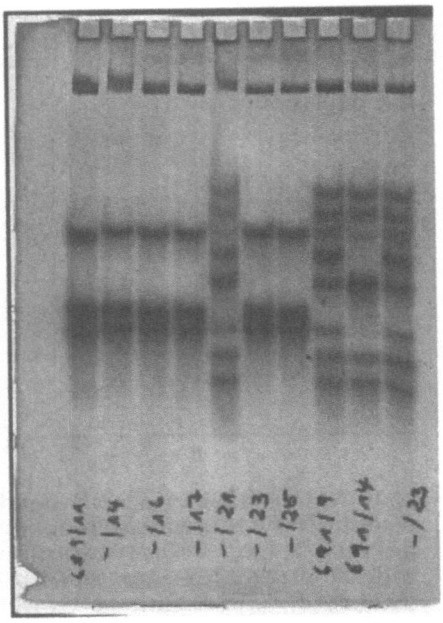

Abb. 4, Beispiel 3: Polyacrylamidgele der Isoenzymanalysen von *Capsella*.
Linkes Gel - Mediterraner Multilocus Genotyp des AAT -Isoenzyms (MMG, 11 11 11 44 11 55) mehrerer Individuen einer Population aus Madrid.
Rechtes Gel - verschiedene andere AAT-Genotypen einer anderen Herkunft aus Spanien (vgl. HURKA et al., 1989).

plex oder *D. tenuifolia*, abgrenzen konnte (vgl. ESCHMANN-GRUPE ET AL., 2002, im Druck).

3.3 Beispiel 3: Die weltweite Invasion der *Capsella*

Das Hirtentäschelkraut *Capsella bursa-pastoris* (L.) Medik. (2n=4x=32) ist allen Indizien zu Folge im östlichen Mittelmeerraum entstanden und hat als Kulturbegleiter zunächst die Gebiete rund um das Mittelmeer, Europa und Asien besiedelt. Die Pflanze ist vorwiegend selbstend und einjährig bis winterannuell. Erst mit den Kolonialisten in Folge der Entdeckung Amerikas durch Kolumbus ist *Capsella* in andere Erdteile vorgedrungen und ist heute weltweit verbreitet. Die Erfolgs- und Besiedlungsgeschichte dieser Pflanze ist mit verschiedenen Methoden gut untersucht worden (HURKA & NEUFFER, 1997; LINDE ET AL., 2001; NEUFFER, 1996; NEUFFER ET AL., 1999; NEUFFER & HOFFROGGE, 2000; NEUFFER & HURKA, 1999).

Mit Isoenzymanalysen werden Bandenmuster erzeugt, die sich genetisch in Genotypen umsetzen lassen (**Abb. 4**, zu Isoenzymanalysen siehe vorne). Es werden mehrere Isoenzymsysteme interpretiert: Aspartataminotransferase (AAT=GOT, HURKA ET AL., 1989), Glutamatdehydrogenase (GDH, HURKA

& DÜRING, 1994) und Leucinaminopeptidase (LAP, HURKA & NEUFFER, 1997).

In Spanien tritt bei diesen drei Enzymsystemen eine spezielle Allel-Kombination besonders häufig auf, der sogenannte Mediterrane Multilocus Genotyp (MMG). Dieser MMG ist im übrigen Mediterrangebiet selten, in Zentral- und Nordeuropa nicht anzutreffen (HURKA & NEUFFER, 1997; NEUFFER & HOFFROGGE, 2000, **Abb. 4 links**). In Kalifornien (USA) wurde im Central Valley nahezu ausschließlich dieser MMG gefunden, während außerhalb des Central Valley ganz verschiedene andere Multilocus Genotypen auftraten (**Abb. 5**, NEUFFER & HURKA, 1999). Zudem blühten im Freilandversuch alle Pflanzen des Central Valley früh und einheitlich auf, während die Pflanzen aus den Gebirgen der Sierra Nevada und aus den Küstengebirgen spät und sehr variabel aufblühten.

Das häufige Auftreten des MMG im Central Valley wurde erklärt durch die Geschichte der spanischen Konquistadores im 16. Jahrhundert und die Errichtung der Missionen (NEUFFER, 1996). Im Zuge dieser anthropogen bedingten Aktivitäten wurde *Capsella* passiv mitgeschleppt, wie viele andere im Mediterrangebiet beheimatete Unkräuter auch (vgl. GROVES & DI CASTRI, 1991). *Capsella* besitzt z.B. durch die verschleimende Samenoberfläche hervorragende Eigenschaften für einen Ferntransport mit Vieh- und Menschenfüssen. Das Auftreten der verschiedenartigen Genotypen in den rauheren Klimaten der Gebirge wurde erklärt durch eine zweite enorme Besiedlungswelle, vorwiegend aus Europa, aber auch aus Asien, ausgelöst durch den Goldrausch vor ca. 150 Jahren. Alle diese verschiedenen Genotypen

konnten in Mittel- und Nordeuropa nachgewiesen werden (HURKA & NEUFFER, 1997; LINDE ET AL., 2001; NEUFFER, 1996; NEUFFER & HURKA, 1999).

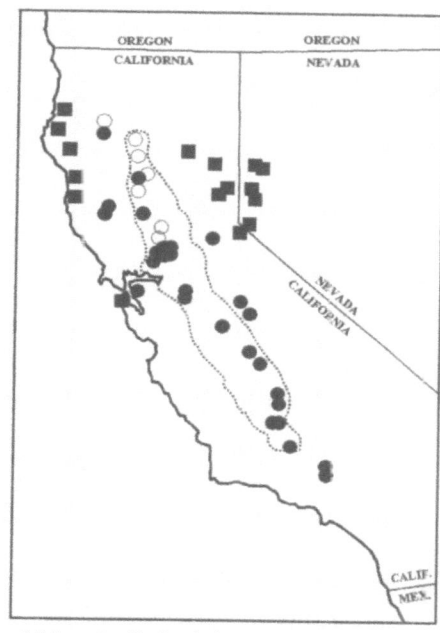

Abb. 5, Beispiel 3: Aufsammlungen von *Capsella*-Populationen im Westen der USA und die Verteilung der Isoenzym Multilocus Genotypen.
● **Populationen genetisch vollständig uniform im Mediterranen Multilocus Genotyp (MMG), früh und einheitlich blühend;**
○ **Populationen genetisch nahezu uniform im Mediterranen Multilocus Genotyp (MMG) mit wenigen seltenen Ausnahmen, früh und einheitlich blühend;**
■ **Populationen genetisch variabel im Isoenzym Multilocus Genotyp, kein MMG, spät und variabel blühend. Enzymsysteme: AAT, GDH, LAP (vgl. Neuffer & Hurka, 1999).**

Es ist erklärbar, dass sich innerhalb und ausserhalb des Central Valley unterschiedlich angepaßte Blüh-Ökotypen etabliert haben. Es ist so ohne weiteres jedoch nicht erklärbar, warum die als se-

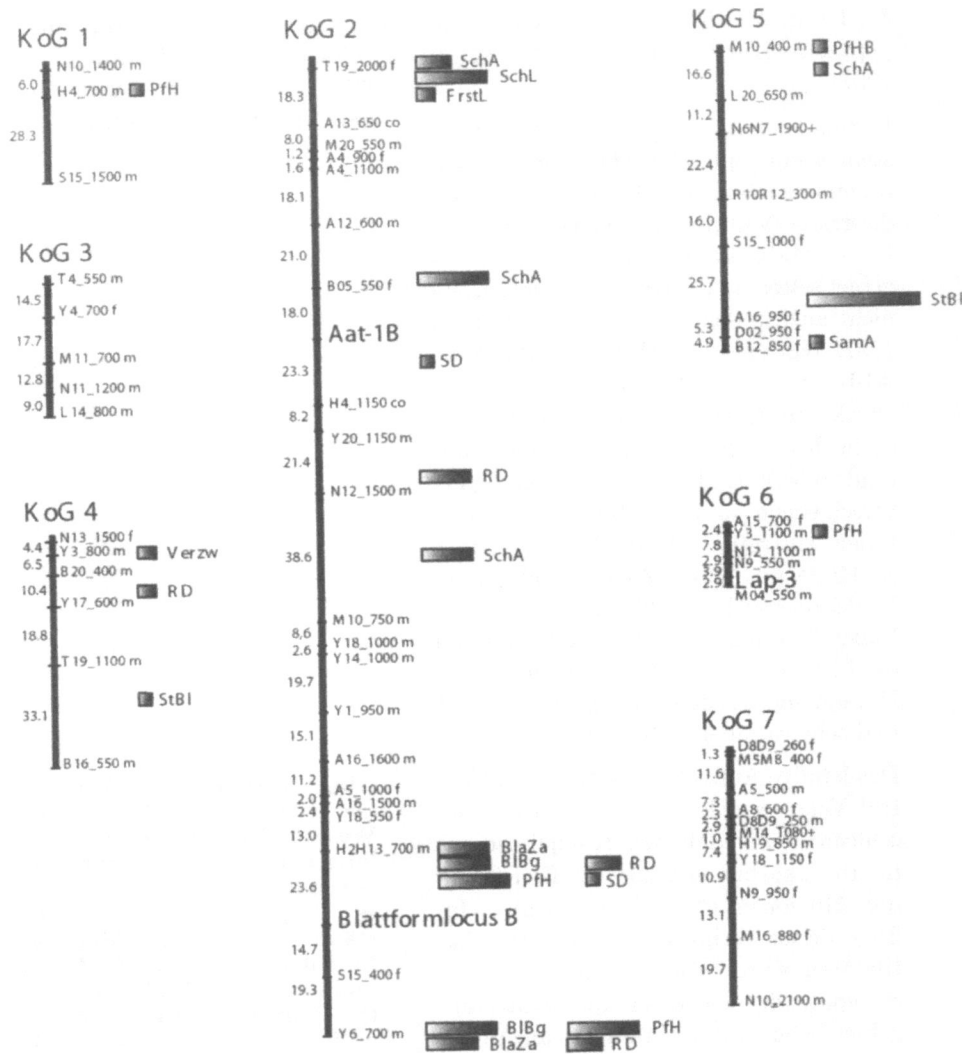

Abb. 6, Beispiel 3: Teil 1. Für die Legende siehe Teil 2.

lektionsneutral geltenden Isoenzyme dieses scharfe geographisch/klimatische Differenzierungsmuster aufweisen. Um eine Kopplung selektionsneutraler Markersysteme an phänotypische Merkmale nachzuweisen, wurde eine QTL-Analyse durchgeführt (Quantitative Trait Loci, **Abb. 6**, LINDE ET AL., 2001).

Die Kartierungspopulation war die geselbstete F2-Generation (113 Inidividuen) aus einer Kreuzung zwischen einer Pflanze aus dem Central Valley und einer Pflanze aus der Sierra Nevada Kaliforniens. Beide Pflanzen unterschieden sich deutlich bezüglich des Isoenzym Multilocus Genotyps und des Blühbeginns sowie

Biogeographie von Kreuzblütlern

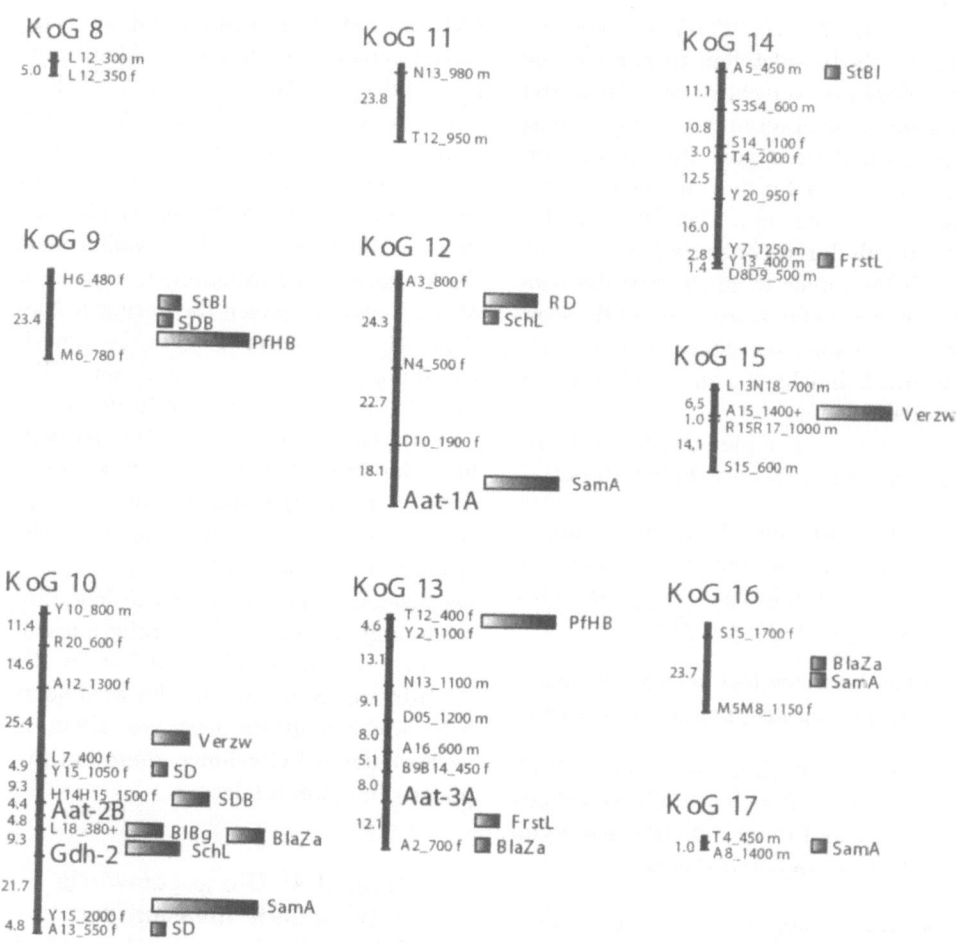

Prozentsatz der phänotypischen Variation die durch den QTL erklärt wird: ▬ 10%

Abb. 6, Beispiel 3: Teil 2 Kopplungsgruppenkarte für *Capsella bursa-pastoris* mit Einzelgenloci (107 RAPD-Merkmale, sechs Isoenzymloci und ein Blattformlocus) sowie QTLs für 13 verschiedene quantitative Parameter und der Prozentsatz der durch die QTLs erklärten Gesamtvariabilität. Bei einem LOD score von 3.0 werden 17 Kopplungsgruppen (KG) zusammengefaßt. BlaZa: Rosettenblattzahl, BlBg: Blühbeginn, FrstL: Fruchtstiellänge, PfH: Pflanzenhöhe, PfHB: Pflanzenhöhe bei Blühbeginn, RD: Rosettendurchmesser, SamA: Samenanzahl, Scha: Anzahl der Schötchen, SchL: Schötchenlänge, SD: Stengeldurchmesser, SDB: Stengeldurchmesser bei Blühbeginn, StBl: Anzahl steriler Blüten, Verzw: basale Verzweigungen (Daten aus Linde et al., 2001).

weiterer Merkmale (detaillierte Angaben siehe LINDE ET AL., 2001). Um eine genetische Karte aufstellen zu können und die Kopplung verschiedener Parameter zueinander nachweisen zu können, muss eine große Anzahl von Merkmalen vorhanden sein, die für die jeweiligen Elternteile verschieden sind. Dies ist im vorliegenden Fall durch 107 segregierende (1:3) RAPD-Merkmale möglich. Für die Kartierung der QTL wurde ein LOD score von 2,5 gewählt, das entspricht einer Fehlerwahrscheinlichkeit von 5% für das Gesamtgenom.

Aus der Kopplungsgruppen-Karte **Abb. 6** kann man entnehmen, dass:

- die Zahl der Kopplungsgruppen (17) fast mit der haploiden Chromosomenzahl von *C. bursa-pastoris* übereinstimmt (n = 16),

- die Isoenzymloci auf verschiedenen Kopplungsgruppen lokalisiert sind,

- der Blühbeginn durch wenige QTL (99,6 % der Variabilität) erklärt wird und diese mit drei Isoenzymloci gekoppelt vorliegen,

- einige weitere Fitnessparameter sehr eng mit dem Blühbeginn gekoppelt vorliegen.

Die 13 quantitativen Parameter produzierten 48 QTL. Für sehr eng gekoppelte Merkmale, wie z.B. Blühbeginn und Rosettendurchmesser, wird angenommen, dass Gene mit multipler Wirkung vorliegen (Pleiotropie).

Die Expansion des Hirtentäschelkrautes auch in andere extraeuropäische Regionen wie Australien/Neuseeland, Südafrika sowie Südamerika wurde bzw. wird untersucht. In Patagonien ergab die Analyse des RAPD-Fingerprinting mit einer Neighbor-Joining Distanzanalyse (**Abb. 7**), dass ein großer Teil der *Capsella*-Populationen besagten Mediterranen Multilocus Genotyp trägt. Offensichtlich wurde das Saatgut durch die spanischen Konquistadores schrittweise bis in den Süden mitgeschleppt. Dies ist erstaunlich, da in diesem Gebiet anders als im Central Valley Kaliforniens die klimatischen Bedingungen rauh sind. Möglicherweise spielen die geringen Niederschläge in dieser Region Südamerikas für die Etablierung angepaßter Typen eine weitaus wichtigere Rolle als die Temperaturbedingungen. Die Ansiedlung der britischen Schaf-Farmer führte dann zur Etablierung britischer *Capsella*-Typen (detaillierte Angaben siehe NEUFFER ET AL., 1999).

Das Szenario und die grobe zeitliche Einschätzung des weltweiten Eroberungszuges des Hirtentäschelkrautes ist in der **Abbildung 8** dargestellt. Es wird deutlich, wie erfolgreich und vor allem in welch kurzem Zeitrahmen diese anthropogene Invasion erfolgte.

3.4 Beispiel 4: Die gegenwärtig stattfindende Invasion der Talart *Cardamine pratensis* auf dem Urnerboden (Schweiz)

Die ursprünglich in tieferen Lagen beheimatete *Cardamine pratensis* L. wurde 1994 erstmals auf dem Urnerboden (1310m - 1430m) in den Schweizer Alpen beobachtet und cytologisch verifiziert. Es ist bekannt und in einigen Fällen molekularbiologisch nachgewiesen, dass es innerhalb des *C. pratensis*-Komplexes und zwischen *C. pratensis* und anderen *Cardamine*-Taxa zu Hybridisierungsereignissen und Introgression kommt (z.B. MARHOLD ET AL., 2002).

Biogeographie von Kreuzblütlern 81

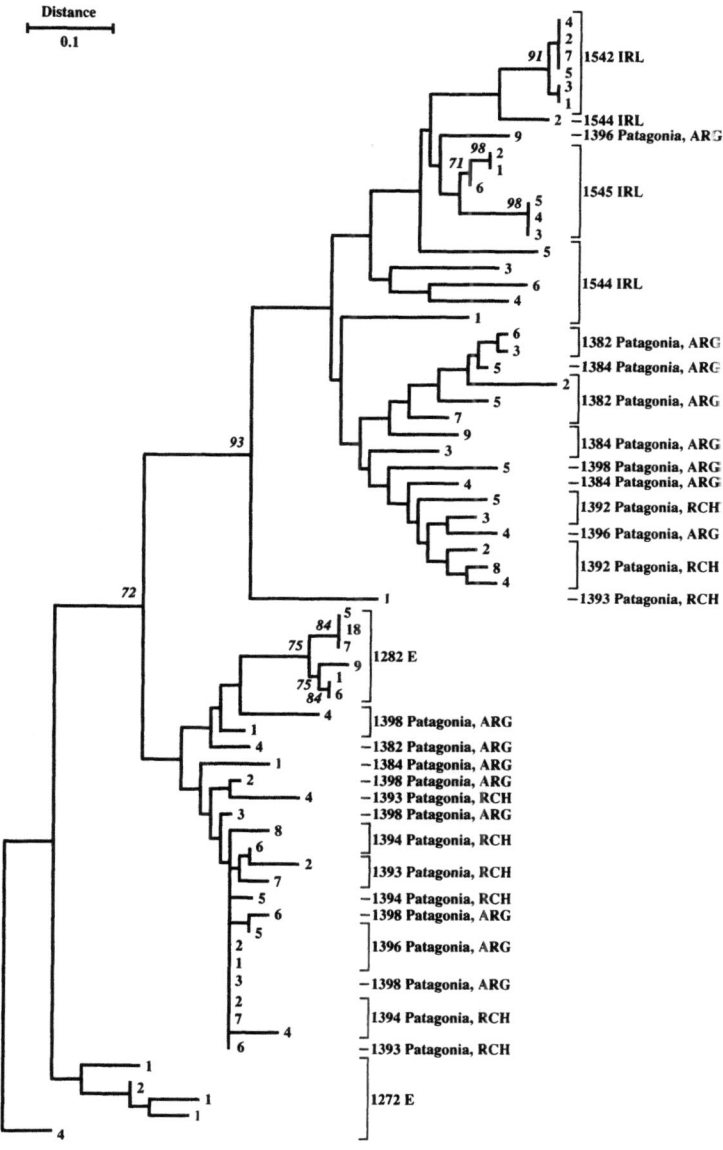

Abb. 7, Beispiel 3: Neighbor-Joining Distanzanalyse von 41 RAPD-Merkmalen von *Capsella bursa-pastoris*. Populations-Sammelnummern aus Spanien (E): 1272 = Matalascanas, 1282 = Sierra Nevada; aus Patagonien (ARG = Argentinien und RCH = Chile): 1382 = Rio Grande, 1384 Ushuaia, 1392 = Estancia Castillo, 1393 = Laguna Azul, 1394 = Torres de Paines, 1396 = Calafate, 1398 = El Chalten; von den Britischen Inseln (IRL = Irland): 1542 = Kilkenny, 1544 = Tipperary, 1545 = Durrus. Nur Bootstrapwerte über 70% sind angezeigt. Populationen aus Patagonien gruppieren signifikant zum einen Teil mit Populationen aus Irland, zum anderen Teil mit spanischen Populationen (Daten aus Neuffer et al., 1999).

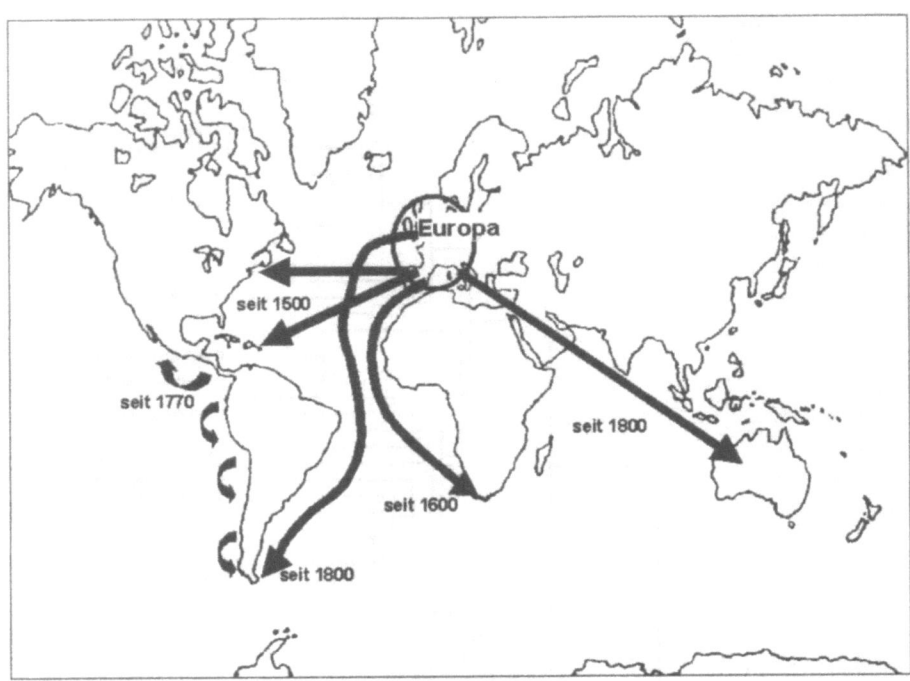

Abb. 8, Beispiel 3: Die von uns postulierten Besiedlungswege der *Capsella bursa-pastoris* führten zu einer heute weltweiten Verbreitung. Diese Biogeographie wird unter anderem durch umfangreiche molekularbiologische Untersuchungen gestützt und erfolgte immer zusammen mit menschlichen Aktivitäten. Eine Vorstellung über den zeitlichen Ablauf ist in die Graphik integriert (vgl. Hurka & Neuffer, 1997; Neuffer & Hurka, 1999; Neuffer et al., 1999).

Im Untersuchungsgebiet selbst führte Hybridisierung zwischen *C. rivularis* auct. non Schur. und *C. amara* L. zur Evolution neuer Taxa (**Abb. 9**, *C. x insueta* Urbanska, *C. schulzii* Urbanska, (URBANSKA ET AL., 1997; NEUFFER & JAHNCKE, 1997)). Eine Bestandsaufnahme während der Vegetationsperiode 2001 zeigte, dass *C. pratensis* ihr Areal seit dem ersten Nachweis im Jahr 1994 ausgeweitet hat. Um Hybridisierung und Introgression der invasiven Talart in die indigenen Urnerbodenarten molekularbiologisch zu erfassen, wurden als hochvariable Markersysteme AFLP-fingerprinting (biparentale Vererbung) und Sequenzanalysen der Chloroplasten-DNA (*trn*L/F spacer, maternale Vererbung) angewendet. Es gelang, für die invasive *C. pratensis* und für die auf dem Urnerboden indigenen *C. amara* und *C. rivularis* art- und populationsspezifische Merkmale herauszuarbeiten. Das bereits bekannte Hybridisierungs-Szenario (**Abb. 9** NEUFFER & JAHNCKE, 1997; URBANSKA ET AL., 1997) konnte mittels AFLP-fingerprinting nachvollzogen werden. Erste Hybride zwischen der invasiven *C. pratensis* und der indigenen *C. amara* konnten lokalisiert werden (**Tab. 1**, Individuen *Ca15Hb* und *Cp07Hc*).

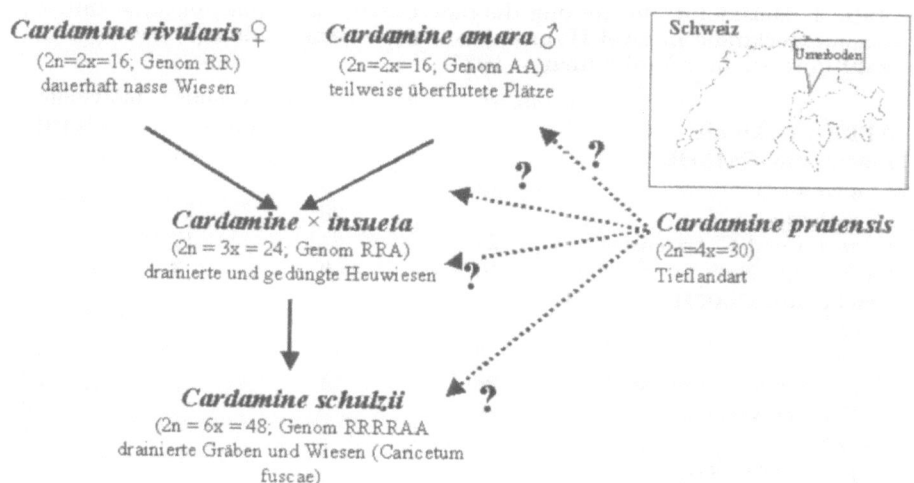

Abb. 9, Beispiel 4: Speziation der *Cardamine*-Arten am Urnerboden in der Schweiz. Der Hybrid *C.* x *insueta* zwischen *C. rivularis* und *C. amara* konnte sich in Folge der Änderung der Bewirtschaftungsform etablieren. Durch Autopolyploidie entstand später die hexaploide *C. schulzii* (Neuffer & Jahncke, 1997; Urbanska et al., 1997). 1994 wurde erstmalig die tetraploide Tieflandart *Cardamine pratensis* nachgewiesen.

Die molekularen Analysen zeigen, dass auf dem Urnerboden bereits Hybridisierungen zwischen der aus tieferen Lagen eindringenden *C. pratensis* und der indigenen *C. amara* stattgefunden haben. Diese Hybridisierungen, die in einer Introgression von genetischem Material von einer Art in die andere Art resultieren, sind morphologisch nicht zu erkennen. Neben der Ausbreitung der *C. pratensis* auf dem Urnerboden und der dadurch möglicherweise auftretenden Verdrängung der indigenen Arten als Primäreffekt ist diese Introgression vor dem Hintergrund der bereits beobachteten und der prognostizierten klimatischen Veränderung als hochbrisant einzustufen. Evolutionäre Prozesse werden einen großen Teil der durch den globalen klimatischen Wandel ausgelösten Biodiversitätsveränderungen begleiten. Zur Abschätzung der evolutionären Konsequenzen bereits beobachteter und noch zu erwartender Arealverschiebungen sind weitere Schritte notwendig.

4 Schlussfolgerungen

Für verschiedene taxonomische, räumliche und zeitliche Ebenen des Florenwandels und der Biogeographie stehen mittlerweile geeignete molekulare Techniken zur Verfügung. Für die Untersuchung nah verwandter Taxa sind variable Markersysteme einzusetzen. PCR basierte Sequenzierungstechniken können auch an Herbarmaterial durchgeführt werden. Dies wird vor allem dann wichtig, wenn von seltenen Arten kein Frischmaterial beschafft werden kann. Besiedlungsszenarien, die zeitlich relativ weit zurückliegen, wie im Fall der prähistorischen Besiedlung von Au-

Tab. 1, Beispiel 4: Verteilung diagnostischer *Cardamine pratensis*- und *C. amara*-Merkmale in zwei Hybriden auf dem Urnerboden (Schweiz). Anzahl untersuchter Individuen = 192.

AFLP-Merkmale	*C. amara*	*C. pratensis*	Individuum Ca15Hb	Individuum Ca07Hc
Fläche mit Ca15Hb				
C. amara	12	0	3	/
C. pratensis	0	28	21	/
C. amara und *C. pratensis*	24	24	17	/
Ca15Hb spezifisch	0	0	3	/
Fläche von Cp07Hc				
C. amara	20	0	/	7
C. pratensis	0	12	/	11
C. amara und *C. pratensis*	26	26	/	22
Ca07Hc spezifisch	0	0	/	3
cp DNA-Sequenzvergleich				
C. amara	ja	nein	ja	nein
C. pratensis / *C. rivularis*	nein	ja	nein	ja
phänotypische Determination				
C. amara	ja	nein	ja	nein
C. pratensis	nein	ja	nein	ja

stralien/Neuseeland durch die Gattung *Cardamine*, bietet ein Sequenzvergleich von Kern-DNA Abschnitten (ITS) und Plastiden-DNA Abschnitten (*trn*L Intron und dem *trn*L/F intergenischen Spacer) Indizien für Verwandtschaftsbeziehungen zwischen nord- und südhemisphärischen Arten und für die beschrittenen Besiedlungsrouten (Beispiel 1).

In jüngerer Zeit kommt es durch menschliche Aktivitäten zu extrem schnellen Verschiebungen. Es kommt zu Adaptationen (Beispiel 3), Hybridisierungen (Beispiel 2 und 4) und Introgressionen (Beispiel 4), die morphologisch nur schwer oder gar nicht zu erkennen sind ('Biologische Invasionen'). Häufig ist innerhalb bestimmter Verwandtschaftskreise aufgrund dieser fließenden Übergänge keine scharfe Artabgrenzung möglich. Die obengenannten Sequenzierungstechniken lösen in der Regel Fragestellungen aus diesem Umfeld nicht auf. Hier sind variablere Techniken notwendig, wie z.B. Isoenzymanalysen oder DNA-fingerprinting. Für diese Fragestellungen führt die Verwendung von Herbarmaterial in der Regel nicht zum gewünschten Erfolg; es ist die Bearbeitung von Frischmaterial notwendig. Für die Untersuchung von Anpassungstrategien sind zudem ausgedehnte quantitative Untersuchungen notwendig. Die erste Hürde ist es, die Probleme zu erkennen, die sich aus dem gegenwärtigen Florenwandel ergeben. Eine weitere Hürde ist die Vorhersagbarkeit der Probleme. Die Beispiele *Diplotaxis* (Beispiel 2), *Capsella* (Beispiel 3) und *Cardamine* (Beispiel 4), die allen Indizien zu Folge anthropogen verursachte Invasionen und deren molekularbiologische Resultate demonstrieren, zeigen deutliche Unterschiede. Jeder Fall verläuft anders, nutzt eine andere Stoßrichtung aus der Möglichkeitenpalette der Evolution: Differenzierung in Ökotypen bei *Capsella bursa-pastoris*, aus Hybridartbildung entstandener genetisch nichtvariabler Alleskönner bei *Diplotaxis muralis*, die Einschleusung von genetischem Fremdmaterial bei *Cardamine*.

Diese intensiven Untersuchungen haben viele Fragen beantworten können; neue Fragen ergaben sich jedoch daraus: Worin liegt die molekulare Basis für die adaptiv variierenden Schlüsselmerkmale (z.B. Blühbeginn bei *Capsella*)? Wie kommt es bei den Brassicaceen immer wieder zum Zusammenbruch des Selbstinkompatibilitätssystems (z.B. *D. tenuifolia* selbstinkompatibel, *D. muralis* selbstkompatibel)? Inwieweit können invasive Talarten im Gebirge einwandern und steht dies tatsächlich im Zusammenhang mit einer Klimaerwärmung (Monitoring-Beobachtungen bei *Cardamine*/Urnerboden)? Weitere Fragen allein zu diesen drei Beispielen wären problemlos aufzulisten.

Dies macht deutlich, dass zum einen noch viele Informationen aus den genannten Fallstudien erbracht werden müssen. Zum anderen aber zeigt allein diese Vielschichtigkeit innerhalb der Familie der Brassicaceen, dass zweifellos viele Fallstudien notwendig sind, um die Hürde 'Vorhersagbarkeit' sinnvoll ins Auge nehmen zu können. Dies ist auch vor dem Hintergrund zu sehen, dass Fallstudien solcher Art Modellcharakter für die Risikoabschätzung bei der Freisetzung gentechnisch veränderter Organismen haben.

Danksagung

Die Projekte wurden und werden unterstützt von der Deutschen Forschungsgemeinschaft (DFG) und dem Bundesministerium für Bildung und Forschung (bmb+f). Wir bedanken uns besonders für Anregungen und Diskussionen bei Herbert Hurka und Walter Bleeker sowie für hervorragende technische Assistenz im Labor bei Rudi Grupe und Claudia Desmarowitz. Den beiden Gutachtern möchten wir für ihre wichtigen Kommentare danken.

References

ABBOTT, R. J., 1992. Plant invasions, interspecific hybridization and the evolution of new plant taxa. *TREE* 7:401–405.

BACHMANN, K., 1997. Nuclear DNA markers in plant biosystematic research. *Opera Botanica* 132:137–148.

BLEEKER, W., FRANZKE, A., POLLMANN, K., BROWN, A. H. D. & HURKA, H., 2002. Phylogeny and biogeography of southern hemisphere high mountain *cardamine* species (Brassicaceae). *Australian Systematic Botany* 15:575–581.

BRETAGNOLLE, F. & THOMPSON, J. D., 1995. Tansley Review No. 78. Gametes with the somatic chromosome number: mechanisms of their formation and role in the evolution of autopolyploid plant. *New Phytol.* 129:1–22.

ELLSTRAND, N. C. & SCHIERENBECK, K. A., 2000. Hybridization as a stimulus for the evolution of invasiveness in plants. *Proceedings of the National Academy of Sciences of the United States of America* 97:7043–7050.

ESCHMANN-GRUPE, G., GRUPE, R., PAETSCH, M., HURKA, H. & NEUFFER, B., 2002. Hybridartbildung, Befruchtungssysteme und genetische Variabilität bei invasiven *Diplotaxis*-Arten (Brassicaceae). In Kowarik, I. & Starfinger, U. (eds.), *Biologische Invasionen. Herausforderung zum Handeln? Neobiota* 1., pp. 217–233.

ESCHMANN-GRUPE, G., NEUFFER, B. & HURKA, H., im Druck. Species relationships within *Diplotaxis* (Brassicaceae) and the phylogenetic origin of *D. muralis*. *Pl. Syst. Evol.* .

FISCHER, H. & JENSEN, U., 1992. Utilization of proteins to estimate relationsships in plants: serology a discussion based on the Asteraceae-Cichorioideae. *Belg. Journ. Bot. 125*:243–255.

FITCH, W. M., 1971. Toward defining the course of evolution: Minimal change for a specific tree topology. *Syst. Zool.* pp. 406–416.

FRANZKE, A., POLLMANN, K., BLEEKER, W., KOHRT, R. & HURKA, H., 1998. Molecular systematics of *cardamine* and allied genera (Brassicaceae): ITS and non-coding chloroplast DNA. *Folia Geobot 33*:225–240.

GROVES, R. H. & DI CASTRI, F, H., 1991. Biogeography of Mediterranean Invasions. Cambridge University Press, Cambridge.

HURKA, H., 1993. Isozymes in population genetic studies. In Lieth, H. & Maasoom, A. A. (eds.), *Towards the rational use of high salinity tolerant plants 2*, pp. 75–82. Kluwer Academic, Niederlande.

HURKA, H., BLEEKER, W. & NEUFFER, B., im Druck. Evolutionary processes associated with biological invasions in the Brassicaceae. *Biological Invasions*.

HURKA, H. & DÜRING, S., 1994. Genetic control of plastidic L-glutamate-dehydrogenase isoenzymes in the genus *Capsella* (Brassicaceae). *Heredity 72*:126–131.

HURKA, H., FREUNDNER, S. & BROWN, A. H. D., 1989. Aspartate aminotransferase isozymes in the genus *Capsella* (Brassicaceae): subcellular localisation, gene duplication, and polymorphism. *Bioch. Genet 27*:77–90.

HURKA, H. & NEUFFER, B., 1997. Evolutionary processes in the genus *Capsella* (Brassicaceae). *Pl. Syst. Evol. 206*:295–316.

LINDE, M., DIEL, S. & NEUFFER, B., 2001. Flowering ecotypes of *Capsella bursa-pastoris* (L.) Medik. (Brassicaceae) analyzed by a cosegregation of phenotypic characters (QTL) and molecular markers. *Ann. Bot. 87*:91–99.

MARHOLD, K., LIHOVA, J., PERNY, M., GRUPE, R. & NEUFFER, B., 2002. Natural hybridization in *cardamine* (Brassicaceae) in the Pyrenees: evidence from morphological and molecular data. *Bot J. Linn. Soc. 139*:275–294.

MOONEY, H. A. & CLELAND, E. E., 2001. The evolutionary impact of invasive species. *Proceedings of the National Academy of Sciences of the United States of America 98*:5446–5451.

MUMMENHOFF, K., ESCHMANN-GRUPE, G. & ZUNK, K., 1993. Subunit polypeptide composition of Rubisco indicates *Diplotaxis viminea* as maternal parent species of amphiploid *Diplotaxis muralis*. *Phytochemistry 34*:429–431.

MUMMENHOFF, K. & HURKA, H., 1995. Allopolyploid origin of *Arabidopsis* x *suecica* (Fries) Norrlin: evidence from chloroplast and nuclear genome markers. *Bot. Acta 108*:449–456.

MUMMENHOFF, K., HURKA, H. & BANDELT, H.-J., 1992. Systematics of Australian *Lepidium* species (Brassicaceae) and implications for their origin evidence from IEF analysis of RUBISCO. *Pl. Syst. Evol. 183*:99–112.

NEUFFER, B., 1996. RAPD analyses in colonial and ancestral populations of *Capsella bursa-pastoris* (L.) Med. (Brassicaceae). *Biochem. Syst. Ecol. 24*:393–403.

NEUFFER, B., HIRSCHLE, S. & JÄGER, S., 1999. The colonizing history of *Capsella* in Patagonia (South America) - Molecular and adaptive significance. *Folia Geobotanica 34*:435–450.

NEUFFER, B. & HOFFROGGE, R., 2000. Ecotypic and allozyme variation of *Capsella bursa-pastoris* and *C. rubella* (Brassicaceae) along latitude and altitude gradients on the Iberian Peninsula. *Anal. Jardin Bot. Madrid 57*:299–315.

NEUFFER, B. & HURKA, H., 1999. Colonizing history and introduction dynamics of *Capsella bursa-pastoris* (Brassicaceae) in North America: isozymes and quantitative traits. *Mol. Ecol. 8*:1667–1681.

NEUFFER, B. & JAHNCKE, P., 1997. RAPD analyses of hybridization events in *cardamine* (Brassicaceae). *Folia Geobotanica 32*:57–67.

RIESEBERG, L. H., 1996. Homology among RAPD fragments in interspecific comparisons. *Mol. Ecol. 5*:99–105.

SCHWARZACHER, T. & HESLOP-HARRISON, P., 2000. Practical in situ hybridization. BIOS Oxford, 203 S.

SCHWARZACHER, T., LEITCH, A. R., BENNETT, M. D. & HESLOP-HARRISON, J. S., 1989. In situ localization of parental genomes in wide hybrid. *Ann. Bot.* 64:315–324.

TANSLEY, S. D., YOUNG, N. D., PATERSON, A. H. & BONIERBALE, M. W., 1989. RFLP mapping in plant breeding: new tools for an old science. *Bio/Technology* 7:257–264.

URBANSKA, K. M., HURKA, H., LANDOLT, E., NEUFFER, B. & MUMMENHOFF, K., 1997. Hybridization and evolution in *cardamine* (Brassicaceae) at Urnerboden, Central Switzerland: biosystematic and molecular evidence. *Pl. Syst. Evol. 204*:233–256.

VOS, P., HOGERS, R., BLEEKER, M., REIJANS, M., LEE, T. V. D., HORNES, M., FRIJTERS, A., POT, J., PELEMAN, J., KUIPER, M. & ZABEAU, M., 1995. AFLP: A new technique for DNA fingerprinting. *Nucleic Acids Research 23*:4407 – 4414.

WARWICK, S. & SMALL, E., 1999. Invasive plant species: evolutionary risk from transgenic crops. In van Raamsdonk, L. & den Nijs, J. (eds.), *Plant evolution in man-made habitats. Proceedings of the VIIth International Symposium IOPB*, pp. 237–256. Hugo de Vries Laboratory.

WILLIAMS, J. G. K., KUBELIK, A. R., LIVAK, K. J., RAFALSKI, J. A. & TINGEY, S. V., 1990. DNA polymorphisms amplified by arbitrary primers are useful as genetic markers. *Nucleic Acids Research 18*:6531 – 6536.

WILLIAMSON, M., 1999. Invasions. *Ecography 22*:5–12.

ZUNK, K., MUMMENHOFF, K., KOCH, M. & HURKA, H., 1996. Phylogenetic relationships of *Thlaspi* s.l. (subtribe Thlaspidinae, Lepidieae) and allied genera based on chloroplast DNA restriction site variation. *Theor. Appl. Genet. 92*:375–381.

Die Vielfalt der Genetiken und ihre Reduktion auf eine Technik

Michael Weingarten

Institut für Philosophie, Universität Marburg, Blitzweg 16, 35039 Marburg
e-mail: Susanne.Weingarten@t-online.de

Abstract

There is not one, there are many genetics. And there is not only one notion of gen, there are many, varying in dependence upon the different purposes of genetical research. Only one of them, molecular genetics, can be seen as the scientific foundation of genetic engineering. Molecular genetics deals with the problem how spezific organic substances (as nucleic acids) produce other organic substances (as amino acids and proteins) and not for example with the reproduction of differences between living things.

Keywords: epistemology, Francois Jacob, gene, genetics, genetic engineering, risk assessment, technology

1 Einleitung: Die Vielfalt der Genetiken und deren Gegenstände

Die Debatte um Chancen und Risiken der Gentechnik ist immer noch charakterisiert durch Verkürzungen nicht nur in der Öffentlichkeit, sondern auch in den Fachwissenschaften selbst. Sicherlich haben solche Verkürzungen - wie in allen anderen Auseinandersetzungen auch - vielfach bloß strategischen Charakter; d.h. der oder die so argumentierenden Fachwissenschaftler wissen es eigentlich besser oder genauer, aber um ihre forschungs- oder anwendungsorientierten Ziele durchzusetzen, bieten sich „argumentative Vereinfachungen", „Zuspitzungen" usw. einfach an. Wäre es nur dies, dann wäre es nicht weiter problematisch. Die m. E. entscheidenden Verkürzungen sind aber auf einer ganz anderen Ebene angesiedelt: dass nämlich die Molekularbiologie gar nicht mehr zur Kenntnis nimmt, dass die Rede von „Gen" und „Genwirkung" in der Entwicklungs- oder Evolutionsbiologie etwas ganz anderes meint als ihr Verständnis von Gen (umgekehrt gilt es selbstverständlich genauso).

Nimmt man dann noch hinzu, dass seit Beginn des 20. Jahrhunderts common sense ist, dass die einzelnen Wissenschaften nicht mehr ein und dasselbe identische, natürlich vorfindliche Ding nur aus verschiedenen Perspektiven erforschen, sondern die Gegenstandskonstitution(en) nach Maßgabe forschungsleitender Zwecke erfolgt, verschiedene Disziplinen über ihre Zwecke an unterschiedenen Gegenständen arbeiten - dann ist etwa zu fragen, inwiefern es rechtfertigbar ist, von der Genetik zu sprechen, so als ob Molekulargenetik, Entwicklungs- und Evolutionsbiologie eben das selbe Ding (unter verschiedenen Perspektiven) erforschten. Dass aber nicht einfach dasselbe Ding nur unter verschiedenen Perspektiven erforscht wird, könnte sich schon daran zeigen, dass jede dieser Forschungsrichtungen aufgrund ihrer differenten Forschungsziele ihre je eigenen Modell-Organismen hat, an denen sie hauptsächlich, um nicht zu sagen: ausschließlich arbeitet.

Für Populations- und Entwicklungsgenetik ist dies *Drosophila melanogaster*, die große, daher gut beobachtbare Chromosomen besitzt, sich schnell vermehrt und leicht im Labor zu halten ist; die (bio)chemisch ausgerichtete Molekularbiologie dagegen arbeitete hauptsächlich an Bakterien, Bakteriophagen, Viren und gelegentlich an Schleimpilzen, also Lebewesen, bei denen keine ontogenetische Entwicklung stattfindet. Die Differenzierung dieser drei Disziplinen lässt sich verkürzend dahingehend beschreiben, dass die Molekulargenetik in Anlehnung an Konzepte aus der Physik nach einem chemisch-stofflichen Gen-Begriff fragt, der aufzuklären versucht wie bestimmte chemische Substanzen (Aminosäuren, Proteine) durch andere chemische Substanzen (Nukleinsäuren) produziert werden können. Die Entwicklungsgenetik versucht zu zeigen, wie je nach Position der Zellen und den funktionalen Erfordernissen der weiteren ontogenetischen Erstellung des Lebewesens die Genaktivität reguliert und gestaltet wird. Die Evolutions- oder Transformationsgenetik ist orientiert an funktionalen Genbegriffen, mit deren Hilfe die Erhaltung und Reproduktion von Differenzen zwischen Lebewesen begriffen werden kann. Wenn so einsichtig gemacht werden kann, dass es nicht *die* Genetik, *das* Gen usw. „gibt", sondern mehrere - auf welche Genetik bezieht sich dann „die" Gentechnik als technische Anwendung *einer* der Genetiken?

2 Die Reduktion der Vielfalt der Genetiken auf die Molekulargenetik

Die Ersetzung alter, eingeübter Begriffe durch neue Worte erfolgt in aller Regel zum Zweck der Präzisierung aufgrund neuer Erkenntnisse und Wissens; solche Verfahren bedürfen aber auf alle Fälle einer genauen Begründung und Rechtfertigung, um den Verdacht zu vermeiden, es sollte doch nur alter Wein in neuen Schläuchen verkauft werden oder gar Zwecke des Forschens verschleiert werden durch geschickte sprachliche Manöver. Umbenennungen von Disziplinen bedürfen daher sicherlich eines noch größeren Begründungs- und Rechtfertigungsaufwandes. Angesichts der rasanten Entwicklung, die die Biologie seit 1800 genommen hat, der vielfältigen disziplinären Differenzierungen und (Re)Integrationen, der verschiedenen Forschungszwecke, die einzelnen „biologischen" Disziplinen zugrunde liegen, ist es sicherlich heute einsichtig rechtfertigbar, anstelle von „Biologie" nun von „Biowissenschaften" zu sprechen, um die Vielfalt der Forschungsgegenstände einzufangen. Denn wie kann heute noch angesichts der Heterogenität von Forschungszwecken, Mitteln der Forschung und den mit den Zwecken und

Mitteln verknüpften Gegenstandskonstitutionen von dem *einen Gegenstand* der Biologie begründet gesprochen werden, welcher von den einzelnen biologischen Disziplinen gleichsam in Aspekten untersucht werde?

Trotz der Verschiedenheit der Zwecke und den damit verknüpften differenten Gegenstandskonstitutionen wird aber heute wieder der Vorschlag unterbreitet, die Vielfalt und Heterogenität biowissenschaftlicher Disziplinen, deren technischen Anwendungen und industrieller Nutzungen unter einem gemeinsamen Titel zu bündeln: nämlich dem der Lebenswissenschaft(en). Dabei beunruhigt die Vermutung, dass in diesem Projekt biologische, also auf Grundlagenforschung bezogene Untersuchungen verbunden werden mit technisch-anwendungsbezogenen und in der Folge eine Unterordnung von Wissenschaft unter wirtschaftliche Interessen gemeint sein könnten, möglicherweise noch nicht einmal so sehr wie der noch weiter gehende Verdacht, dass unter „Leben", welches von dieser Wissenschaft nun als Objekt experimentellen, technischen und wirtschaftlichen Handelns ins Auge gefasst wird, im Unterschied zu „bios" nun auch der Leser selbst und mit ihm jeder Mensch gemeint sein könnte. Womit dann auch deutlich werden würde, dass mit dem Übergang der Rede von Biologie zur Rede von Lebenswissenschaften nicht nur ein Austausch von Worten stattfände, sondern eine grundlegende Erweiterung des Gegenstandsbereichs dessen, was bisher Biologie resp. Biowissenschaften hieß: Denn nun müssen auch die Menschen insgesamt, also unter Einschluss ihrer Kultur, so wie „traditionell" Tiere und Pflanzen, als nichts anderes als bloße „Natur" verstanden werden. Endlich – so könnte man polemisch sagen – endlich kann die *Human*genetik integriert werden in die Disziplinen, die sich mit der genetischen Erforschung von Biotischem befassen, könnte vielleicht sogar ähnlich experimentell arbeiten (an z. B. menschlichen Embryonen) wie herkömmliche Biowissenschaften; und endlich zeige sich dann auch der Status der Medizin geklärt: Denn wenn der Mensch „Leben unter anderem Leben ist" und nichts anderes als das, dann ist die Medizin eine naturwissenschaftliche Disziplin unter dem gemeinsamen Dach der Lebenswissenschaften. Eine Beschreibung dieser „neuen", rein naturwissenschaftlichen und nur noch die Mittel und Verfahren der Genetik kennenden Medizin hat Francois Jacob versucht:

„Bislang hat der ans Krankenbett gerufene Arzt eine Diagnose gestellt, und davon ausgehend versuchte er, die Entwicklung der Krankheit in Form einer Prognose vorauszusagen. Inzwischen versucht er, die Struktur der Gene, Veranlagungen und Tendenzen zu bewerten, und davon ausgehend sagt er den künftigen Gesundheitszustand voraus. Mehr noch, die prognostische Medizin begnügt sich nicht mehr damit, die zukünftige Gesundheit unserer Mitbürger einzuschätzen, das heißt der Männer, Frauen und Kinder, die jetzt leben und denen wir auf der Straße begegnen können. Sie interessiert sich auch für die nächste Generation, für jene, die morgen in unsere Fußstapfen treten werden. Die Medizin beschränkt sich nicht mehr darauf – wie sie es lange tat –, das Leben nach der Geburt zu behandeln. Inzwischen werden alle verfügbaren Mittel eingesetzt, um die Verfassung des Individuums möglichst bald nach der Empfängnis zu untersuchen. Man versucht vorauszusehen, wie das zukünftige Kind, der zukünftige Erwachsene sein wird. Seine Verfassung, seine Organe, seine Gestalt und seine möglichen Missbildungen sollen aufgespürt werden. Lange verfügte man hier nur über die beschränkten Möglichkeiten der klassischen ärztlichen Untersuchung: Abtasten, Abklopfen, Abhorchen. Als dann die Röntgenstrahlen entdeckt wurden, sah man hier endlich etwas klarer; sie erwiesen sich jedoch sehr bald selbst als Gefahr für die zukünftige Gesundheit des Fötus. Erst vor kurzem haben die Physiker nun ein ganzes Arsenal komplexer Apparate entwickelt, die Bilder durch Echographie und Kernspinntomographie erzeugen, wodurch der Fötus sich sehr früh und mit bisher nicht gekannter Genauigkeit und Klarheit sehen lässt." (JACOB, 1998, S. 130/131)

Jacob spricht als Molekularbiologe, für den es aufgrund des historisch aus der Physik gewachsenen Selbstverständnisses dieser Disziplin keiner Frage und Begründung mehr zu bedürfen scheint, die Gegenstände der Forschung als dem Handeln des Forschers und den Zwecken dieses Handelns vorgängige, vorfindliche *Dinge* zu unterstellen, die unabhängig von den jeweiligen Kontexten definierte Eigenschaften und Funktionen haben; philosophisch ist man berechtigt zu sagen: er rekurriert auf eine Substanzen-Ontologie. Aber die Implikationen und Konsequenzen, die sich in einer solchen Redeweise zeigen, sind immer noch zu wenig wissenschaftshistorisch und -theoretisch rekonstruiert; insbesondere ist klärungsbedürftig welche forschungs*konzeptionellen* Konsequenzen es hatte, dass die Molekularbiologie zur Domäne von Physikern wurde resp. von ihnen erst als Disziplin ausdifferenziert wurde. Insbesondere mit Erwin Schrö-

dingers Buch „Was ist Leben" wurden atomistisch-elementaristische Konzeptionen aus der Physik in die Biologie übertragen, also erwartet, dass es auch für „das Leben" einige wenige Elementarbausteine gäbe, so wie sie die moderne Physik für den Bereich des Abiotischen nachgewiesen habe; obwohl doch schon in der Physik selbst genau zu der Zeit, als viele Physiker in die Biologie wechselten, diese Konzeption zunehmend fragwürdig wurde (vgl. CASSIRER, 1969, 1977). Sie ist aber bis heute prägend für das Selbstverständnis der Molekulargenetik geblieben, inklusive der die klassische Wissenschaftstheorie der Physik leitenden hoch problematischen Vorstellung, dass experimentelle Verfahren im Labor nichts anderes als Natur seien einerseits, andererseits die der Technik entlehnten Metaphern für die Beschreibung der zu untersuchenden Objekte nicht in ihrem Status als Metaphern reflektiert werden. Dagegen haben sich die Entwicklungs- und Evolutionsgenetiken, gerade auch aufgrund ihrer ganz anderen Forschungstradition, zunehmend von den linearen deterministischen Vorstellungen der Beziehung zwischen Genotyp und Phänotyp verabschiedet.

Die bisherigen Überlegungen zusammenfassend, ist als erste systematisch relevante Verkürzung festzuhalten, dass die Vielfalt der Genetiken mit ihren differenten Begriffen von Gen und Genwirkung reduziert werden auf das Konzept der Molekulargenetik als einer (chemischen) Produktionsgenetik; selbstverständlich müssen die hier umrissenen Differenzen zwischen den Genetiken viel weitergehender rekonstruiert werden als hier umrissen (vgl. hierzu BEURTON, 1994; BEURTON ET AL., 2000). Durch die Dominanz physikalischer Konzepte in der

Molekularbiologie werden dann technische Metaphern in diese Disziplin hineingetragen, die infolge eines naturalistischen Selbstmissverständnisses gar nicht mehr als Metaphern verstanden werden, sondern als vollgültige Beschreibung der eigentlichen, wirklichen Realität des Lebendigen.

3 Das technizistische Verständnis des Lebendigen und die Gentechnik

Die zweite systematische Verkürzung stellt die unklare Rede von „Gentechnik" selbst dar. Denn streng genommen handelt es sich bei ihr zunächst einfach nur um ein experimentelles Laborverfahren und genau nicht um ein industrielles Produktionsverfahren. Inwiefern die Gentechnik als wirklich funktionierendes industrielles Produktionsverfahren zu verstehen ist, hat technikwissenschaftliche Klärungen zur Voraussetzung, die bisher in der Gentechnik-Diskussion noch gar nicht in den Blick gekommen sind (ein erster Versuch ist JANICH & WEINGARTEN, 2002); mit dieser Unklarheit in der Unterscheidung von Laborverfahren und industrieller Produktionstechnik hängt m. E. zusammen, dass häufig nicht unterschieden wird zwischen biotechnischen (z. B. zellbiologischen) und gentechnischen Verfahren in der Manipulation von Lebewesen.

Ich versuche daher zunächst einmal eine Definition von Gentechnik bzw. Gentechniken, um die Verschiedenheit der Verfahren und Produktionsziele erfassen zu können: Bei den Gentechniken handelt es sich um (bio)chemische Verfahren der Manipulation der DNA oder anderen für die Funktionen und für Vererbungsprozesse wichtigen Substanzen von Lebewesen mit dem Ziel

1) vorhandene biochemische Prozesse zu verändern (z. B. zu optimieren);

2) neu zu gestalten, um Lebewesen zur Produktion von Stoffen zu veranlassen, die sie unter natürlichen Bedingungen nicht erzeugen (z. B. Insulin-Produktion durch Bakterien);

3) durch den Einbau fremder DNA in Lebewesen neue phänotypische Merkmale und Leistungen dieser Lebewesen herbeizuführen oder gar neue Lebewesen menschlichen Zwecken gemäß zu konstruieren.

Ob die Erforschung des *menschlichen* Genoms nur zu einer besseren Diagnostik für einige wenige (monogenische) Krankheiten führt, oder ob perspektivisch auch gentherapeutische Verfahren entwickelt werden, ist z.Z. noch eine offene Frage. Von den so definierten Gentechniken zu unterscheiden sind *bio*technische Verfahren, in denen zwar auch u.U. mit DNA experimentiert wird, diese dabei aber nicht verändert, insbesondere keine Fremd-DNA implantiert wird. So handelt es sich bei Klonierungs-Verfahren (z. B. im Falle „Dolly", aber auch bei der Klonierung menschlicher Embryonal-Zellen) oder den Experimenten mit (tierlichen oder menschlichen) Stammzellen (etwa um Gewebe wie Haut oder Organe wie Herz, Niere, Leber usw. erzeugen zu können), den verschiedenen gendiagnostischen Verfahren *nicht* um gentechnische Experimente oder Herstellungsverfahren, da bei allen diesen Verfahren und Experimenten die DNA des jeweiligen Lebewesens selbst nicht geändert wird, sondern mit herkömmlichen biotechnischen, und hier in aller Regel zellbiologischen Verfahren das Manipulationsziel erreicht werden soll.

Im nächsten Schritt möchte ich die Differenz zwischen Gentechnik als Labor- und Gentechnik als industriellem Produktionsverfahren erläutern.

4 Gentechnik als Laborverfahren

Mit dem 1953 von Francis Crick und James Watson vorgeschlagenen Struktur-Modell der DNA als einer Doppelhelix konnte zwar erklärt werden, warum die Basen Adenin und Thymin (resp. Uracil) bzw. Guanin und Cytosin in der Regel jeweils in gleichen Mengen vorliegen. Denn befindet sich auf dem einen Strang der Doppelhelix Adenin, dann ist auf dem zweiten Strang an dem komplementären Ort Thymin; die Basenpaare A - T (U) und G - C werden durch Wasserstoffbrücken zusammengehalten. Zugleich wurde klar, dass nicht die Proteine (wie bis in die 30er, 40er Jahre des letzten Jahrhunderts durchgängig vermutet), sondern die DNA Träger der Vererbungseinheiten ist. Aber wie ist der *funktionelle* Zusammenhang der Nukleinsäuren (als den Produzenten) zu den Aminosäuren und Proteinen (den Produkten)? 1961 gelangen entscheidende Durchbrüche: zum einen konnte Marshall Nirenberg experimentell den Nachweis führen, dass Phenylalanin, eine Aminosäure, die die Expression der dreimaligen Aufeinanderfolge von Uracil auf der DNA ist; UUU „codiert" für Phenylalanin. U.a. dieses experimentelle Ergebnis wurde von Crick und Mitarbeitern Ende 1961 zu der These verdichtet, dass *immer* eine Dreierkombination von Nukleinsäuren codiert für eine Aminosäure. Damit war die Forschungsperspektive klar: es galt zu zeigen, welche Dreier-Kombinationen von Nukleinsäuren für welche Aminosäuren codieren und wie über die Aminosäuren dann Proteine synthetisiert werden (vgl. CRICK ET AL., 1961). Daher wird von vielen Autoren das Jahr 1961 als Startpunkt der Gentechnik (Darstellung einer Aminosäure aus Nukleinsäuren) angesehen. Doch das Riesenmolekül der DNA war gerade für die weitere experimentelle Aufklärung des Zusammenhangs von Nuklein- und Aminosäuren viel zu komplex und unhandlich. Durch die Erforschung von Bakteriophagen war schon bekannt, dass es diesen möglich ist, DNA des Wirtsorganismus zu „zerschneiden". Matthew Meselson und Robert Yuan griffen diese Hinweise auf und versuchten zu zeigen, dass es bei allen Lebewesen resp. Zellen spezifische Enzyme gibt, die die DNA nur an ganz bestimmten Stellen schneiden; der Nachweis solcher spezifischen Enzyme gelang ihnen 1968. Nun war es möglich, DNA in experimentell handhabbare Fragmente zu zerlegen, diese zu vervielfältigen, so deren Struktur besser erforschen und codierende Einheiten für Aminosäuren feststellen zu können.

Es scheint mir daher sinnvoller, den Beginn der Entwicklung der Gentechnik mit diesen neuen experimentellen Möglichkeiten zu verknüpfen. Denn durch deren weitere Optimierung sowie daran anschließender neuer Verfahren, die die Technisierung und Routinisierung (hier muß die Entwicklung immer leistungsfähiger Computer mitbedacht werden) der Strukturbestimmung der DNA und der Funktionsbestimmung codierender Einheiten für Aminosäuren ermöglichten, „explodierte" das molekulargenetische Wissen gleichsam - ablesbar etwa an den sich permanent verkürzenden Zeit-Prognosen, die das Humangenom-Projekt (HUGO) brauchte bis zur vollständigen „Entzifferung" der menschlichen Gene (im Sinne der Beschreibung seiner biochemischen Struktur). HANS JÖRG RHEINBERGER (1992, 1997) und RUDOLF HAUSMANN (1995) haben diese Entwicklungen instruktiv dargestellt

Gentechnik bezeichnet somit zunächst nichts anderes als ein ganzes Set experimenteller Verfahren zur molekularbiologischen Erforschung der DNA, der Erforschung chemischer Prozesse in der Zelle, durch die die Substanzen produziert werden, die Lebewesen für ihre Erstellung und Reproduktion benötigen. D.h. auch wenn der „Startpunkt" der Gentechnik in der labortechnisch-experimentellen Möglichkeit der Zerlegung der DNA mittels Enzymen gesehen wird, so bleibt doch die Sicht auf Produktionsverfahren, die Herstellung von Aminosäuren und Proteinen, erhalten. Das Mittel der Fragmentierung der DNA, die Möglichkeit der Vervielfältigung der so erhaltenen Fragmente soll ja der Aufschlüsselung eines chemischen Produktionsprozesses dienen.

5 Vom Labor zur Produktion

Wenn nun das experimentell gesicherte Resultat dieser Entwicklungsetappe der Molekulargenetik ist, dass bei *allen* Lebewesen *immer* drei Nukleinsäuren für eine Aminosäure codieren, aus den so erstellten Aminosäuren die Proteine gebildet werden, die dann den strukturellen Aufbau eines Lebewesens ermöglichen, könnte man nicht daran anschließend als weitergehende Hypothese formulieren, dass solche Tripletts „Module" darstellen mit fixen, definierten Eigenschaften, die unabhängig von dem Lebewesen, in dem sie sich befinden, und unabhängig von dem (Entwicklungs)Zustand, in dem das Lebewesen sich befindet, definierte funktionelle Wirkungen haben? Dass also die informationstheoretische Beschreibung der Beziehung zwischen einem Triplett von Nukleinsäuren und den von ihnen produzierten Aminosäuren verallgemeinert werden könne für die Beschreibung der Beziehung zwischen Gen(en) (als Produzenten) und Phän(en) (als Produkt)? Dies würde die Vermutung erlauben, dass ontogenetische und evolutionäre Veränderungen von Lebewesen nicht auf die „Entstehung" neuer „Bausteine" zurückzuführen seien, sondern auf veränderte *Kombinationen* einiger weniger Bausteine, über die im Prinzip alle Lebewesen immer verfügten.

Diese Idee wird insbesondere von Francois Jacob verfochten. Bei ihm fließen Forschungstraditionen aus Evolutions-, Entwicklungs- und Molekularbiologie zusammen, die zwar alle mehr oder weniger strikt davon überzeugt sind, dass die Lebewesen, der „Phänotypus" insgesamt nichts anderes als die Umsetzung der im „Genotypus" gespeicherten Informationen seien. Jedoch unterscheiden sie sich erheblich in ihrem jeweiligen Verständnis von „Gen" und damit auch bezüglich der zugesprochenen „Genwirkung". Richard Dawkins z. B., für den Lebewesen nichts anderes als „Fähren" sind, die die „egoistischen Gene" sich geschaffen hätten, um ihr Überleben zu sichern, definiert als Gen diejenigen Momente an Lebewesen, die die *Differenz* zwischen Lebewesen ausmachen, wobei das Gen in Lebewesen selbst immer nur als Allel in individueller Ausprägung vorliegt. Dieses muss so groß sein, dass es eine funktionelle Wirkung (Differenzbildung) hat, gleichzeitig aber auch so klein, dass es z. B. bei „crossing over", der Neukombination der Chromosomen bei der Fortpflanzung bzw. der Teilung und Rekombination der DNA bei der Zellteilung, nicht zerstört wird (vgl. DAWKINS, 1978). Solche doch grundlegende Unterschiede in der Bestimmung von „Gen" werden von Jacob unbeachtet gelassen zugunsten der strikten Behauptung, die „wirklichen" Lebewesen aus „Fleisch und Blut" seien nur der blasse Widerschein der „eigentlichen Lebewesen", der genetischen Module und deren Kombinationen. Daraus ergibt sich folgende Beschreibung des Aufbaus einer Fliege:

„Die ausgewachsene Fliege ist nämlich wie ein Auto zusammenmontiert: Es gibt eine Scheibe, um jedes Auge hervorzubringen, eine für jeden Flügel, eine für jedes Bein etc. Die Bestandteile werden also getrennt vorbereitet und am Ende zusammengesetzt. Diese Differenzierung hängt ganz klar von den Genen ab." (JACOB, 1998, S. 54)

Und so, wie ja auch in der Auto-Industrie keine Firma alle von ihr benötigten Komponenten selbst herstellt, sondern auf standardisierte Produkte zurückgreift, die von einer anderen Firma (für u.U. alle Auto-Firmen gleich) produziert werden, so könnten dann auch gemäß diesem Modell Komponenten von Lebewesen untereinander über Artgrenzen hinweg ausgetauscht werden. Ob Fadenwurm, Fliege, Maus oder Mensch - es handele sich bei ihnen wie bei Autos nur um Unterschiede im Design, nicht aber um Unterschiede im „Kern der Dinge." (JACOB, 1998, S. 122)

Mit dieser Vorstellung, die die Homogenität der „Module", deren Wirkungen und Funktionen gegen die die Differenz betonenden Konzepte setzt, scheint es plausibel, das im Labor gewonnene Wissen um den gleichförmig wirkenden Mechanismus der Produktion von (chemischen) Stoffen aus Kombinationen elementarer chemischer „Bausteine" aus dem Labor hinauszutragen und für menschliche Produktionszwecke fruchtbar zu machen. Wenn die Evolution der Lebewesen einer „Logik der Kombinatorik" von Modulen folgt, der Molekularbiologe mittels der gentechnischen Laborverfahren nun diese Logik entschlüsselt habe, warum sollte es ihm dann nicht möglich sein, selbst in der Kombination dieser *Module* seine Produktionszwecke zu realisieren? Also Stoffe herzustellen, die er für medizinisch-therapeutische Zwecke benötigt, oder Pflanzen, die noch mehr Körner und weniger Halm haben; oder auch Bakterien, die den von Menschen produzierten Abfall abbauen.

An dieser Stelle findet der Umschlag statt von Gentechnik als experimentellem Labor-Handeln in Produktionstätigkeit. Experimentell gesichert ist dieser Umschlag aber nur bezüglich des einen Produktionszweckes, der Herstellung von Stoffen, von Aminosäuren und Proteinen aus Kombinationen von Nukleinsäuren - für die viel weitergehende Vorstellung, dass alle oder doch alle wichtigen „phänotypischen" Eigenschaften und Fähigkeiten von Lebewesen ebenfalls Resultat derselben „Logik der Kombinatorik" elementarer Bausteine seien, fehlen die experimentellen Belege, oder, schärfer noch: Befunde aus Entwicklungs- und Evolutionsbiologie widersprechen dieser Annahme (vgl. z. B. zur Entwicklungsbiologie GOODWIN ET AL. (1998); WEBSTER & GOODWIN (1996); zur Evolutionsbiologie MAYR (1984); LEWONTIN (1992); WRIGHT (1969-1972). Übersichten bezüglich der Diskussionslage vgl. HERTLER (2001); GUTMANN (1996, 1998); FOX KELLER (1998, 2001)).

Doch unabhängig davon, welche der biowissenschaftlichen Theorien nun wirklich recht hat, ist festzuhalten, dass es das „Gen" als einen natürlich vorfindlichen Gegenstand nicht gibt, sondern dass im Rahmen der verschiedenen Fragestellungen einzelner biowissenschaftlicher Disziplinen differente Bestimmungen von Gen und Genwirkung und -funktion auszumachen sind. So konnte schließlich schon Mendel seine Vererbungsregeln nur aufstellen, nachdem es ihm gelungen war Reinzuchtlinien *herzustellen*. Und dass er diesen Züchtungsschritt in seiner Publikation nicht benannte, war der entscheidende Grund für das „Vergessen" dieser Regeln.

Carl Ernst von Nägeli z. B., der von Mendel einen Sonderdruck erhielt, versuchte die Vererbungsregeln an der Nachtkerze zu überprüfen - was, da es sich um eine Wildform handelt, genau nicht gelang. Erst nachdem Johannsen unabhängig von Mendel für Züchtungszwecke selbst Reinzuchtlinien erstellte, konnte die Bedeutung der Mendel-Regeln von ihm und anderen erfasst werden. Seit diesem Zeitpunkt ist den Evolutionsbiologen und Züchtungsgenetikern (zum immer noch nicht zureichend begriffenen Zusammenhang dieser beiden Disziplinen vgl. HARWOOD, 1993) die Differenz zwischen der Homogenität des technisch erzeugten Artefakts (Reinzuchtlinien von Pflanzen und Tieren) und der Heterogenität der Wildformen zumindest implizit bewusst: die Stabilität „des Lebens" beruht auf der Heterogenität der einzelnen Lebewesen, damit deren Entwicklungsfähigkeit, die sie in ihrem Verhalten zueinander und zu ihrer abiotischen Umwelt als Entwicklung realisieren; die Homogenität des Artefakts dagegen, die als technisches Produkt gerade auf dem Entwicklungsausschluß basiert, benötigt immer wieder die Einkreuzung der Wildform, um erhalten bleiben zu können.

6 Perspektiven und Risiken

Das technische Modell des Bastelns, das der Gentechniker mit der Beschreibung seines Tuns als Kombination von Modulen investiert, hat zwar den Vorteil, ohne intentionalistische, teleologische Annahmen auszukommen: der Bastler stellt nicht zielgerichtet ein Gerät her, dessen Zweck ihm vorher schon bewusst war. Vielmehr versucht er durch Variation des Vorhandenen an den verfügbaren Mitteln, von denen er ja weiß, dass sich mit ihm bestimmte technische Zwecke realisieren lassen, neue Zwecke der Verwendung der (vorhandenen) Mittel zu entdecken. Das Interessante an dem Modell des Bastelns ist somit, dass den Mitteln ein Horizont möglicher Verwendungszwecke zugeschrieben werden kann, die im Variieren der wirklichen Mittelverwendung aus dem Status der Möglichkeit in eine technische Wirklichkeit überführt werden können (oder aber auch nicht). Nimmt man dieses Modell ernst, dann kann anhand techniktheoretischer Überlegungen begründet über Chancen und Risiken der Gentechnik geurteilt werden. Jedoch bleibt die Differenz zwischen Labor und „Natur" unreflektiert. Denn wie können wir das im Rahmen experimenteller Laborhandlungen mit Hilfe technischer Modelle konstituierte Labortier „übersetzen" in ein Lebewesen, mit dem wir dann im Rahmen etwa landwirtschaftlicher Praxen einen doch ganz anderen Umgang pflegen als im Labor? Geraten wir nicht vielmehr, wenn dieses Problem nicht reflektiert wird, in das Dilemma hinein, die Gesellschaft umgestalten zu müssen nach Maßgabe der Errichtung eines Labors, das gegenüber seiner Umgebung fest abgeschlossen ist, also keine für die Vorgänge im Labor kausal relevanten Wechselwirkungen mit der Umgebung aufweist? Das weiter ausgestattet ist mit einigen wenigen kontrollierbaren Parametern, die die Beurteilung eines experimentellen Verlaufes als „gelungen" oder „misslungen" überhaupt erst ermöglichen? Oder gilt nicht die Beschreibung, die vor Jahren schon WOLFGANG KROHN & JOHANNES WEYER (1990) bezüglich der Risiken der Kernkraft gegeben haben: dass nämlich mit der durch Technologien wie Kernkraft- und heute insbesondere den Gentechniken eine Verschiebung zwischen Wissenschaft und Gesellschaft stattfindet, in der die Wissenschaft die Gesellschaft und deren biologische Lebensbedingungen als Labor benutzt, so dass die Risiken der Forschung zu Risiken der Gesellschaft werden?

Gehörte es früher zum idealen, wenn auch häufig praktisch nicht befolgten Selbstverständnis experimenteller Wissenschaften, dass in der experimentellen Erfahrung das mögliche Neue im Labor auf seine Vor- und Nachteile, seine nichtbezweckten Nebenfolgen untersucht wurde und erst dann zur praktischen Anwendung kam, so sind heute mit den Gentechniken experimentelle Erfahrung (im geschlossenen Labor) und praktische Anwendung (in der Gesellschaft) ununterscheidbar geworden: die praktische Anwendung *ist* die experimentelle Erfahrung. Diese zunächst strikt anmutende Abgrenzung zwischen Experiment und praktischer Anwendung war aber bei einem zweiten Blick zumindest in der medizinischen Therapie immer schon unscharf. Denn auch das beste Tiermodell zur Erprobung neuer Medikamente ersetzt nicht den Test (das Experiment) an menschlichen Patienten; die Dosierung und Wirkung eines Medikamentes lässt sich nicht ausgehend von den Erfahrungen am Tier linear hochrechnen auf den Menschen. Immerhin aber standen und stehen auch heute bezüglich gentechnischer Verfahren der Medikament-Herstellung für diesen Fall Kriterien zur Verfügung, die eine Beurteilung der Herstellung neuer Wirkstoffe bezüglich ihrer Risiken (Technikfolgenabschätzung) und ihrer Anwendung beim Menschen bezüglich des Gelingens resp. Misslingens erlauben. So muß bei der Herstellung von Substanzen (wie Insulin) durch gentechnisch veränderte Lebewesen der kausale Abschluss des Produktionsvorganges gegenüber der Umgebung gewährleistet sein; und dies ist relativ problemlos zu gewährleisten. Auch ist die Hypothese nicht ganz abwegig, dass solche Produktionsverfahren der Herstellung von Stoffen erst dann zu einer wirklich gelingenden Technik werden, wenn die chemischen Reaktionsverläufe „im Reagenzglas" und nicht mehr vermittelst eines Lebewesens erzeugt werden können.

Während also für den Bereich der „roten" Gentechnik technische Kriterien zur Beurteilung der Chancen und Risiken solcher Produktionsverfahren zur Verfügung stehen resp. in Weiterentwicklung bisheriger Beurteilungsverfahren entwickelt werden können, sieht dies für den Bereich der „grünen" Gentechnik, also der Anwendung bio- und gentechnischer Verfahren in der Pflanzen- und Tierzucht grundsätzlich anders aus. Da Äcker im Unterschied zu Fermentern nicht gegenüber der Umwelt abgeschlossen werden können, ist grundsätzlich nicht auszuschließen, dass es zu unkontrollierbaren Prozessen des Gen-Austausches kommt - unkontrollierbar deshalb, weil die Übertragungswege nicht alle kontrolliert werden können; das von Luhmann benannte Kriterium funktionierender Technik, die „kausale Simplifikation" und der kausale Abschluss gegenüber der Umwelt greift hier nicht (vgl. LUHMANN, 1991). Und unkontrollierbar, weil - sollte es zu einer Übertragung gekommen sein - die sich verbreitenden Gene nicht mehr „zurückgeholt" werden können. So könnte es ja durchaus sein, dass trotz möglicher anfänglicher Erfolge der Anwendung der „grünen" Gentechnik ein irreversibler, sich selbst aufschaukelnder Prozess in Gang gesetzt wird, dessen fatale Folgen aus der Antibiotika-Verwendung unübersehbar geworden sind. Können wir das wirklich wollen und verantworten?

References

BEURTON, P., 1994. Historische und systematische Probleme der Entwicklung des Darwinismus. Jahrbuch für Geschichte und Theorie der Biologie 1. VWB, Berlin.

BEURTON, P., FALK, R. & RHEINBERGER, H.-J., 2000. The Concept of the Gene in Development and Evolution. Cambridge University Press, Cambridge.

CASSIRER, E., 1969. Substanzbegriff und Funktionsbegriff. Wissenschaftliche Buchgesellschaft, Darmstadt.

CASSIRER, E., 1977. Kants Leben und Lehre. Wissenschaftliche Buchgesellschaft, Darmstadt.

CRICK, F., LESLIE BARNETT, F. R. S., BRENNER, S. & WATTS-TOBIN, R., 1961. General Nature of the Genetic Code for Proteins. Nature 192:1227 - 1232.

DAWKINS, R., 1978. Das egoistische Gen. Springer, Berlin.

FOX KELLER, E., 1998. Das Leben neu denken. Kunstmann, München.

FOX KELLER, E., 2001. Das Jahrhundert des Gens. Campus, Frankfurt a.M.

GOODWIN, B., SIBATANI, A. & WEBSTER, G. (eds.), 1998. Dynamic Structures in Biology. Edinburg University Press, Edinburg.

GUTMANN, M., 1996. Die Evolutionstheorie und ihr Gegenstand. VWB, Berlin.

GUTMANN, M., 1998. Information, Gene und Metaphern. In Was wissen Biologen schon vom Leben? Die biologische Wissenschaft nach der molekular-genetischen Revolution, pp. 141 - 156. Loccumer Protokolle 14/97. Loccum.

HARWOOD, J., 1993. Styles of Scientific Thought: The German Genetics Community, 1900 - 1933. University of Chicago Press, Chicago.

HAUSMANN, R., 1995. ... und wollten versuchen, das Leben zu verstehen ... Betrachtungen zur Geschichte der Molekularbiologie. Wissenschaftliche Buchgesellschaft, Darmstadt.

HERTLER, C., 2001. Morphologische Methoden in der Evolutionsforschung. VWB, Berlin.

JACOB, F., 1998. Die Maus, die Fliege und der Mensch. Berlin Verlag, Berlin.

JANICH, P. & WEINGARTEN, M., 2002. Verantwortung ohne Verständnis? Wie die Ethikdebatte zur Gentechnik von deren Wissenschaftstheorie abhängt. Zeitschrift für allgemeine Wissenschaftstheorie 1:85 - 120.

KROHN, W. & WEYER, W., 1990. Die Gesellschaft als Labor. Risikotransformation und Risikokonstitution durch moderne Forschung. In Halfmann, J. & Japp, K. P. (eds.), Riskante Entscheidungen und Katastrophenpotentiale, pp. 89 - 122. Westdeutscher Verlag, Opladen.

LEWONTIN, R., 1992. The Dream of the Human Genom. New York Review of Books, 28. Mai.

LUHMANN, N., 1991. Soziologie des Risikos De Gruyter, Berlin.

MAYR, E., 1984. Die Entstehung der biologischen Gedankenwelt. Springer, Berlin, New York, Heidelberg.

Rheinberger, H.-J., 1992. Experiment - Differenz - Schrift. Basilisken, Marburg.

Rheinberger, H.-J., 1997. Toward a History of Epistemic Things. Standford University Press, Stanford.

Webster, G. & Goodwin, B., 1996. Form and Transformation. Cambridge University Press, Cambridge.

Wright, S., 1969- 1972. Evolution and the Genetics of Populations (4 Vols). University of Chicago Press, Chicago.

Bits

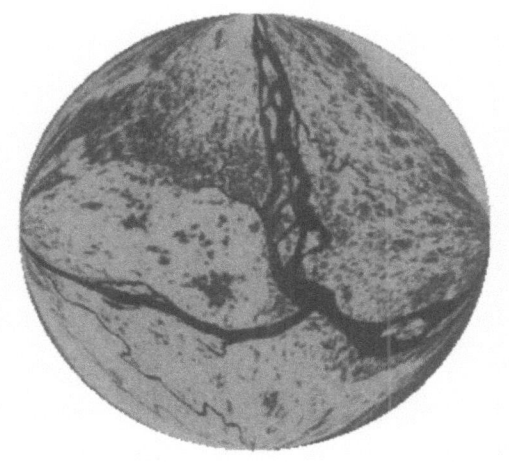

Objektorientierung als Modellierungsoption: Neue Möglichkeiten für den ökologischen Erkenntnisprozess

Hauke Reuter
Zentrum für Umweltforschung und Umwelttechnologie (UFT)
Abt. Allgemeine und Theoretische Ökologie
Universität Bremen, Leobener Str, 28357 Bremen
hauke.reuter@uni-bremen.de

Abstract

Individual based models, which employ object oriented programming methods, have become undispensable tools in theoretical ecology during the last decade. They enhance the representation of ecological processes such als behaviour, feedback processes between different organisatonal levels and interactions between individual organisms. This contribution gives a short overview on the background and the historical development of individual based models in ecology. The most outstanding features of this approach are introduced using three model examples which cover a wide range of faunistic topics such as community (foodweb) interaction, dispersal processes and social interaction in groups. The examples illustrate the adaptability to different environmental situations, the flexibility of the program structure (components and their relationship) during simulation, and the possibilty to investigate causal networks as the result of basic rules as well as emerging properties on higher organisational levels.

Keywords: object oriented programming, individual based model, cross level interaction processes, rodent cycles, dispersal processes, ground arthropods, fish school, selforganisation, model adaptation

Schlüsselworte: objektorientierte Programmierung, individuenbasierte Modelle, ebenenübergreifende Wechselwirkungen, Kleinsäugerzyklen, Ausbreitungsprozesse, Bodenarthropoden, Fischschwärme, Selbstorganisation, Modelladaptation

1 Einleitung

In der ökologischen Modellierung hat in den letzten 10 Jahren ein Paradigmenwechsel stattgefunden. Eine Vielzahl von neuen Methoden wurde entwickelt und etabliert. Hierzu gehören u.a. auf Geographischen Informationssystemen basierende Ansätze z. B. Habitateignungsmodelle, wissensbasierte Methoden (Expertensysteme), neuronale Netze, Fuzzy Logik, zelluläre Automaten und individuenbasierte Modelle. Informationstechnische Grundlage dieser Ansätze ist in vielen

Fällen die objektorientierte Repräsentation der zugrundeliegenden biologischen Informationen.

Mit dem Einsatz dieser Methoden werden die Möglichkeiten zur Darstellung und Analyse von ökologischen Prozessen erheblich erweitert. Dies bezieht sich u.a. auf die Repräsentation von räumlichen Prozessen, auf Wechselwirkungen über die traditionellen Organisationsebenen hinweg und auf die Auflösung von aggregierten Gesamtheiten (bzw. durchschnittlichen Einheiten) in differenziert darzustellende Entitäten und Prozesse.

In diesem Beitrag wird der Schwerpunkt der Betrachtung auf die individuenbasierte Modellierung (IBM) gelegt, deren Abbildungskraft ohne die enge Verbindung mit objektorientierten Methoden erheblich an Präzision verlieren würde. Anhand von konkreten Modellbeispielen werden bisher wenig berücksichtigte Aspekte der Anwendung der objektorientierten Programmierung (OOP) im Kontext zentraler ökologischer Problemfelder dargelegt. Vorgestellt werden über spezifische Modellanwendungen hinausgehende allgemeine Prinzipien zu den Einsatzmöglichkeiten und den Grenzen der individuenbasierten Modellierung.

Die Situation in der Ökologie

Hintergrund für die Entwicklung individuenbasierter Modelle waren die Schwierigkeiten vieler ÖkologInnen mit den bis weit in die 80er Jahre fast ausschließlich benutzten gleichungsorientierten Modellen (LOMNICKI, 1988). Die Unzufriedenheit wurde auf der fehlenden Abbildungskraft dieser Modelle begründet, die wesentliche Prozesse nicht integrieren konnten und führte zu einem schwer zu überbrückenden Nebeneinander von TheoretikerInnen und EmpirikerInnen. Die damalige Haltung vieler BiologInnen zur ökologischen Modellierung fasste DEN BOER (1981) zusammen, wenn er schrieb dass es einer langen Suche bedarf, um natürliche Bedingungen zu finden, die mit den favorisierten theoretischen Darstellungen in mathematischen Modellen übereinstimmen. Dieser von ihm konstatierte Widerspruch basiert zum Teil auf der Nichtberücksichtigung von räumlichen Prozessen, die als Quelle von Heterogenität und zufälligen Abweichungen betrachtet wurden und somit die Abstraktion behindern, da sie im Gegensatz zum Paradigma der gleichmäßigen Durchmischung standen (O'NEILL, 2000), welches in gleichungsorientierten Modellen implizit ist. Disziplinen wie die Landschaftsökologie oder die 'Conservation Biology' entstanden und verdeutlichten die Wichtigkeit von Raumanordnung und räumlichen Interaktionen. Eine weitere konzeptionelle Entwicklung, die eine Erweiterung von Modellierungsmöglichkeiten nahe legt, ist die Analyse von skalenrelevanten und skalenübergreifenden Prozessen in der Hierachitätstheorie (ALLEN & STARR, 1982; O'NEILL ET AL., 1986; WIEGLEB, 1996; HÖLKER & BRECKLING, in Press).

Viele Anforderungen, die sich aus der empirischen Ökologie ergeben, insbesondere die Darstellung von komplexen Interaktionen u.a. zwischen einzelnen Organismen sowie von Variabilitäten und Heterogenitäten, konnten somit lange nicht erfüllt werden.

Entwicklungen in der Informationstechnologie

Im gleichen Zeitraum, in dem sich die skizzierten Entwicklungen in der Ökologie vollzogen, fanden in der Informationstechnologie Entwicklungen statt, die auf das Potenzial der ökologischen Modellierung erheblichen Einfluss hatten.

Neben der zunehmenden Verfügbarkeit von Rechnerleistung über einzelne Großrechner hinaus, war die entscheidende Neuerung die Objektorientierung, die mit der neuen Programmiersprache SIMULA (DAHL ET AL., 1968) in die Informatik eingeführt wurde. Die bis zu diesem Zeitpunkt übliche prozedurale Programmierung mit ihrer *sequenziellen* Programmabfolge, der Möglichkeit zur Schleifenbildung und von Unterprogrammen, ist unübersichtlich und beschränkt in der Abbildung von flexiblen Strukturen und deren Beziehungen. Mit der objektorientierten Programmierung erfolgte die Einführung von neuen Elementen. Wesentliche neue Struktur ist die **Klasse** als stark abgegrenzter Programmblock, der gleichzeitig Daten (Variablen) und die Methoden (Anweisungen) enthält, wie diese Daten zu verändern sind. Von diesen Klassen können während der Programmausführung Kopien (**Objekte**) angelegt werden, die sich in den Werten der Variablen unterscheiden. Diese Objekte können gleichzeitig im Speicher existieren, wodurch eine Programmausführung mit *quasi-parallelen* Prozessen möglich wird. Mit diesen Entwicklungen sind grundlegende Voraussetzungen geschaffen, welche sich für die Weiterentwicklung des Methodeninventars der theoretischen Ökologie als wesentlich erwiesen haben.

Objektorientierung und individuenbasierte Modelle

Bei individuenbasierten Modellen liegt der Schwerpunkt der Beschreibung auf dem einzelnen unitaren Organismus bzw. auf vergleichbaren fundamentalen Einheiten wie z.B. Modulen bei modularen Organismen. Dargestellt sind die für die jeweilige Fragestellung relevanten Eigenschaften und Verhaltensmuster dieser basalen Einheiten und ihre Beziehung zu der ebenfalls in relevanten Ausschnitten repräsentierten Umwelt. Vorherrschende Form ist die Implementierung dieser Modelle als objektorientierte Programme.

Durch die objektorientierte Darstellung ist eine enge Verbindung zu Bereichen des Artificial Life gegeben (KAWATA & TOQUENAGA, 1994). Die simulierten Entitäten lassen sich als autonom agierende Agenten auffassen, deren Aktionen als Resultat des eigenen Zustands und der vorgefundenen Umwelt entstehen. Es erfolgt keine Spezifikation höherer Integrationsebenen durch die ProgrammiererIn. Die Eigenschaften höherer Ebenen entstehen selbstorganisiert als emergente Eigenschaften der Charakteristika der Entitäten auf der Definitionsebene (HOGEWEG, 1988).

Individuenbasierte Modelle bekamen in den letzten 10 Jahren eine zunehmende Bedeutung in verschiedensten Bereichen der Ökologie (DEANGELIS & GROSS, 1992; JUDSON, 1994), die sich in einer steigenden Anzahl der entwickelten Modelle niederschlägt (GRIMM, 1999). Die Themen der ersten publizierten Modelle spiegeln hierbei ein weites Spektrum an Fragestellungen wieder, die erstmals mit dem neuen Ansatz aufgegriffen werden konnten. Hierzu gehören u.a. Untersuchungen am Schwarmverhalten von Vögeln (THOMPSON ET AL., 1974), das Territorialverhalten von Libellen, die Populationsentwicklung von Rädertierchen (KAISER, 1975, 1979) und die Interaktionsstruktur bei sozialen Insekten (HOGEWEG & HESPER, 1983, 1985).

Mit diesem Beitrag wird an Hand mehrerer Beispiele aufgezeigt, dass die Möglichkeiten der individuenbasierten Modellierung über die in den umfangreichen Reviews und Zusammenfassungen von

HUSTON ET AL. (1988); DEANGELIS & GROSS (1992); JUDSON (1994); GRIMM (1999); BRECKLING (2002) aufgelisteten Bereiche hinausgehen. Beispiele sind Nahrungsnetzinteraktionen, Ausbreitung und Metapopulationsdynamik und im Bereich der theoretischen Analyse von skalenübergreifenden Wechselwirkungen, die Selbstorganisation von Fischschwärmen.

2 Interaktionen in Nahrungsnetzen

Die Modellierung von trophischen Interaktionen in Nahrungsnetzen ist schon lange Gegenstand der theoretischen Ökologie. Betrachtete Fragestellungen waren vielfach konzeptioneller Art z.B. bei den Untersuchungen zur Konstanz der Beziehungen bzw. die Stabilität von Nahrungsnetzen (u.a. MAY, 1972; PIMM, 1980, 1984). Bei der Darstellung mit gleichungsorientierten Ansätzen fehlten jedoch zahlreiche Aspekte, wodurch die Übertragbarkeit auf reale Nahrungsnetze problematisch ist (POLIS, 1991). Kritikpunkte waren vor allem das Nichtberücksichtigen von omnivorem Verhalten (Nahrungsinteraktionen über mehrere trophische Ebenen hinweg), zeitliche und räumliche Variabilität der Umwelt (HOLT, 1996), physikalische Rückzugsmöglichkeiten, Größenstrukturen und die Fähigkeit von Pflanzen sich der Komsumption zumindest zeitweise zu entziehen, indem sie z.B. Bitterstoffe produzieren (HAUKIOJA, 1980; OKSANEN ET AL., 1987).

Die Modellierung von Kleinsäugerzyklen
Eine ähnliche Situation ist bei der Untersuchung von nordskandinavischen Kleinsäugerzyklen gegeben, deren kausale Ursachen inzwischen fast ausschließlich in trophischen Interaktionen vermutet wird (KORPIMÄKI & KREBS, 1996; STENSETH, 1999; TURCHIN & BATZLI, 2001). Eine Darstellung mit gleichungsbasierten Modellen, vor allem des Lotka-Volterra-Typs (u.a. HANSKI ET AL., 1993; TURCHIN & HANSKI, 1997), kann nur einen begrenzten Ausschnitt der Hypothesen darstellen und somit nur zu einer entsprechend begrenzten Kausalitätsanalyse beitragen.

Die Ursachen der oszillierenden Kleinsäugerpopulationen sind schon seit 75 Jahren (ELTON, 1927) Gegenstand einer sehr kontrovers geführten Debatte in der Ökologie (KREBS & MYERS, 1974; FINERTY, 1980) die bis heute andauert (NORRDAHL, 1995; KORPIMÄKI & KREBS, 1996; BATZLI, 1996; STENSETH, 1999; TKADLEC & STENSETH, 2001). Auffällig sind die regelmäßige Oszillationen mit typischem Muster z.B. in Bezug auf die Dauer von 3 bis 5 Jahren und die Form eines allmählichen Anstiegs mit einem rapiden Zusammenbruch der Populationen nach Erreichen des Maximums. Typisch sind weiterhin Populationsspannen vom bis zum fünfhundertfachen zwischen Minimum und Maximum und vor allem die parallele Dynamik in weiten Teilen der Biozönose z.B bei Nahrungspflanzen und Prädatoren.

In den letzten Jahren konzentrierte sich die Diskussion im Wesentlichen auf Nahrungsnetzbeziehungen als Ursache der Oszillationen (HENTTONEN ET AL., 1987; HANSKI & KORPIMÄKI, 1995; HANSSON, 1999; OKSANEN ET AL., 1999). Die in den 50er und 60er Jahren häufig vertretenen Hypothesen biotisch intrinsicher Ursachen, d.h. Änderungen in der Populationsstruktur oder in der Konstitution

Objektorientierung als Modellierungsoption

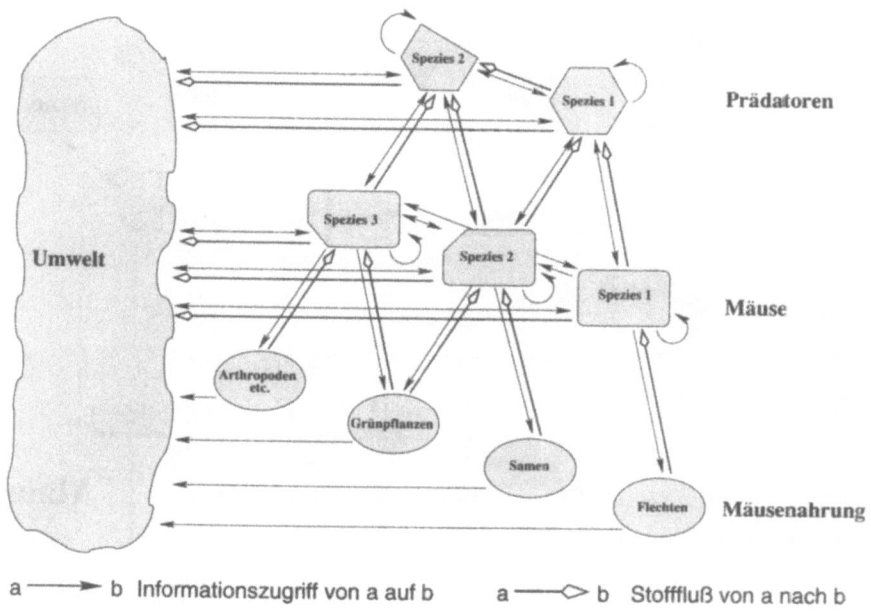

Abb. 1: Übersicht der im Modell SMaCoM dargestellten Komponenten und deren Beziehungen. Die Interaktionen zwischen den trophischen Ebenen und den einzelnen Arten ergeben sich aus den jeweiligen Spezifikationen.

von einzelnen Individuen (z.B. CHITTY, 1967), werden nur noch von wenigen vertreten (z.B. BOONSTRA, 1994).
Mit dem hier vorgestelltem individuenbasierten Modell (Small Mammals Community Model, **SMaCoM**) können die meisten der als relevant diskutierten Hypothesen zu den Populationszyklen integriert und im Modellkontext auf ihre Plausibilität überprüft werden (**Abb. 1**). Zentraler Ansatzpunkt des Modells ist der Lebenszyklus der Mäuse und ihrer Prädatoren und deren trophische Interaktionen. Die einzelnen Mäuse und Prädatoren sind als autonom agierende Agenten repräsentiert, d.h. die Auswahl der auszuführenden Aktionen aus dem Verhaltensrepertoire und die damit verbundenen Veränderungen der Zustandsvariablen sind eine Reaktion auf den inneren

Zustande und die Situation der Umwelt bzw. die Interaktionen mit anderen Objekten. Das Verhaltensrepertoire umfasst als zentrale Prozeduren die Nahrungsaufnahme, die Ortsveränderung und die Reproduktion (**Abb. 2**). Die Umwelt ist in Form einer Rasterkarte abgebildet, deren wesentlichen Merkmale die Habitattypen sind. Diese sind nicht nur für die Ortswahl der Mäuse und Prädatoren entscheidend, sondern bestimmen auch die Menge und den saisonalen Wachstumsverlauf der Mäusenahrung. Diese Nahrungsmenge wird lokal für jedes einzelne Rasterfeld berechnet, wobei eine direkte Rückkopplung zwischen Menge, Wachstumsverlauf und der Entnahme durch die Mäuse besteht.

Die zeitliche Auflösung des Modells ist abhängig von den auszuführenden Pro-

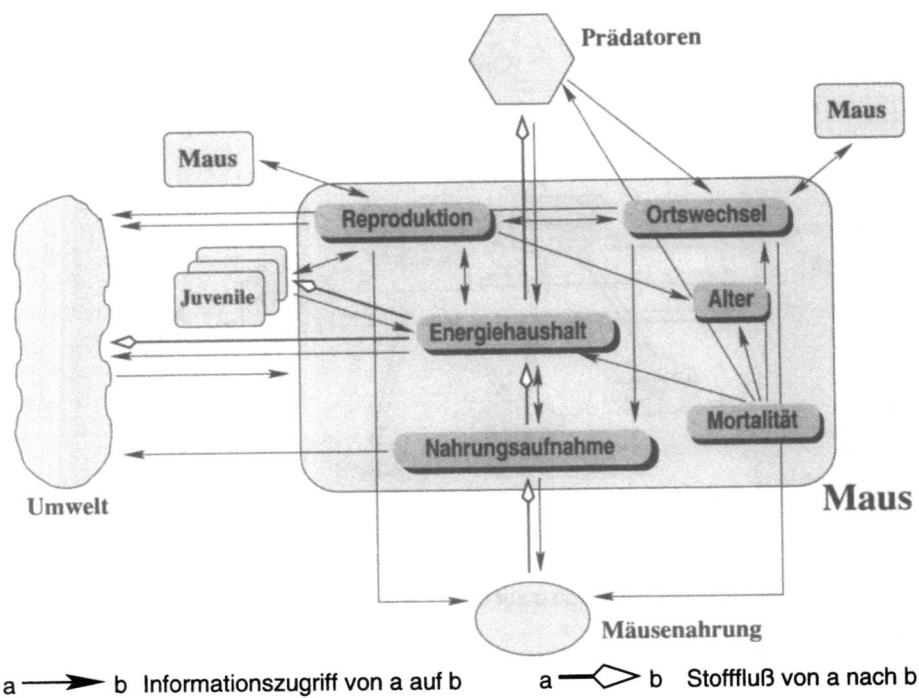

a ──▶ b Informationszugriff von a auf b   a ──◇ b Stofffluß von a nach b

Abb. 2: Übersicht über ein Maus-Objekt. Die Auswahl der jeweiligen Aktionen und die daraus resultierenden Zustandsänderungen sind von Interaktionen mit anderen Individuen und lokalen Umweltinformationen abhängig.

zessen und bewegt sich im Bereich von einigen Stunden (Prädatoren) bis hin zu mehreren Tagen (z.B. Mäuse im Winter). Die Repräsentation der Zoozönose ist flexibel an verschiedene Umweltsituationen und Artenzusammensetzungen adaptierbar. Die Interaktionen zwischen den einzelnen Arten der gleichen Trophiestufe und die Beziehungen zwischen den Trophieebenen sind Eigenschaften der simulierten Arten und werden über deren Parameter spezifiziert. Eine umfassende Beschreibung des Modellaufbaus und der simulierten Szenarien ist in REUTER (2001) zu finden.

Die im folgenden dargestellten Ergebnisse beziehen sich auf Simulationsszenarien, die der Situation im mittleren Skandinavien angepasst sind. Alle Simulationen finden auf einer künstlichen Rasterkarte mit einer Auflösung von 30 x 30 Metern und einer Größe von 1.44 km^2 statt. Die drei Habitattypen (Wald, Acker und Grasland) entsprechen jeweils ca. einem Drittel der Landschaft. Die Artenzusammensetzung besteht aus zwei Mausarten mit unterschiedlichen Habitat- und Nahrungsansprüchen und Territorialverhalten (*Clethrionomys glareolus* und *Microtus agrestis*) sowie dem Mauswiesel (*Mustela nivalis nivalis*) als ganzjährig vorhandenem Spezialisten und der Waldohreule (*Asio otis*) als nur im Sommer präsentem Prädator.

Simulationsergebnisse

Die Simulationen mit dem beschriebenen Szenario zeigen, dass das Modell die Dynamik der trophischen Komponenten, die interne Struktur der Populationen sowie das Verhalten und die Entwicklung der einzelnen Organismen korrekt repräsentiert (REUTER, 2001). Plausible Ergebnisse werden auch in Hinblick auf Variationen des Szenarios z.B. bei den Reproduktionsraten, dem Nahrungsangebot und der Zusammensetzung der Prädatorengemeinschaft erreicht.

Die Kausalitäten, welche den Zusammenbruch der Mäusepopulation bedingen, sind eines der umstrittensten Themen in der derzeitigen Diskussion (BATZLI, 1996; TURCHIN ET AL., 2000; TURCHIN & HANSKI, 2001).

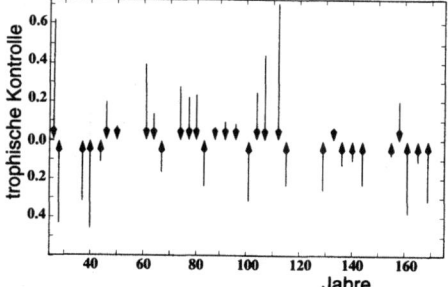

Abb. 3: Top-down und bottom-up Kontrolle der Mäuse wechselt in unvorhersehbarer Weise zwischen den einzelnen Zyklen. Die Intensität der Kontrolle ist als Differenz der Anteile von Prädation und Nahrungsmangel an den Mortalitäten dargestellt.

Eine Analyse der Modelldynamik zwischen dem Populationsmaximum und dem darauffolgenden Minimum bestätigt die in der Diskussion vorherrschende Auffassung (z.B. HANSKI ET AL., 2001), dass trophische Interaktionen als wesentlich für den Zusammenbruch anzusehen sind. Veränderungen in der Struktur der Mäusepopulationen, z.B. in der Alterszusammensetzung, sind zwar aufzufinden, tragen jedoch nur zu einem sehr geringem Ausmaß zur Mortalität bei. Nahrungsmangel und Prädation verursachen in den Simulationen ca 90% der Todesfälle. Eine Analyse der einzelnen Zyklen zeigt allerdings, dass die Relation zwischen den beiden Mortalitätsursachen sehr unterschiedlich sein kann und die relative Stärke beider Faktoren und damit die trophische Kontrolle in unvorhersehbarerweise wechselt (**Abb. 3**).

Es kann keine Abhängigkeit zwischen der Ursache des Zusammenbruchs und den Mausabundanzen, der Relation zu den Prädatoren oder der Zeitspanne zwischen deren beiden Peaks gefunden werden. Vermutlich haben die räumlichen Initialbedingungen eines jeden Zyklus einen erheblichen Einfluss auf die Relation zwischen den Trophieebenen. Zu Beginn eines Zyklus sind nur wenige Individuen vorhanden und so kann deren zufällige räumliche Konfiguration über komplexe Rückkopplungsprozesse determinieren, welcher Faktor den Zusammenbruch herbeiführt.

Sollten die Simulationsergebnisse auf reale Populationen übertragbar sein, liefern sie eine Erklärung für den langen und kontroversen Diskurs. Unterschiedliche Resultate aus ähnlichen (z.B. bezüglich des Artenspektrums, der Umweltbedingungen) empirischen Untersuchungen sind somit zwangsläufig. Die Ergebnisse stehen hierbei im Widerspruch zu den vorherrschenden Ansichten, das die trophische Kontrolle zwischen aufeinanderfolgenden Trophiestufen alterniert (u.a. OKSANEN ET AL., 1981). Somit zeigen die Simulationsergebnisse für den speziellen Fall der Mäusezyklen ein Ergebnis, dass in mehrfacher Hinsicht über die bisherigen theoretischen Lehrmeinungen hinausgeht und die Ergebnisse unterschiedlicher empirischer Untersuchungen erklären kann.

3 Ausbreitung und Dispersion bei Arthropoden

Die Ausbreitung von Organismen in einer Landschaft ist ein komplexer Prozess, der nicht nur von der Landschaft und dem Vermögen eines Organismus sich fortzubewegen abhängt. Vor allem wenn Dispersionsprozesse über längere Zeiträume betrachtet werden, müssen die biologischen Eigenschaften, im Wesentlichen der gesamte Lebenszyklus, einbezogen werden, da enge Rückkkopplungsbeziehungen mit der lokalen Populationsentwicklung bestehen.

Eine zunehmende Fragmentierung und Verkleinerung von Habitaten durch Verkehrswege, Siedlungen und Industrie führt zu einer aktuellen Relevanz dieses Themas, da die Überlebensfähigkeit von Populationen hierdurch beinträchtigt werden kann (z.B. GRUTTKE, 1997). Stochastische Schwankungen führen bei kleineren Populationen viel eher zu einer Extinktion (DONALSON & NISBET, 1999). Bei einer in viele kleine Habitate zerteilten Landschaft hängt es entscheidend von der Wiederbesiedlungsrate der einzelnen Habitate ab, ob eine Art über längere Zeiträume in einer Landschaft überleben kann. Diese Situation wird u.a. mit der Metapopulationstheorie beschrieben (HANSKI & GILPIN, 1997). Allerdings gibt es in diesem Kontext kaum Modelle, welche Dispersionsprozesse in ausreichender Genauigkeit (z.B. unter Einbeziehung von Laufmuster, Habitatansprüchen und Verhalten) abbilden, sowie Aspekte des Lebenszyklus mit einbeziehen, um zu mehr als konzeptionellen Aussagen zu kommen (HALLE, 1996; WIENS, 1997).

Bei flügellosen Laufkäfern ist dies offensichtlich: bei dieser Gruppe können Dispersionsprozesse, wenn kein passiver Transport erfolgt, sehr langsam sein und sind stark von den Habitatansprüchen und der Verhaltensreaktion auf Habitatgrenzen abhängig. Diese Situation wurde in einem indviduenbasierten Modell repräsentiert (REUTER, 2001). Das Faunen-Austauschmodell (**FAust**) bildet das Laufmuster eines bodenlebenden Arthropoden in Abhängigkeit von unterschiedlichen Umwelteinflüssen und dem relevanten Teil des Lebenszyklus ab, um langfristige Ausbreitungsprozesse zu analysieren (**Abb. 4**).

Die Darstellung der Modell-Umwelt umfasst Klimadaten sowie eine Rasterkarte, welche in hoher Auflösung (wenige Meter) Informationen über die Habitattypen enthält. Weitere Eigenschaften, welche das Laufverhalten beeinflussen, können z.B. Lichtdurchlässigkeit der Vegetation (Orientierung) und Dichte der Streuschicht (Geschwindigkeit) sein. Das Laufmuster wird im Wesentlichen durch die Länge eines Schrittes sowie die Abweichung der Richtung dieses Schrittes von der ursprünglichen Richtung gekennzeichnet. Diese Spezifikation erfolgt ebenso habitatabhängig wie das Reproduktionsverhalten und die Überlebenswahrscheinlichkeiten sowie Angaben zum Verhalten an der Grenze zwischen zwei Habitaten.

Die Parametrisierung des Modells erfolgte für die beiden Carabiden-Arten *Abax parallelepipedus* (Piller und Mitter-

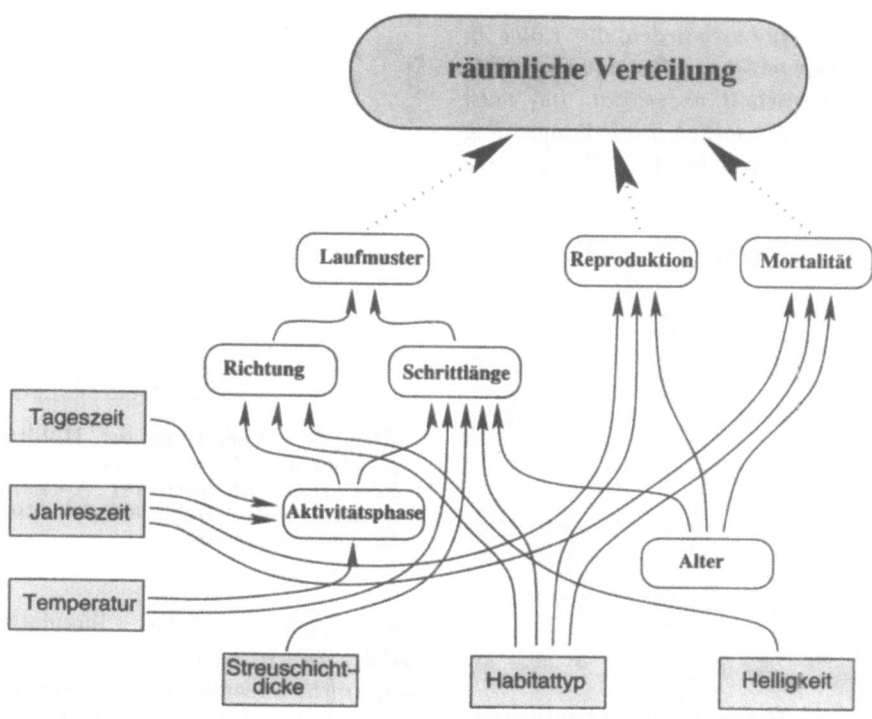

Abb. 4: Schema des Bodenarthropodenmodels FAust. Die modellierte Ausbreitung ist das Resultat der organismischen Eigenschaften und der Einflüsse der Umwelt.

pacher 1783)[1] und *Carabus hortensis* (L. 1758), zwei flügellose Laufkäfer mit unterschiedlichem Laufverhalten und Habitatansprüchen. *A. parallelepipedus* ist stenök an Wälder bzw. Hecken gebunden, während *C. hortensis* zwar ebenfalls zur Reproduktion auf Wälder angewiesen ist, andere Habitate jedoch viel häufiger durchquert. Die Laufstrecken für *C. hortensis* sind gradliniger und die einzelnen Abschnitte länger.

Die Spezifizierung und Validierung erfolgte an Hand von Fallendaten (HINGST PERS. COM.; IRMLER ET AL., subm.) aus dem Ökosystemforschungsprojekt Bornhöveder Seenkette und Literaturdaten vor allem aus telemetrischen Studien (LOREAU & NOLF, 1993; CHARRIER ET AL., 1997; BUTTERWECK, 1998). Da für *C. hortensis* nur wenig Daten aus empirischen Untersuchungen verfügbar waren, wurde die Parametrisierung qualitativ in Relation zu *A. parallelepipedus* vorgenommen.

Simulationsergebnisse

Neben verschiedenen Szenarien u.a. zu Untersuchung der Konnektivitätswirkung von Trittsteinbiotopen und Linienelementen (REUTER, 2001) wurden die Auswirkung von Bedeckungsgrad und Größe einzelner Habitatcluster auf das Überleben und den Besiedlungserfolg un-

---
[1] auch als *Abax ater* bezeichnet

tersucht. Hierzu wurden die Käfer in einem Startgebiet am Rand einer künstlichen Landschaft ausgesetzt und nach 50 simulierten Jahren Besiedlungserfolg und Abundanzen in dem Gesamtareal überprüft.

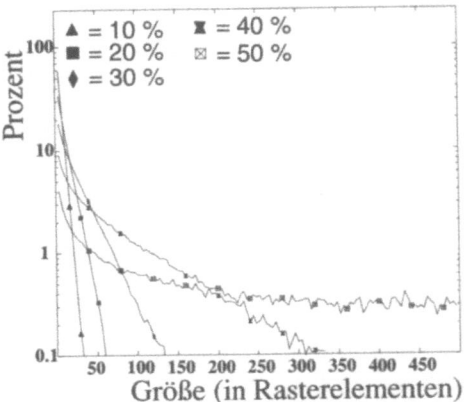

Abb. 6: : Verteilung der Habitatpatchgrößen in den verschiedenen Szenarien mit mittlerer Ausgangsclustergröße bei verschiedenen Bedeckungsgraden.

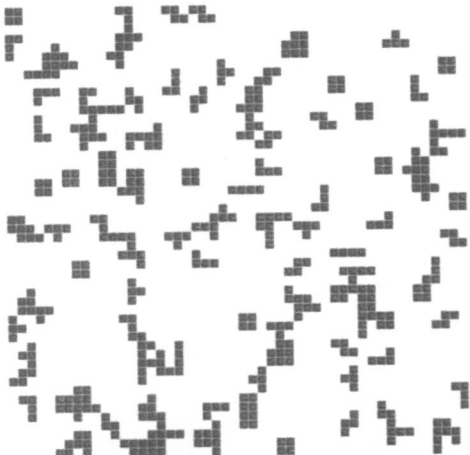

Abb. 5: Beispiel einer künstlichen Landschaft (Bedeckung 20 %, mittlere Clustergröße)

Die Landschaften wurden mit einem Algorithmus erzeugt, der Cluster der spezifizierten Größe zufällig auf einem Areal verteilt, bis der gewünschte Bedeckungsgrad erreicht ist. Die entstehenden Cluster sind von einer eher länglichen Struktur, da neue Quadrate zwar zufällig an jeder Grenze eines bestehenden Clusters angelegt werden können, der Ausgangspunkt des Auswahlverfahrens jedoch das davor angelagerte Quadrat ist. Hieraus resultieren artifizielle Landschaften (**Abb. 5**) mit typischen Verteilungen von zusammenhängenden Clustern und damit unterschiedlichen Entfernungen, welche die Käfer zu überwinden haben, um die gesamte Fläche zu besiedeln (**Abb. 6**). Alle Simulationen wurden zehnfach wiederholt.

Die Ergebnisse der Simulationen (**Abb. 7a+b**) verdeutlichen die insgesamt nicht-linearen Abhängigkeiten des Ausbreitungserfolges von Clustergröße und Bedeckungsgrad. Viele Kombinationen sind für das Überleben der Arten nicht geeignet. Die hohe Dispersionsbereitschaft von *C. hortensis* verringert dessen Überlebensfähigkeit vor allem auf kleinen Clustergrößen und bei geringem Bedeckungsgrad.

Die Unterschiede im Ausbreitungsverhalten der beiden Arten sind deutlich: *A. parallelepipedus* überlebt relativ unabhängig von der Habitatgröße, und die Dispersion folgt im Wesentlichen einer linearen Beziehung zu der Dichte und Konnektivität der Habitate, wobei bei niedrigen Bedeckungsgraden relative Optima bei mittleren Clustern erkennbar sind. Bei *Carabus hortensis* hingegen ist ein Schwellenwert erkennbar (abhängig von Größe und Entfernung der Habitate (**Abb. 7b**), von dem ab diese Art auf den Habitaten überlebt und dispergiert. Neben dem eigentlichen Laufmuster ist das Verhalten an Habitatgrenzen für die Unterschiede verantwortlich, die somit in die Ausbreitungsanalysen mit einbezogen werden müssen.

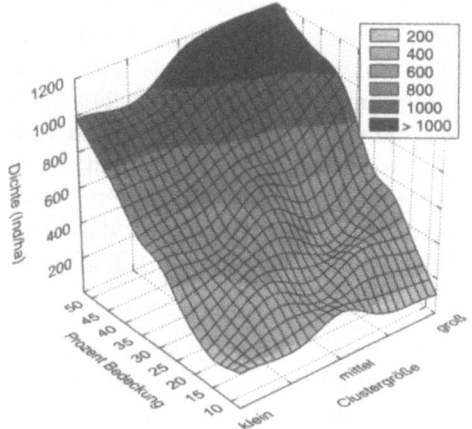

Abb. 7a: *Abax parallelepipedus*: **Durchschnittliche Dichte nach 50 simulierten Jahren.**

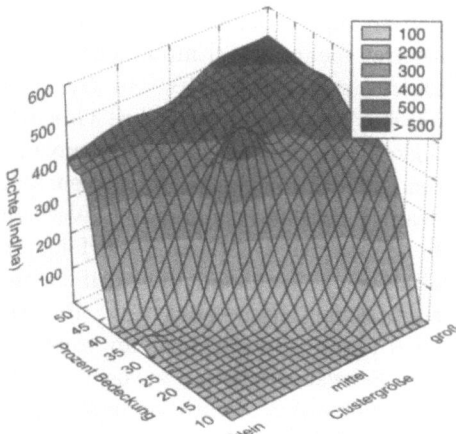

Abb. 7b: *Carabus hortensis*: **Durchschnittliche Dichte nach 50 simulierten Jahren. Die hohe Bereitschaft zur Dispersion wirkt sich erst bei hohen Bedeckungsgraden bzw. großen Clustern aus.**

Im Gegensatz zu Modellen, die auf Differentialgleichungen bzw. partiellen Differentialgleichungssystemen beruhen (z.B. OKUBO, 1986) lassen sich mit dem individuenbasierten Ansatz auf sehr einfache Weise Heterogenitäten des Raums und individuelle Eigenschaften in Verbindung mit Reaktionen auf räumliche Gegebenheiten kombinieren um Dispersionen und Überleben in fragmentierten Landschaften zu repräsentieren und zu analysieren.

4 Selbstorganisation und emergente Eigenschaften bei Fischschwärmen

Das Verhältnis zwischen und Interaktionen über Organisationsebenen hinweg ist in traditionellen gleichungsorientierten Modellen nur unter großem Aufwand darstellbar (BRECKLING, 1990). Ebenenübergreifende Wechselwirkungen sind jedoch wesentlich für das Funktionieren ökologischer Systeme. Dies betrifft u.a. das Zustandekommen von Entitäten mit neuen (emergenten) Eigenschaften.

Fischschwärme sind hierfür ein sowohl im empirischen als auch im theoretischen Bereich viel untersuchtes Beispiel. Zahlreiche Fischarten formieren sich zu kohärenten Schwärmen, bei denen die Richtung und die Geschwindigkeit der einzelnen Individuen an die ihrer Nachbarn angepasst ist (u.a. RADAKOV, 1973; PARTRIDGE ET AL., 1980; AOKI ET AL., 1986). Vorteile des Schwarmverhaltens liegen u.a. in einem verbessertem Abwehrverhalten gegenüber Prädatoren (PARTRIDGE, 1982; MAGURRAN & PITCHER, 1983; MAGURRAN, 1990), der Fähigkeit Gradienten zu folgen (MCFARLAND & MOSS, 1967; KILS, 1986) und einem erhöhten Erfolg bei der Nahrungssuche (PITCHER ET AL., 1982; RANTA & KAITALA, 1991).

Das Verhalten der einzelnen Fische sowie die Vorteile von Schwärmen sind jedoch in vielen Einzelheiten nicht vollständig verstanden. Da es mit traditionellen Methoden sehr schwierig ist, ein komplexes Verhalten zu analysieren und zu synthetisieren, sind verschiedene Computermodelle eingesetzt worden, um diverse Hypothesen zu evaluieren (z.B. AOKI, 1982; HUTH & WISSEL, 1992, 1994; ROMEY, 1996; STÖCKER, 1999).

Das im Folgenden beschriebene Simulationsmodell basiert auf Abstraktionen des biologischen Hintergrundes, wie er in empirischen Untersuchungen (u.a. von KÖHLER, 1979; PARTRIDGE & PITCHER, 1980; PARTRIDGE, 1981; AOKI ET AL., 1986) beschrieben wird. Im Modell wird das Schwimmverhalten bestimmt durch die Geschwindigkeit und die Richtung der Nachbarfische, wobei das Resultat um einen kleinen stochastischen Betrag ergänzt wird. Die für alle Fische identischen Verhaltensmuster sind nach AOKI (1982):

- Nichtbeachtung, wenn der Abstand zwischen den Fischen zu groß ist

- Anziehung, wenn der Abstand groß ist

- Paralleles Ausrichten, wenn der Abstand den Präferenzen entspricht

- Abstoßung, wenn sich die Individuen zu nahe kommen.

Der Übergang zwischen den einzelnen Verhaltensweisen wird graduell dargestellt, wobei der Einfluss der Nachbarfische innerhalb der Sichtweite in Relation zu seiner Entfernung gewichtet wird. Eine vollstände Modellbeschreibung ist in REUTER & BRECKLING (1994) zu finden. Der Vergleich der Simulationsergebnisse zeigt eine enge Übereinstimmung mit empirischen Beobachtungen. Dies wurde anhand verschiedener Maßzahlen überprüft, z.B. kohärente Ausrichtung, Ausdehnung des Schwarms und Entfernung zum jeweils nächsten Nachbarn, wobei die gewichtete Berücksichtigung der Nachbarfische auch die Formation von größeren Schwärmen oder deren Wiedervereinigung nach einer Spaltung ermöglicht (BRECKLING ET AL., 1997; REUTER, 2001).

Mit diesem Modell kann nun das Schwarmverhalten in heterogenen Umgebungen untersucht werden. Hierzu erfolgte eine Erweiterung des Verhaltensrepertoires um zwei alternativ auszuführende Verhaltensweisen: Die Modell-Fische reagieren mit ihrem Schwimmverhalten auf die lokale Umgebung in der sie sich befinden. Empfinden sie diese als für sie positiv (z.B. bei Nahrungspatches), reduzieren sie ihre Geschwindigkeit bzw. setzen das Schwarmverhalten zum Teil aus und vollführen stattdessen Zufallsbewegungen. Verlassen sie die positive Umgebung, erfolgt eine allmähliche Beschleunigung über mehrere Stufen (BRECKLING & REUTER, 1996), bzw. sie kehren zum vollständigem Schwarmverhalten zurück. Als Basis für eine sich zeitlich verändernde, heterogene Umgebung diente ein zellulärer Automat, dessen Zellen Nahrungspatches repräsentieren, die sich allmählich über das Simulationsareal ausbreiten. Der zelluläre Automat wurde so eingestellt, dass ca. 25 Prozent der Zellen zu den variablen Clustern gehören, welche die positive Umgebung repräsentieren. Die Ergebnisse zeigen das Potenzial des Schwarms, als neue Einheit den über das Areal wandernden Nahrungspatches zu folgen (**Abb. 8**). Diese Eigenschaft besitzen Einzelfische nicht. Wird die Relation zwischen der Aufenthaltsdauer auf Nahrungspatches und dem Bedeckungsgrad untersucht, lässt sich der Vorteil eines Schwarms abhängig von der vorgegebenen Verhaltensweise quantifzieren (**Abb. 9**). Die Zunahme der relativen Aufenthaltsdauer liegt zwischen 50 % (Geschwindigkeitsreduktion **Abb. 9a**) und 400 % (Zufallsbewegung **Abb. 9b**).

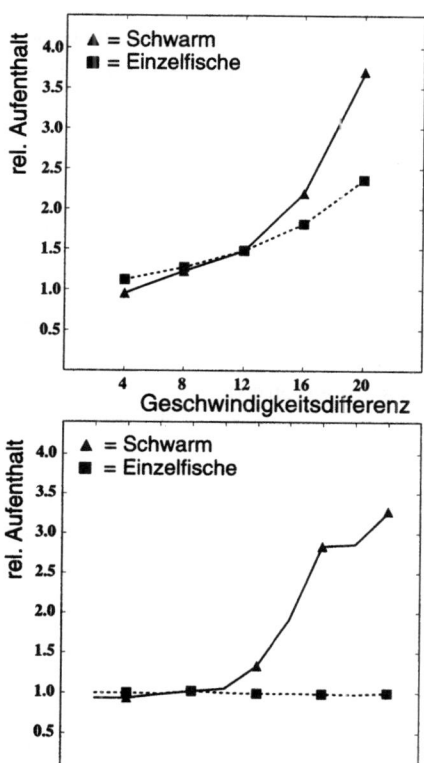

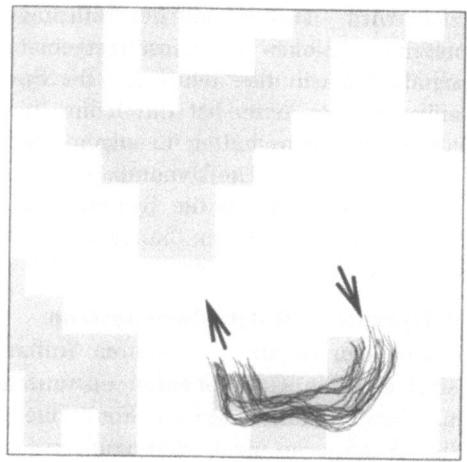

Abb. 8: Die Spuren eines Schwarms in einer heterogenen Umgebung. Der Schwarm lenkt auf die Nahrungspatches (grau unterlegt) ein, da die langsamen Fische als Drehpunkt fungieren

Abb. 9 Quantifizierung des Schwarmvorteils in Abhängigkeit des Verhaltens auf den Nahrungspatches. Die Aufenthaltsdauer wurde in Beziehung zum Anteil der Nahrungspatches gesetzt.
a) Die Reduktion der Geschwindigkeit führt zu einer bis zu 50% höheren Aufenthaltsdauer auf den Nahrungspatches.
b) Zufallsbewegungen auf Nahrungspatches führen zu einer erheblich höheren Zunahme der Aufenthaltsdauer. Allerdings löst sich der Schwarm ab einem Anteil von 60% Zufallsbewegung zeitweise auf.

Der Schwarm als relativ einfaches Beispiel einer selbstorganisierten übergeordnete Ganzheit wird somit in seiner Entstehung und in seinen Eigenschaften durch die Art dieser Repräsentation beschreibbar. Dies umfasst sowohl die Bedingungen seiner Existenz in verschiedenen Konstellationen der Umwelt als auch seine Eigenschaften und Zustände als Resultat der Interaktionen und Eigenschaften der konstituierenden Einheiten.

5 Zusammenfassung

Die aufgeführten Beispiele illustrieren die Möglichkeiten von individuenbasierten Modellen, zahlreiche Bereiche ökologischer Prozesse darzustellen. Komplexe Wechselbeziehungen und Rückkopplungsprozesse können als Resultat der zugrundeliegenden Interaktionen und Strukturen einer kausalen Analyse zugeführt werden. HUSTON ET AL. (1988); DEANGELIS & GROSS (1992); JUDSON (1994); SCHMITZ (2000); BRECKLING (2002) und andere nennen wesentliche Eigenschaften individuenbasierter Modelle, die das Repertoire der ökologischen Modellbildung erweitern. Hierzu gehören u.a.

- die implizite und einfache Einbeziehung räumlicher Informationen und Heterogenität.

- die Möglichkeit parallel Prozesse auf verschiedenen Organisationsebenen darzustellen. Somit können ebenenübergreifende Wechselwirkungen dargestellt und analysiert werden.

- dass biologische Informationen, Interaktionen und Beziehungen fast beliebig differenziert und dem empirischen Erkenntnisstand angepasst werden können.

Über diese Aspekte hinaus tragen weitere Eigenschaften zur breiten Einsetzbarkeit, zum Erfolg von objektorientierten Modellen sowie zum qualitativ Neuen dieser Modelle bei.

Selbstorganisierte und flexible Interaktionsstruktur
Die Modellstruktur, d.h. die Anzahl und die Interaktionsbeziehungen der Komponentenm passt sich während der Simulation den simulierten Prozessen an. Beispielsweise bestehen in allen drei Modellen zwischen räumlich benachbarten Individuen Wechselwirkungen, die mit der Zusammensetzung der Nachbarschaft dynamisch variieren.

Verschiebung der Systemdeterminanten
Es erfolgt eine Verschiebung der Einflüsse auf das Systemverhalten von der alleinigen Konfiguration über Parameter hin zu den qualitativen Beschreibungen der Beziehungen der Systemkomponenten. D.h. die Komponenten und deren potentielle Interaktionen werden systembestimmend während die Parametersensitivität reduziert wird. Das Modell der Nahrungsnetzinteraktionen in Kleinsäugergemeinschaften macht dies deutlich. Die Spezifikation der Arten ist durch ihre biologischen Eigenschaften in engem Rahmen vorgegeben. Die Dynamik wird hier weitestgehend durch die Systemzusammensetzung (z.B. Arten, Landschaft, Saisonalität) bestimmt (REUTER, 2001)

Adaptierbarkeit der Modellsysteme
Durch den rekursiv modularen Aufbau sind einzelne Komponenten austauschbar bzw. rekombinierbar. Somit bleibt das System an neue Bedingungen anpassbar (MEYER, 1988). Dies betrifft die Ebene des Gesamtmodellsystems (Artenzusammensetzung, Landschaft, Klimadaten etc.) ebenso wie die Subindividuumsebene, bei der z.B. die Komponenten, die das Verhalten oder die physiologischen Prozesse determinieren, einfach ergänzt bzw. ausgewechselt werden können.

Die skizzierten Eigenschaften individuenbasierter Modelle sind das Resultat der Anwendung von objektorientierten Methoden bzw. werden durch sie erheblich unterstützt bzw. erst ermöglicht. Sie erlauben die Integration von Prozessen aus allen Teilbereichen der Ökologie von der Physiologie über die Ethologie bis zur

Landschaftsebene als Bausteine von komplexen interagierenden Netzwerken.

An Hand der skizierten Entwicklung der letzten zwanzig Jahre und der Modellbeispiele konnte gezeigt werden, dass dieser Prozess der Entwicklung des Methodenrepertoires inzwischen weitestgehend abgeschlossen ist und die Anwendungsmöglichkeiten vor allem in der Kombination mit anderen Modellierungsmethoden immens vielfältig sind.

References

ALLEN, T. F. H. & STARR, T. B., 1982. Hierarchy - Perspectives for ecological complexity. Chicago University Press, New York.

AOKI, I., 1982. A simulation study on the schooling mechanism in fish. *Bulletin of the Japanese Society of Scientific Fisheries* 48:1081 – 1088.

AOKI, I., INAGAKI, T. & LONG VAN, L., 1986. Measurement of the three-dimensional structure of free swimming pelagic fish schools in a natural environment. *Bulletin of the Japanese Society of Scientific Fisheries* 52:2069 – 2078.

BATZLI, G. O., 1996. Population cycles revisited (Grand Forks, North Dakota, USA, June 1996). *Trends in Ecology and Evolution* 11(12):488–489.

BOONSTRA, R., 1994. Population cycles in microtines: the senescene hypothesis. *Evolutionary Ecology* 8:196 – 219.

BRECKLING, B., 1990. Singularität und Reproduzierbarkeit in der Modellierung ökologischer Systeme. Dissertation, Universität Bremen.

BRECKLING, B., 2002. Individual based modelling: potentials and limitations. *TheScientificWorldJournal* 2:1044 – 1062.

BRECKLING, B. & REUTER, H., 1996. The use of individual based models to study the interaction of different levels of organization in ecological systems. *Senckenbergiana Maritima* 27(3-6):195–205.

BRECKLING, B., REUTER, H. & MIDDELHOFF, U., 1997. An object oriented modelling strategy to depict activity pattern of organisms in heterogeneous environments. *Environmental Modelling and Assessment* 2:95 – 104.

BUTTERWECK, M. D., 1998. Metapopulationsstudien an Waldlaufkäfern (Coleoptera: Carabidae) Einfluß von Korridoren und Trittsteinbiotopen. Wissenschaft und Technik Verlag, Berlin.

CHARRIER, S., PETIT, S. & BUREL, F., 1997. Movements of *Abax parallelepipedus* (Coleoptera, Carabidae) in woody habitats of a hedgerow network landscape: A radiotracing study. *Agriculture Ecosystems & Environment* 61(2-3):133–144.

CHITTY, D., 1967. The natural selection of self-regulatory behavior in animal populations. *Proc. Ecol. Soc. Austr.* 2:51 – 78.

DAHL, O. J., MYRHAUG, B. & NYGAARD, K., 1968. SIMULA, Comon base language. Norwegian Computer Centre, Oslo.

DEANGELIS, D. L. & GROSS, L., 1992. Individual-based Models and Approaches in Ecology: Populations, Communities and Ecosystems. Chapman & Hall, New York.

DEN BOER, P. J., 1981. On the survival of populations in a heterogenous and variable environment. *Oecologia* 50:39 – 53.

DONALSON, D. D. & NISBET, R. M. A., 1999. Population dynamics and spatial scale: Effects of system size on population persistence. *Ecology* 80(8):2492–2507.

ELTON, C., 1927. Animal Ecology. Sidgwick & Jackson Ltd (reprint 1966, Methuen & Co. Ltd, London).

FINERTY, J. P., 1980. The Population Ecology of Cycles in Small Mammals. Yale University Press, New Haven, London.

GRIMM, V., 1999. Ten years of individual-based modelling in ecology: What have we learned and what could we learn in the future. *Ecological Modelling* 115(2-3):129–148.

GRUTTKE, H., 1997. Impact of landscape changes on the ground beetle fauna Carabidae of an agricultural countryside. In Canters, K., Piepers, A. & Hendriks-Heersma, D. (eds.), *Proceedings of the international conference 'Habitat structure, infrastructure and the role of ecological engineering'*, pp. 149 – 159.

HALLE, S., 1996. Metapopulationen und Naturschutz - eine Übersicht. *Zeitschrift für Ökologie und Naturschutz* 5:141 – 150.

HANSKI, I. & GILPIN, M. E. (eds.), 1997. *Metapopulation biology: Ecology, Genetics, and Evolution.* Academic Press, London, San Diego.

HANSKI, I., HENTTONEN, H., KORPIMAKI, E., OKSANEN, L. & TURCHIN, P., 2001. Small-rodent dynamics and predation. *Ecology Washington D C* 82(6):1505–1520.

HANSKI, I. & KORPIMÄKI, E., 1995. Microtine rodent dynamics in northern Europe: Parameterized models for the predator-prey interaction. *Ecology* 76(3):840–850.

HANSKI, I., TURCHIN, P., KORPIMÄKI, E. & HENTTONEN, H., 1993. Population oscillations of boreal rodents: Regulation by mustelid predators leads to chaos. *Nature* 364(6434):232–235.

HANSSON, L., 1999. Intraspecific variation in dynamics: Small rodents between food and predation in changing landscapes. *Oikos* 86(1):159–169.

HAUKIOJA, E., 1980. On the role of plant defences in the fluctuation of herbivore populations. *Oikos* 35:202 – 213.

HENTTONEN, H., OKSANEN, T., JORTIKKA, A. & HAUKISALMI, V., 1987. How much do weasel shape microtine cycles in the northern Fennoscandian taiga. *Oikos* 50:353 – 365.

HOGEWEG, P., 1988. MIRROR beyond MIRROR, puddles of LIFE. In Langton, C. G. (ed.), *Artificial Life*, pp. 297 – 316.

HOGEWEG, P. & HESPER, H., 1983. The ontogeny of the interaction structure in bumble bee colonies: A mirror model. *Behavioral Ecology and Sociobiology* 12:271 – 183.

HOGEWEG, P. & HESPER, H., 1985. Socioinformatic processes: MIRROR modelling methodology. *Journal of Theoretical Biology* 113:311 – 330.

HOLT, R. D., 1996. Temporal and spatial aspects of food web structure and dynamics. In Polis, G. A., & Winemiller, K. O. (eds.), *Food webs: Integration of Patterns & Dynamics*, pp. 255 – 257. Chapman & Hall, New York [u.a.].

HUSTON, M., DEANGELIS, D. L. & POST, W., 1988. New computer models unify ecological theory. *BioScience* 38:682 – 691.

HUTH, A. & WISSEL, C., 1992. The simulation of the movement of fish schools. *Journal of Theoretical Biology* 156:365 – 385.

HUTH, A. & WISSEL, C., 1994. The simulation of fish schools in comparision with experimental data. *Ecological Modelling* 75/76:135 – 146.

HÖLKER, F. & BRECKLING, B., in Press. Concepts of scales, hierarchies and emergent properties in ecological models. In Hölker, F. (ed.), *Theorie in der Ökologie*, pp. 7 – 27. Peter Lang Verlang, Frankfurt.

IRMLER, U., NELLEN, W., PFEIFFER, H.-W., HÖLKER, F. & REUTER, H., subm. Biocoenotical interactions between different ecotopes. In Fränzle, L., Kappen, H. P., Blume, H. & Roweck (eds.), *Ecosystem Organisation in a Diverse Landscape: Results from the Bornhöved Project.* Springer.

JUDSON, O. P., 1994. The rise of the individual-based model in ecology. *Trends in Ecology and Evolution* 9:9 – 14.

KAISER, H., 1975. Populationsdynamik und Eigenschaften einzelner Individuen. *Verhandlungen der Gesellschaft für Ökologie* 4:25 – 38.

KAISER, H., 1979. The dynamics of populations as the result of the properties of individual animals. *Fortschritte der Zoologie* 25(102 - 136).

KAWATA, M. & TOQUENAGA, Y., 1994. From artificial individuals to global patterns. *Trends in Ecology and Evolution* 9:417–421.

KILS, U., 1986. Verhaltensphysiologische Untersuchung an pelagischen Schwärmen. Schwarmbildung als Strategie zur Orientierung in Umweltgradienten. Bedeutung der Schwarmbildung in der Aquakultur. *Habilitationsschrift, Universität Kiel* .

KÖHLER, D., 1979. Zur Struktur und Funktion des Fischschwarmes. *Biologische Rundschau* 17:24 – 34.

KORPIMÄKI, E. & KREBS, C. J., 1996. Predation and population cycles of small mammals. *Bioscience* 46(10):754–764.

KREBS, C. J. & MYERS, J. H., 1974. Populations cycles in small mammals. *Advances in Ecological Research* 8:267 – 399.

LOMNICKI, A., 1988. The place of modelling in ecology. *Oikos* 52:139 – 142.

LOREAU, M. & NOLF, C. L., 1993. Occupation of space by the carabid beetle *Abax ater*. *Acta Oecologica* 14(2):247–258.

MAGURRAN, A. E., 1990. The adaptive significance of schooling as an anti-predator defence in fish. *Annales Zoologici Fennici* 27:51 – 66.

MAGURRAN, A. E. & PITCHER, T. J., 1983. Foraging, timidity and shoal size in minnows and goldfish. *Behavioral Ecology and Sociobiology* 12:147 – 152.

MAY, R. M., 1972. Will large complex systems be stable? *Nature* 238:413 – 414.

MCFARLAND, W. N. & MOSS, S. A., 1967. Internal behavior in fish schools. *Science* 156:260 – 262.

MEYER, B., 1988. Object-oriented Software Construction. Prentice Hall, New York [u.a.].

NORRDAHL, K., 1995. Population cycles in northern small mammals. *Biological Revue* 70:621 – 637.

OKSANEN, L., FRETWELL, S. D., ARRUDA, J. & NIEMELA, P., 1981. Exploitation ecosystems in gradients of primary production. *American Naturalist* 118:240 – 261.

OKSANEN, L., OKSANEN, T., UKKARI, A. & SIRÉN, S., 1987. The role of phenol-based inducible defense in the interaction between tundra populations of the vole *Chlethrionomys rufocanus* and the dwarf shrub *Vaccinum myrtillus*. *Oikos* 50:371 – 380.

OKSANEN, T., SCHNEIDER, M., RAMMUL, U., HAMBACK, P. & AUNAPUU, M., 1999. Population fluctuations of voles in North Fennoscandian tundra: Contrasting dynamics in adjacent areas with different habitat composition. *Oikos* 86(3):463–478.

OKUBO, A., 1986. Dynamical aspects of animal grouping, swarms, schools, flocks and herds. *Advances in Biophysics* 22:1 – 94.

O'NEILL, R., DEANGELIS, D. L., WAIDE, J. B. & ALLEN, T. F. H., 1986. A Hierachical Concept of Ecosystems. Princeton University Press, Princeton.

O'NEILL, R. V., 2000. II. 9. Ecosystems on the Landscape: The Role of Space in Ecosystem Theory. In Joergensen, S. E. & Müller, F. (eds.), *Handbook of Ecosystem Theories and Management*, pp. 447 – 463. Lewis Publishers, Boca Raton, London.

PARTRIDGE, B. L., 1981. Internal dynamics and the interrelation of fish in schools. *Journal of Comparative Physiology* 144:313 – 325.

PARTRIDGE, B. L., 1982. Wie Fische zusammenhalten. *Spektrum der Wissenschaft* pp. 64 – 74.

PARTRIDGE, B. L. & PITCHER, T. J., 1980. The sensory basis of fish schools: Relative roles lateral line and vision. *Journal of Comparative Physiology* 135:315 – 325.

PARTRIDGE, B. L., PITCHER, T. J., CULLEN, J. M. & WILSON, J., 1980. The three-dimensional structure of fish schools. *Behavioral Ecology and Sociobiology* 6:277 – 288.

PIMM, S. L., 1980. Bounds on food web connectance. *Nature* 285:591.

PIMM, S. L., 1984. The complexity and stability of ecosystems. *Nature* 307:321 – 326.

PITCHER, T. J., MAGURRAN, A. E. & WINFIELD, I. J., 1982. Fish in larger shoals find food faster. *Behavioral Ecology and Sociobiology* 10:149 – 151.

POLIS, G. A., 1991. Complex trophic interactions in deserts: An empirical critique of food web theory. *American Naturalist* 138:123 – 155.

RADAKOV, D., 1973. Schooling in the Ecology of Fish. Halsted Press, New York.

RANTA, E. & KAITALA, V., 1991. School size affects individual Feeding Success in Three-Spined Sticklebacks (*Gasterosteus aculeatus* L.). *Journal of Fish Biology* 39:733 – 737.

REUTER, H., 2001. Individuum und Umwelt: Rückkopplungsbeziehungen und Wechselwirkungen in individuenbasierten tierökologischen Modellen. P. Lang Verlag, Frankfurt.

REUTER, H. & BRECKLING, B., 1994. Selforganization of fish schools: An object-oriented model. *Ecological Modelling* 74-75:147–159.

ROMEY, W. L., 1996. Individual differences make a difference in the trajectories of simulated schools of fish. *Ecological Modelling* 92(1):65–77.

SCHMITZ, O. J., 2000. Combining field experiments and individual-based modeling to identify the dynamically relevant organizational scale in a field system. *Oikos* 89(3):471–484.

STENSETH, N. C., 1999. Population cycles in voles and lemmings: Density dependence and phase dependence in a stochastic world. *Oikos* 87(5):427–461.

STÖCKER, S., 1999. Models for tuna school formation. *Mathematical Biosciences* 156(1-2):167–190.

THOMPSON, W. A., VERTINSKY, I. & KREBS, J. R., 1974. The survival value of flocking in birds: A simulation model. *Journal of Animal Ecology* 43:785–820.

TKADLEC, E. & STENSETH, N. C., 2001. A new geographical gradient in vole population dynamics. *Proceedings of the Royal Society of London Series B Biological Sciences* 268(1476):1547–1552.

TURCHIN, P. & BATZLI, G. O., 2001. Availability of food and the population dynamics of arvicoline rodents. *Ecology Washington D C* 82(6):1521–1534.

TURCHIN, P. & HANSKI, I., 1997. An empirically based model for latitudinal gradient in vole population dynamics. *American Naturalist* 149(5):842–874.

TURCHIN, P. & HANSKI, I., 2001. Contrasting alternative hypotheses about rodent cycles by translating them into parameterized models. *Ecology Letters* 4(3):267–276.

TURCHIN, P., OKSANEN, L., EKERHOLM, P., OKSANEN, T. & HENTTONEN, H., 2000. Are lemmings prey or predators? *Nature London* 405(6786):562–565.

WIEGLEB, G., 1996. Konzepte der Hierarchie-Theorie in der Ökologie. In Mathes, K., Breckling, B. & Ekschmitt, K. (eds.), *Zur Entwicklung und aktuellen Bedeutung der Systemtheorie in der Ökologie*, pp. 7–24. ecomed, Landsberg.

WIENS, J. A., 1997. Metapopulation dynamics and landscape ecology. In Hanski, I. & Gilpin, M. E. (eds.), *Metapopulation Biology: Ecology, Genetics, and Evolution*, pp. 43–62. Academic Press, London, San Diego.

GfÖ Arbeitskreis Theorie in der Ökologie 2003: Gene, Bits und Ökosysteme (Hrsg: H. Reuter, B. Breckling, & A. Mittwollen), P. Lang Verlag Frankfurt/M; 121-136

Aufbau eines Entscheidungsunterstützungssystems für das Küstenzonenmanagement: Konzeption und Entwicklung eines DSS aus küsten-ökologischer Sicht

Dietmar Kraft
Universität Bremen
Institut für Ökologie und Evolutionsbiologie (IFOE),
Abteilung Aquatische Ökologie, 28334 Bremen
email: dietmar.kraft@uni-bremen.de

Abstract

A short outline on the development of a 'Decision Support System' from the view of an ecological project is given. At first, structure and aims of the research project are described. The interdisciplinary cooperative project aims at providing orientation and action-taking know-how for the societal future task 'risk management in coastal protection under climate change conditions'. Then, the methodical procedure is presented. The project is going to analyze the consequences of an accelerated sea-level rise and intensified extreme incidents (formulated as climate scenarios for the year 2050) and of adaptation options for the natural and the social structures within the coastal region based on the examination of 8 representative coastal situations within the Weser-Jade-Region. Modern coastal protection management schemes will be developed based on the results. Additionally, the development of a decision support system (DSS) for the coastal protection management as a methodological instrument for the integrative analysis and, as an outcome of the project, as a tool for the public discourse on the handling of climate change impacts is described.

Keywords: climate change, risk management, coastal protection management, sea-level rise, scenario techniques, decision support systems, North Sea Coast, public communication

Schlüsselworte: Klimawandel, Risikomanagement, Küstenschutzmanagement, Meeresspiegelanstieg, Szenariotechnik, Entscheidungsunterstützungssysteme, Nordseeküste, öffentliche Kommunikation

1 Einleitung

1.1 Problemstellung

Küstenzonen zeichnen sich durch reichhaltig strukturierte Ökosysteme aus. Sie dienen einer komplexen Biozönose als Lebensraum und stellen mit ihren vielfältig nutzbaren natürlichen Ressourcen wichtige Siedlungsräume für den Menschen dar. Die unterschiedlichen Nutzungsansprüche des Menschen, die landwirtschaftliche Nutzung der ertragreichen Marschböden, die Besiedlung der hohen Marsch wie der Urlaub auf dem Deich, die seenahen Häfen und die aufwendigen Konstruktionen des Küstenschutzes, sie alle stehen dabei in ummittelbarer Konkurrenz zu den Anforderungen von Flora und Fauna an ihren Lebensraum. Die Auswirkungen des globalen Klimawandels können in Zukunft wichtige Lebens- und Siedlungsräume auch und vor allem an der Küste gefährden (HOUGHTEN & ET AL., 2001; MCCARTHY & ET AL., 2001). Durch rapide Veränderung der Umweltbedingungen werden vorhandene Nutzungskonflikte noch verstärken und die möglichen Auswirkungen eines Versagens der Küstenschutzsysteme stellen für die dort lebenden Menschen ein deutliches Risiko dar. Die spezielle Situation von Küstenzonen und die komplexen Auswirkungen der Klimaänderung stellen hohe Anforderungen an ein zielgerichtetes Risikomanagement. Einerseits muss komplexes Fachwissen einzelner Disziplinen zur gemeinsamen Abschätzung von möglichen Auswirkungen eines Klimawandels und den damit verbundenen Risiken zusammengeführt werden. Auf der anderen Seite sind Aussagen über das Ausmaß des Klimawandels, insbesondere die für Küstenregionen besonders ausschlaggebenden Faktoren wie Meeresspiegelanstieg und Veränderungen der Intensität und Häufigkeit von sturmfluterzeugenden Stürmen immer noch mit großen Unsicherheiten behaftet (HOUGHTEN & ET AL., 2001; MCCARTHY & ET AL., 2001). Außerdem wirkt sich die Wahrnehmung des Klimawandels durch die Öffentlichkeit und durch Entscheidungsträger direkt wie indirekt auf den Umgang mit Risiken aus. Es ist daher unerlässlich sich aus Sicht verschiedener wissenschaftlicher Disziplinen der Fragestellung nach einem präventiven Risikomanagement für eine Küstenregion zu nähern. Es muss ein Instrumentarium entwickelt werden, das der Verknüpfung von verteiltem und multidisziplinärem Expertenwissen dient, dabei die Möglichkeit eröffnet mit den vorhandenen Unsicherheiten umzugehen und letztendlich die gewonnenen Erkenntnisse Entscheidungsträgern wie auch einer breiten Öffentlichkeit zugänglich macht.

1.2 KRIM

In dem interdisziplinären Verbundvorhaben 'Klimawandel und präventives Risiko- und Küstenschutzmanagement an der deutschen Nordseeküste' KRIM[1] beschäftigen sich Forscher aus unterschiedlichen Disziplinen in sieben Teilprojekten mit den möglichen Auswirkungen von Klimaveränderungen auf die Küstenregion zwischen Jade und Weser (**Abb. 1**). Eine große Rolle spielen dabei sowohl die natürlichen, physikalisch und ökologisch Gegebenheiten der Landschaft wie auch die ökonomischen Bedingungen innerhalb derer die Nutzung durch den Menschen erfolgt. Es ist die Frage zu

---

[1] www.krim.uni-bremen.de

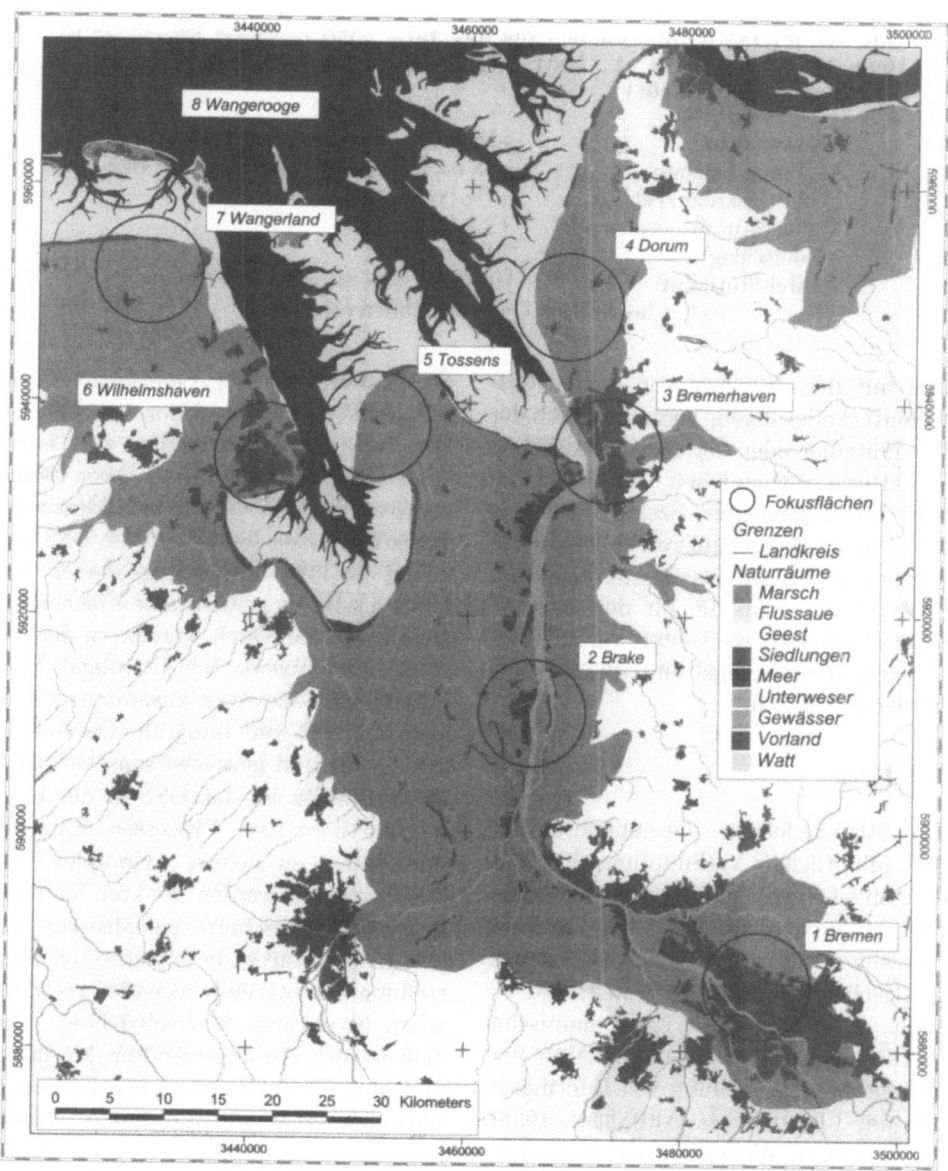

Abb. 1: Das Untersuchungsgebiet

untersuchen, welche gesellschaftlichen Interpretationsmuster und Entscheidungsvorgänge die Wechselwirkungen zwischen Naturraum, Gesellschaft und Küstenschutz beeinflussen und welche Möglichkeiten für eine Entscheidungsfindung daraus abzuleiten sind. Zeithorizont der Untersuchung ist das Jahr 2050.

Tab. 1: KRIM-Klimaszenario für das Jahr 2050 (ergänzt Storch et al., 1998; Houghten & et al., 2001; McCarthy & et al., 2001; Schirmer & Schuchardt, 2001, 136f)

Meeresspiegel:	+55 cm
Mittlerer Tidehub:	+25 cm (THW +10 cm; TNW -15 cm)
Wind (Dez/Jan/Feb)*:	+7% (verstärkt aus NW bis N)
Temperatur atmosphärisch*:	+2.8 °C
Niederschlag*:	+10%
Anatol-Sturmflut:	HHTHW +55 cm +10 cm +200 cm

(* = liegen nach Quartalen differenziert vor)

Den mit der Prognose von zukünftigen Klimaveränderungen, Veränderungen der Landnutzung oder der gesellschaftlichen Strukturen verbundenen Unsicherheiten wird mit festgelegten Szenarien begegnet. Für das Forschungsvorhaben KRIM wurde z.B. ein Klimaszenario formuliert (Tab. 1), in dem die für den Küstenschutz besonders relevanten Veränderungen von Meeresspiegel und Wind festgeschrieben wurden.

1.3 DSS

Zur Strukturierung, Zusammenführung und inhaltlichen Verknüpfung der Teilergebnisse wie auch zur gesamtheitlichen Darstellung wird von KRIM ein Entscheidungsunterstützungssystem (EUS), ein s. g. Decision Support System (DSS) erstellt. Das DSS stellt ein dynamisches Werkzeug zur Verarbeitung, Analyse und graphischen Darstellung von Informationen dar (TURBAN & ARONSON, 1998). Im DSS kann Wissen verschiedener Disziplinen zusammengeführt werden, welches inhaltlich über sich wechselseitig beeinflussende Prozesse in Beziehung steht (KOFALK ET AL., 2001). Die physikalischen Umweltbedingungen z.B. geben bei einer naturwissenschaftlichen Betrachtung die Rahmenbedingungen vor. Innerhalb dieser lassen sich sowohl Küstenschutzbauwerke wie auch Biotope als Bestandteile der Landschaft in ihrer Struktur und Funktion beschreiben. Die Nutzungsmöglichkeiten der Landschaft wiederum definieren ihren ökonomischen Wert, über den sich klassischer Weise das Risiko berechnet. Im DSS werden diese Informationen gebündelt und können z.B. als gemeinsame Flächennutzungskarte dargestellt werden, in der Küstenschutzbauwerke wie Grünland, Siedlungen wie Salzwiesen zusammengeführt sind. Durch die integrale Darstellung von natur- und geisteswissenschaftlichen Erkenntnissen ist das DSS in der Lage, bei partizipativen Prozessen Entscheidungshilfen zu liefern. Komplexe Zusammenhänge werden konkret für einen Landschaftsausschnitt visualisiert, bleiben jedoch durch die gleichzeitige Darstellung der zugrundeliegenden methodischen Strukturen nachvollziehbar. Zudem werden die angewandten Methoden und Modelle in einer internen Bibliothek dokumentiert und bleiben somit transparent.

Wesentlicher Bestandteil der wissenschaftlichen Erkenntnisfindung wie der Implementierung des DSS ist ein ständiger Dialog mit Fachleuten und mit potentiellen Nutzern des Systems ENGELEN (2002). Die Darstellung komplexer Zusammenhänge sowie der Dialog mit Öffentlichkeit und Entscheidungsträgern wird durch den offenen Aufbau und die umfangreichen Möglichkeiten der Darstellung in einem DSS deutlich unterstützt (WIERZBICKI ET AL., 2000; LUSTI, 2002).

1.4 Beteiligte Institutionen

KRIM ist eins der vier vom BMBF im Bereich 'Klimawirkungsforschung' des Deutschen Klimaforschungsprogramms DEKLIM geförderten Projekte. Dieser Bereich hat zum Ziel, vernetztes Orientierungs- und Handlungswissen über die Wirkung von Klimaänderungen bereitzustellen (www.deklim.de).

Koordination und Integration:
Dr. Michael Schirmer, Universität Bremen

Dr. Bastian Schuchardt, BioConsult, Bremen

Partner:
Universität Bremen, FB 2, Institut für Ökologie und Evolutionsbiologie, Abt. Aquatische Ökologie

Universität Bremen, Forschungszentrum Arbeit und Technik (artec)

Universität Bremen, FB 7, Lehrstuhl für Wirtschaftsstrukturforschung und Wirtschaftspolitik

Universität Hannover, Franzius-Institut für Wasserbau und Küsteningenieurwesen

Forschungszentrum Jülich, Programmgruppe Mensch, Umwelt, Technik

GKSS-Forschungszentrum Geesthacht, Institut für Gewässerphysik

BioConsult, Bremen

INFRAM, Marknesse und RIKS, Maastricht, Niederlande (DSS)

2 Untersuchungsgebiet

Das Untersuchungsgebiet (UG) erstreckt sich zwischen Weser und Jade über den Naturraum Unterwesermarsch und wird durch die Oldenburger und Zevener Geest abgegrenzt. Dem Festland vorgelagert ist die Insel Wangerooge. Das UG hat eine Ausdehnung von ca. 5.000 km^2 und eine Küstenlinie (einschließlich Wangerooge und Unterweser) von fast 300 km Länge. Die Landschaft der Marsch ist unter dem Einfluss der Gezeiten durch Sedimentation und Moorbildung entstanden (Kraft & Steinecke 1999). Weite Teile des UG liegen unter oder nur wenige Meter über dem Meeresspiegel und wären ohne Deiche großflächig dem unmittelbaren Einfluss von Meer und Gezeiten ausgesetzt, d. h. zweimal am Tag überflutet. Durch die im 16. Jh. verstärkt einsetzenden Deichbaumaßnahmen ist die Landschaft heute geteilt in das unter direktem Meereseinfluss stehende Vorland und das künstliche entwässerte und intensiv genutzte Binnenland. Zur standortabhängigen Analyse der unterschiedlichen Strukturen in der Landschaft wie auch in Wirtschaft und Gesellschaft wurden acht repräsentative Küstensituationen ausgewählt und detailliert untersucht (**Abb. 1**). In diesen 'Fokusflächen' finden teilprojektspezifisch Situationen wie städtische und ländliche Konstellationen, unterschiedliche Küstenschutzbauwerke und ökologische, administrative, küstenschutztechnische und ökonomische Schwerpunkte besondere Berücksichtigung.

3 Methodisches Vorgehen

Entsprechend der o. g. Aufgabenstellung ist eine Analyse der funktionalen Zusammenhänge zwischen den Auswirkungen des Klimawandels auf den Naturraum, der Perzeption und Kommunikation von möglichen bzw. tatsächlichen Klimaveränderung in der Gesellschaft einerseits sowie den Reaktionsmöglichkeiten des politisch-administrativen Systems andererseits Ziel des Projekts. Besondere Berücksichtigung finden dabei Anpassungsmaßnahmen durch die Instrumente des Küstenschutzes, wie z.B. Erhöhung von Deichen oder der Bau von Sperrwerken. Die Betrachtung dieser Wirkungszusammenhänge erfolgt in drei Analysefeldern, denen die einzelnen Teilprojekte (TP) im Verbundvorhaben KRIM zuzuordnen sind:

- Innerhalb des Analysefelds 'Naturraum' werden die natürlichen Rahmenbedingungen des UG charakterisiert. Durch die Abschätzung von Art und Umfang der hydrodynamischen und morphologischen Veränderungen (TP Hydro-/Morphodynamik) sowie durch die Bewertung der naturschutzfachlichen Bedeutung der Watten, Deichvorländer und Marschen werden die Auswirkungen ökologischer Veränderungen auf die Sicherheit der Küstenschutzsysteme (TP Küstenschutz) und die ökologischen Konsequenzen von Deichversagensszenarien (TP Ökologie) analysiert.

- Im Analysefeld 'Gesellschaft und Kommunikation' werden durch die Erforschung ökonomischer Auswirkungen eines Klimawandels und der Ermittlung eines ökonomischen Risikos durch die Monetarisierung ökonomischer und ökologischer Werte (TP Ökonomie, TP Küstenschutz, TP Ökologie), durch die Analyse gesellschaftlicher Interpretationsmuster des Klimawandels einschließlich der diesen zu Grunde liegenden kommunikativen Prozesse (TP Klimawandel und Öffentlichkeit) und durch den Vergleich der politisch-administrativen Prozesse im Umfeld des heutigen Küstenschutzes und der Entscheidungsstrukturen (TP politisch-administratives System PAS) gesellschaftlichen Zusammenhänge beschrieben.

- Im Analysefeld 'Küstenschutz' werden durch die Untersuchung des Verhaltens ausgewählter Küstenschutzsysteme und -instrumente unter Klimaänderungsbedingungen sowie die Entwicklung von Anpassungsmaßnahmen (TP Küstenschutz) die veränderten Anforderungen an den Küstenschutz formuliert.

Die Analysefelder und damit die einzelnen TPs untereinander sind über Schnittstellen verbunden, die dem Austausch von Daten und Informationen dienen. Die drei genannten Analysefelder werden schließlich im Arbeitsfeld 'Integrative Analyse' (TP Integrative Analyse) strukturiert und organisiert und die Ergebnisse der beteiligten Fachdisziplinen miteinander zu einem Ganzen verbunden. Wesentliches Ergebnis dieser Integration wird das vom TP Integrative Analyse geführte DSS sein (SCHUCHARDT & SCHIRMER, 2002).

3.1 Entwicklung des KRIM-DSS

Die Entwicklung eines DSS ist klassischer Weise in drei Phasen gegliedert (TURBAN & ARONSON, 1998). Das KRIM-Projekt befindet sich aktuell in der ersten Phase, der Definitionsphase, in der die inhaltlichen Anforderungen an das DSS formuliert werden. Das Ziel der zweiten, der Realisierungsphase, ist das funktionale und technische Design sowie die technische Implementierung des Systems. Die Anwendungsphase dient letztlich der Einführung, Anwendung und Wartung des Systems.

Die Zusammenführung des Wissens, der Daten und der Modelle der eingebundenen Fachdisziplinen stellt ein wichtiger Schritt zum Verständnis des Küstensystems dar. Das DSS enthält nicht nur umfangreiche Informationen über die physikalische, biologische und anthropogene Morphologie des Meeres, der Küstenlinie mit Deichen, Vorland und Inseln sowie des landseitigen Marschlandes. Innerhalb des DSS werden vielmehr die Funktionen dieser Strukturen nachgestellt und konkret in Zusammenhang gebracht. Küstenschutzbauwerke haben eine ökologische wie auch eine ökonomische Funktion, eine Salzwiese liefert einen funktionellen Beitrag zum Küstenschutz und zur Ökonomie der Landschaft. Die mathematische Beschreibung der Wechselwirkungen zwischen den einzelnen Prozessen ermöglicht die Entwicklung eines integralen Modells als Kern des DSS. Diese Anforderung regt die interdisziplinäre Forschung im Projekt deutlich an. Sie setzt voraus, dass Teilsysteme klar definiert und möglichst scharf abgegrenzt werden, dass aus abstrakten Wechselwirkungen konkrete Schnittstellen werden und dass Wissenslücken aufgedeckt werden. Damit ist schon die Entwicklung des DSS einen wichtigen Beitrag zum Verständnis des Systems.

Die komplexe Struktur der von den einzelnen Teilprojekten beschriebenen Prozesse und ihrer Wechselwirkungen führt zu einem analogen inneren Aufbau des DSS. Dabei gibt es zwei wesentliche gemeinsame Betrachtungsebenen: 1. die räumliche Ebene, auf der sich die Daten der verschiedenen Disziplinen auch ohne zwingenden inhaltlichen Bezug zu einander in Beziehung setzen lassen, und 2. die monetäre Bewertung, durch die eine quantitativer Vergleich von Werten angestrebt wird. Beispielhaft sei dies kurz erklärt: weiten Flächen der Marsch wird auf Grund des Landschaftsbildes eine hoher Bedeutung für die Erholung zugesprochen. Aussagen über die aus landwirtschaftlicher Sicht wertvollen Flächen leiten sich maßgeblich aus bodenkundlichen Parametern ab. Standorte mit hoher ökologischer Bedeutung haben ebenfalls einen anderen wertgebenden Bezug, in diesem Fall die Biotoptypen. Gemeinsam ist den Bewertungen ihr Flächenbezug. Für die verschiedenen Bewertungen lassen sich jedoch auch Monetarisierungen durchführen, d.h. es wird ermittelt welchem Geldwert entsprich ein bestimmter Boden (z.B. über das Ertragspotential oder den Handelswert), wie hoch ist die Zahlungsbereitschaft für den Erhalt einer Landschaft oder welche Ausgleichszahlungen sind beim Ersatz eines Biotops üblich. Auf solchen gemeinsamen Bezugsebenen werden die einzelnen Teilsysteme im KRIM-DSS zusammengeführt.

Die dynamische Struktur des DSS ermöglicht es, im direkten Austausch mit gemeinsamen Daten wie z.B. Szenarien zu arbeiten. Die heutigen Klimaszenarien z. B. unterliegen ständigen Veränderungen durch neue wissenschaftliche Erkenntnisse. Diese können in das DSS eingebracht werden und sind dann für alle Teilprojekte zugänglich. Für die spezifische Berücksichtigung einzelner Szenarien ist somit keine erneute Abstimmung zwischen den TPs nötig, da die Daten vom DSS vorgehalten werden. Hierdurch können die vorhandenen Daten von den

TP flexibler eingesetzt und spezifischen Fragestellung z. B. zur Sensitivität der Teilsysteme eigenständig bearbeitet werden.

Da es sich bei der Entwicklung eines DSS um einen iterativen Prozess handelt, sind in jeder dieser Phasen die Teilprojekte unmittelbar in die Entwicklung des DSS eingebunden (ENGELEN, 2002). Für die Akzeptanz des Systems beim Nutzer, in diesem Fall erst einmal die Wissenschaftler, zukünftig aber Entscheidungsträger und Öffentlichkeit, ist letztendlich entscheidend, dass die Zwischenergebnisse der einzelnen Entwicklungsphasen von allen Projektteilnehmern reflektiert werden können. Ein wesentlicher Teil der interdisziplinären Kommunikation in KRIM erfolgt in regelmäßigen projektinternen Workshops und Arbeitstreffen sowie, um die Rückkoppelungen mit Experten sicher zu stellen, auf Fachtagungen.

3.2 Struktur des KRIM-DSS

Die innere Struktur des KRIM-DSS setzt sich aus einer Hierarchie von Untersystemen zusammen, zu der ein 'Konzeptuelles Modell' erarbeitet wurde (BAKKENIST ET AL., 2002). Die oberste, zusammenführende Ebene stellt ein generelles Systemdiagramm mit drei Risikokonstrukten als spezifische Sichtweisen des Risikobegriffs dar, innerhalb derer die drei o. g. Wissenschaftsbereiche agieren WBGU, WISSENSCHAFTLICHER BEIRAT DER BUNDESREGIERUNG GLOBALE UMWELTVERÄNDERUNGEN (1998): Das 'Öffentliche Risiko Konstrukt' steht für die Mechanismen der Risikowahrnehmung des Klimawandels in der Öffentlichkeit (TP 'Klimawandel und Öffentlichkeit'). Das 'Politisch-Administrative Risiko Konstrukt' steht für das Politisch-administrative System und seinen Umgang mit dem Klimawandel (TP PAS). Das 'Wissenschaftliche Risiko Konstrukt' schließlich steht für die wissenschaftliche Interpretation der Risiken des Klimawandels (TP Ökologie, TP Ökonomie, TP Küstenschutz).

Innerhalb des 'Wissenschaftlichen Risiko Konstruktes' lassen sich, präzisiert durch projektinterne Diskussionen (BAKKENIST ET AL., 2002; ENGELEN, 2002), verschiedene methodisch relevante Strukturen darstellen, die sowohl den inneren Aufbau des DSS widerspiegeln, als auch die methodische Vorgehensweise der naturwissenschaftlich-ökonomischen TP (**Abb. 2**) darlegen:

a) Subsysteme

Im naturwissenschaftlichen Risikokonstrukt sind vier **Subsysteme** unterschieden. Die abiotischen Randbedingungen werden im physikalischen Subsystem beschrieben. Dieses beinhalten auch die Charakterisierung der Küstenschutzsysteme. Die biotischen bzw. antropogenen Komponenten werden innerhalb der ökologischen, sozialen und ökonomischen Subsysteme dargestellt. Die vom physikalischen Subsystem errechneten Eintritts- bzw. Versagenswahrscheinlichkeiten wiederum ergeben, multipliziert mit den quantifizierten Auswirkungen ('Schäden') aus den übrigen Systemen, das 'klassische' Risiko.

b) Szenarien:

In Form von **Szenarien** werden solche Rahmenbedingungen (sowohl für den Status quo wie auch für den Zeithorizont 2050) berücksichtigt, die innerhalb von KRIM inhaltlich nicht exakt festgelegt oder detailliert bearbeitet werden können. Neben den Klimaszenarien, die aus den aktuellen Ergebnissen des IPCC zusammengestellt wurden (siehe **Tabelle**

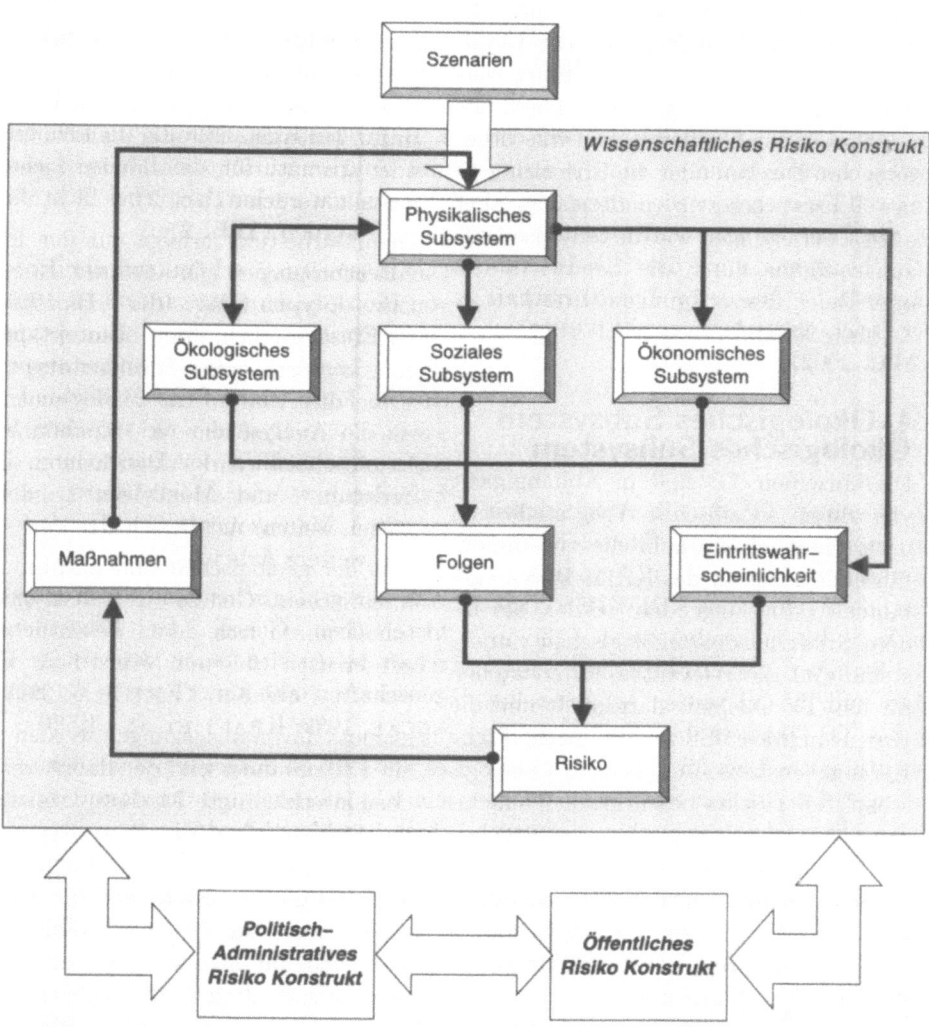

Abb. 2: **Wissenschaftliches Risiko Konstrukt (Bakkenist et al., 2002, verändert)**

1), sind dies z.B. Landnutzungsszenarien. Innerhalb des Projektes werden vom TP Ökologie unter Berücksichtigung der veränderten Standortbedingungen zwar die aktuelle wie auch zukünftige Nutzung modelliert, Vorhersagen über die mögliche Entwicklung der Nutzungen als solche, wie auch die Entwicklung der Landwirtschaft als Wirtschaftzweig, z. B. unter Berücksichtigung veränderter agrarpolitischer Rahmenbedingen, sind hier nur eingeschränkt möglich.

c) Anpassungsmaßnahmen

Unter dem Begriff **Anpassungsmaßnahmen** werden solche Handlungen zusammengefasst, die als Reaktion auf bzw.

zum Schutz vor Auswirkungen der klimabedingten Veränderungen des physikalischen Subsystems durchgeführt werden. Dies können einerseits klassische Küstenschutzmaßnahmen wie die Erhöhung von Deichen oder die Errichtung eines Sperrwerkes sein, andererseits aber auch Überlegungen wie die teilweise Nutzungsaufgabe durch die Landwirtschaft oder Deichrückverlegungen (LIEBERMAN & MAI, 2002).

4 Ökologisches Subsystem

Die einzelnen TP sind in Abhängigkeit von ihren spezifischen Fragestellungen unterschiedlich stark in die zusammenführende Struktur des KRIM-DSS eingebunden. Im Folgenden werden die innere Struktur des Ökologischen Subsystems und die relevanten Schnittstellen für das TP Ökologie dargestellt und die Bedeutung des DSS für die methodische Herangehensweise aus Sicht des ökologischen Teilprojekts beschrieben. Gemeinsam ist den (natur-)wissenschaftlichen Teilprojekten die Risikodefinition 'Risiko ist Schaden mal Eintrittswahrscheinlichkeit'. Die Quantifizierung des Schadens erfolgt dabei primär mit den Methoden der jeweiligen Subsysteme.

4.1 Aufgaben des TP Ökologie

Das Teilprojekt Ökologie bearbeitet die in der Küstenlandschaft ökologisch relevanten Strukturen und Prozesse. Zu den Aufgaben des TP Ökologie zählt die Analyse des ökologischen Status quo mit einer entsprechenden Systemanalyse. Diese umfasst einerseits eine Strukturanalyse in der die Zusammensetzung der Biozönose analysiert und ihre Eigenschaften beschrieben werden. Des Weiteren wird eine multikriterielle Funktionsanalyse durchgeführt, in der die funktionalen Bedeutungen verschiedener Biotope z. B. für den Küstenschutz, für Erholung und Tourismus, für die Landwirtschaft oder aus naturschutzfachlicher Sicht dargestellt werden (**Tab. 2**).

Die Bearbeitung erfolgt auf der Ebene von Biotoptypen (DRACHENFELS, 1994). Die Einschätzung der Biotoptypen (BTT) bezüglich ihrer Standortansprüche in Form einer Sensitivitätsanalyse sowie die Analyse der ökologischen Risiken einschließlich der Darstellung der Erfordernisse und Möglichkeiten eines gezielten Managements der Landschaft stellen weitere Arbeitsschritte dar.

Aus der geologischen und anthropogen-historischen Genese der Küstenlandschaft lassen sich deren wesentliche Eigenschaften ableiten (KRAFT & STEINECKE, 1999; KRAFT ET AL., 1999).

es muss davon ausgegangen werden, dass ein Klimawandel und der damit verbundene beschleunigte Meeresspiegelanstieg die Eigenschaften der Biotoptypen verändern wird. Die Auswirkungen dieser Veränderungen sowohl auf die ökologischen Charakteristika ausgewählter BTT wie auch auf ihre küstenschutzrelevanten Eigenschaften sind abzuleiten. Entsprechend ihrer unterschiedlichen Lage in der Landschaft und den damit verbundenen charakteristischen Standortbedingungen wie Überflutungen, Salinität und auch Nutzung, werden die Biotope des Vorlandes und des hinter dem Deich gelegenen Binnenlandes getrennt betrachtet. Im Vorland sind die unmittelbar aus dem Meeresspiegelanstieg abzuleitenden kontinuierlichen Veränderungen wie z. B. häufigere bzw. höhere Überflutungen und erhöhte Salinität besonders relevant (OSTERKAMP ET AL., 2001).

Tab. 2: Nutzerspezifische Funktionen und und Beispiele für Bewertung und Wertgebung (nach de Groot, 1992, schematisch)

Nutzer	Nutzerspezifische Funktionen	Intensivgrünland	Mesophiles Grünland	Salzwiese
Naturschutz	Erhalt von Arten und Lebensgemeinschaften (Informationsfunktion)	Gering (geringe Artenzahl)	Hoch (hohe Artenzahl)	Hoch (wertvoller Lebensraum)
Landwirtschaft	Natürliches Ertragspotential (Produktionsfunktion)	Hoch (hoher Ertrag)	Hoch (hoher Ertrag)	Mittel (z.T. hoher Ertrag)
Erholung	Eigenart und Schönheit (Nutzerfunktion)	Mittel (Landschaftsbild)	Hoch (Landschaftsbild)	Hoch (einmalige Landschaft)
Küstenschutz (nur Vorland)	Energieverbrauch, morphologische Stabilität (Regulationsfunktion)	Mittel (Stabilisierung)	Mittel (Stabilisierung)	Hoch (Stabilisierung, Energieverbrauch)

Im Binnenland hingegen sind hauptsächlich die möglichen direkten Auswirkungen (und damit verbundenen ökologischen Risiken) eines Versagens von Küstenschutzsystemen auf die ökologischen Verhältnisse wie die Effekte von Überflutung, Versalzung oder Zerstörung zu berücksichtigen (KRAFT ET AL., sub.).

Für die Entwicklung von möglichen technischen wie auch gesellschaftlichen Anpassungsmaßnahmen ist es für ein Küstenzonenmanagement von großer Bedeutung, die zu erwartenden ökologischen Veränderungen, die möglichen ökologischen Schäden und die damit verbundenen ökologischen Risiken abzuschätzen und zu bewerten. Dies soll mit Hilfe der oben genannten Funktionsanalyse erfolgen. Äußere Einflüsse, die die Funktionsfähigkeit eines Biotoptyps einschränken oder zerstören, verursachen damit einen ökologischen Schaden aus dem sich die ökologischen Werte ableiten (nach DE GROOT, 1992; MCCARTHY & ET AL., 2001). Um die so abgeleiteten ökologischen Schäden den anderen TP, insbesondere der Ökonomie und dem DSS, zur Verfügung stellen zu können, erfolgt eine Quantifizierung der Schäden in Form der Monetarisierung ökologischen Werte. Diese ist jedoch der multikriteriellen ökologischen Funktionsanalyse und -bewertung methodisch nachgeordnet.

Neben der inhaltlichen Verknüpfung der beiden Teilbereiche Vorland und Binnenland ist eine gemeinsame Aufarbeitung der Ergebnisse für das DSS notwendig. Trotz der unterschiedlichen Eigenschaften werden die beiden Teilbereiche daher gemeinsam bzw. methodisch parallel analysiert. Diese Vorgehensweise entspricht der zusammenführenden Wirkung des DSS und hilft widersprüchliche Ergebnisse und Bewertungen zu verhindern. Entsprechend der großen Menge an flächengebundenen Daten wird vom TP

Ökologie ein GIS geführt. Dieses ist inhaltlich unmittelbar mit dem DSS verbunden, da es die flächenhaften Informationen liefert, und steht als Dienstleistung allen TP zur Verfügung. Darüber hinaus macht die GIS-Software (ArcGis) verschiedene Analysetools verfügbar, die es ermöglichen, raumbezogene Abhängigkeiten von Standortfaktoren heraus zu arbeiten.

4.2 Innere Struktur des ökologischen Subsystems

Die im wissenschaftlichen Risikokonstrukt zusammengefassten Subsysteme weisen eine differenzierte innere Struktur auf. Innerhalb des ökologischen Subsystems (**Abb. 3**) setzen sich die Auswirkungen des Klimawandels aus direkten Konsequenzen wie z.B. der Zerstörung durch Sturmflut oder Deichbruch und indirekten Konsequenzen wie z.B. den nachhaltigen Auswirkungen von erhöhten Wasserständen oder Versalzung zusammen. Im Unterschied zu den anderen wissenschaftlichen Subsystemen ist innerhalb des ökologischen Subsystems nicht von Schäden sondern von Auswirkungen die Rede. Veränderungen abiotischer wie biotischer Standortbedingungen stellen für einen Standort und die dort anzutreffende Biozönose nur aus anthropozentrischer Sicht einen abstrakten, bewertbaren Schaden dar. Das einzelne Individuum kann geschädigt sein, die Veränderungen haben Auswirkungen, für das Ökosystem als solches ist dies jedoch weder Schaden noch Risiko. Die einzelnen Arten ertragen die Standortveränderungen oder verschwinden, neue Arten wandern ein. Dies kann allerdings die aus Sicht des Menschen bedeutenden charakteristischen Eigenschaften (z.B. für den Küstenschutz, den Naturschutz, die Erholung, die Landwirtschaft) der BTT beeinflussen. Ob dies allerdings einen ökologischen Schaden darstellt, bleibt Ergebnis einer Bewertung.

In die Beschreibung des ökologischen Subsystems für das DSS fließen die Ergebnisse der Systemanalyse ein. In Abhängigkeit von der Fragestellung und mit der Notwendigkeit, die wesentlichen Faktoren herauszuarbeiten, um sie in das DSS integrieren zu können, erfolgt diese Systemanalyse auf mehreren Ebenen.

Die räumliche, physikalisch-chemische wie auch organismisch-biologische Hierarchie-Ebene (WIEGLEB, 1996) sind dabei die Biotoptypen. Nach der Definition in DRACHENFELS (1994) werden BTT einerseits über charakterisierende Pflanzengesellschaften, andererseits über den Lebensraum sowie morphologische Charakteristika definiert (Beispiel: obere/untere Salzwiese, mesophiles Grünland). Den BTT können nun, auf einer funktionellen Ebene, durch eine landschaftsökologische Funktionsanalyse (aus verschiedenen nutzerspezifischen Perspektiven wie Küstenschutz, Naturschutz, Landwirtschaft) Werte zugewiesen werden. Des Weiteren zeigt eine biologische Sensitivitätsanalyse spezifische Empfindlichkeiten der Biotope auf. Hierzu wird die Sensitivität einzelner BTT bzw. ihre Pflanzengesellschaften für veränderte Standortbedingen wie z.B. häufigere Überflutungen oder erhöhte Salzgehalte anhand von Fachliteratur abgeschätzt. Für die Salzwiesen des Vorlandes z.B. ist die Fähigkeit zum 'Mitwachsen' bei steigenden Wasserständen von entscheidender Bedeutung. Steigt der Meeresspiegel schneller als eine Aufschlickung stattfindet (was wiederum von Strömung und Sedimentzusammensetzung abhängt, also lokal unterschied-

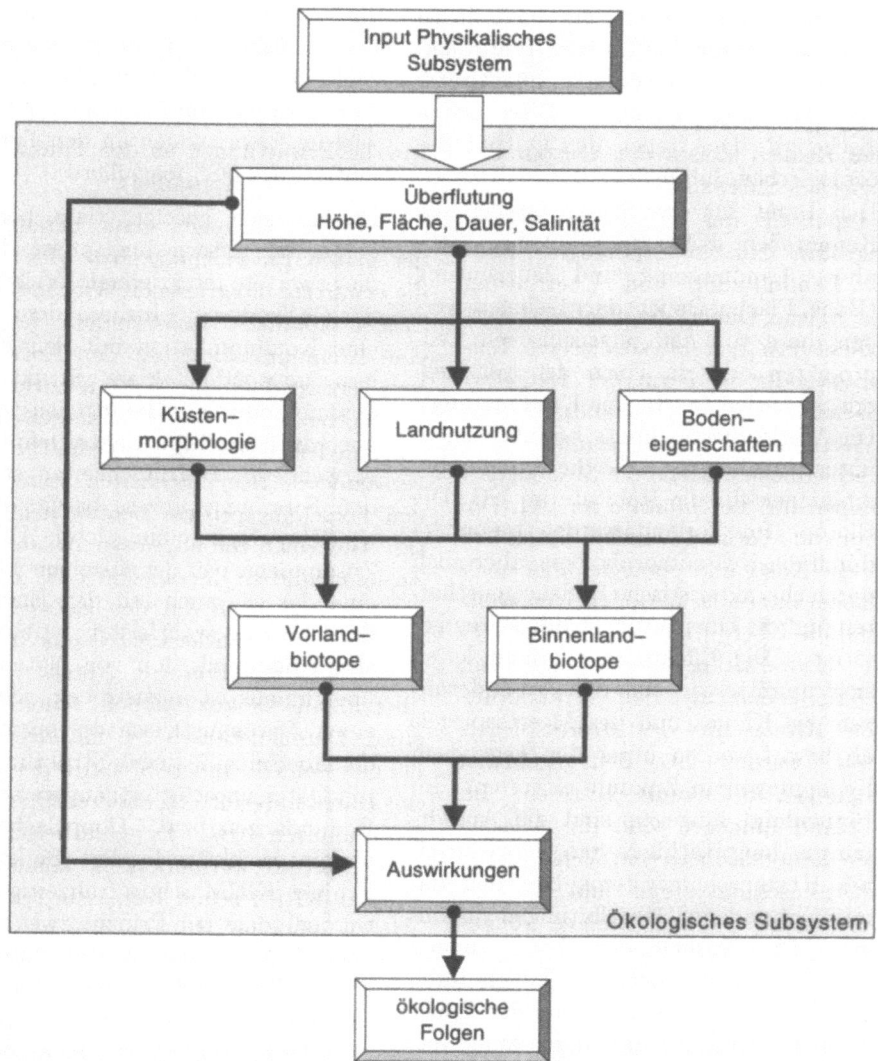

Abb. 3: Ökologisches Subsystem

lich ist), wird der betreffende Biotoptyp an diesem Standort verschwinden. In der Summe ermöglichen diese Analysen die Ermittlung von ökologischen Auswirkungen und ihren Konsequenzen. In Abhängigkeit von den Ergebnissen der Funktionsanalyse kann nun eine Festlegung des Wertes der einzelnen Biotope stattfinden, und damit die möglichen Schäden. Zusammen mit den vom physikalischen Subsystem übernommenen Eintrittswahrscheinlichkeiten lässt sich so das resultierende Risiko errechnen. Ziel ist es diese Risiken sowohl aus der rein ökologisch-funktionalistischen Bewertung resultierend als Auswirkungen qualitativ darzustellen, als auch durch Monetarisierung den übrigen Teilprojekten, namhaft der Ökonomie, quantitativ zur Verfügung zu stellen. Diese ökologischen Risiken stellen den Output des ökologischen Subsystems dar.

Den Input für das System stellen die Kenngrößen Küstenmorphologie, Salinität, Landnutzung und Überflutung (Höhe, Fläche, Dauer) dar. Geliefert werden diese von den physikalischen Teilprojekten oder in Form der festgelegten Szenarien (z. B. der Landnutzung). Die Werte dieses Inputs beeinflussen in unterschiedlichem Maße die Standortbedingungen für die Habitate im UG. Die Biotope im Vorland werden besonders durch die Küstenmorphologie, aber auch durch charakteristische Bodeneigenschaften und die Überflutungshäufigkeiten geformt. Die Effekte im Vorland leiten sich unmittelbar aus den Veränderungen des Klimas und des Meeresspiegels ab bzw. werden unter den gegebenen Bedingungen in Zukunft eintreten. Im Binnenland hingegen sind die Auswirkungen hauptsächlich vom Versagen eines Küstenschutzsystems und den damit verbundenen Überflutungen abhängig. Das Ausmaß der Veränderungen bzw. 'Schäden' hängt, letztendlich durch die Topographie bedingt, von der Dauer einer Überflutung und den damit verbundenen Schäden durch Salzwasser ab (OSTERKAMP ET AL., 2001) und müssen im weiteren Kontext des Projektes noch erarbeitet werden.

5 Resümee

Die 'problem definition phase' als erster Schritt der KRIM-DSS-Entwicklung hat das wesentliche Ziel, das Verständnis für Layout und Inhalt des DSS sowohl für die Entwickler als auch die Nutzergruppen zu formen. Dafür wurde ein konzeptuelles Modell erstellt, Datenlage und Verfügbarkeit von Modellen ermittelt sowie die Erwartungen an den Funktionsumfang des DSS formuliert.

Es hat sich gezeigt, dass bereits in der ersten Entwicklungsphase des DSS die erwartete integrierende Wirkung zum Tragen kommt. Insbesondere die für eine Kommunikation mit den Entwicklern notwendige klare Strukturierung der methodischen Herangehensweise wie auch die frühzeitige exakte Definition der verwendeten Begrifflichkeiten stimuliert den Forschungsprozess bereits nachhaltig. Um einen reibungslosen Ablauf der Zusammenarbeit der einzelnen TP untereinander wie auch mit den Entwicklern des DSS zu gewährleisten, ist eine intensive Kommunikation von Nöten. Darüber hinaus ist anzustreben, schon früh einen Datenaustausch zu initialisieren, der einerseits die innere Struktur des DSS mit Daten unterfüttert, andererseits auch Redundanzen bzw. Doppelarbeiten im Gesamtprojekt verhindert. So konnte im Projekt KRIM schon frühzeitig erkannt werden, dass im Prinzip zwei verschiedene Nutzungskarten von unterschiedlichen TP erstellt werden sollten, die sich aber in einer gemeinsamen Landnutzungskarte (zur Weitergabe an das DSS) im KRIM-GIS zusammenführen lassen. Diese Vorgehensweise zeigt exemplarisch welche Synergieeffekte das DSS auslösen kann.

Auf Grund seiner hohen Komplexität, insbesondere der für den normalen Nutzer verschlüsselten inneren Struktur eines DSS, werden im Diskussionsprozess um die Frage wie weit DSS Entscheidungen unterstützen sollen, häufig massive Bedenken geäußert. Vor Allem eine mangelnde Transparenz der inneren Strukturen und die fehlende Offenlegung der verwendeten Modelle sind häufig geäußerte Kritikpunkte (SCHROFF, 1998; WIERZBICKI ET AL., 2000; LUSTI, 2002). Sowohl die Entwickler wie auch die Nutzer eines DSS müssen sich dieser Kritik bewusst sein und sie ernst nehmen, wenn DSS in Zukunft zur Entscheidungsunterstützung auf Akzeptanz stoßen sollen. Die Entwickler des KRIM-DSS haben mit dieser Problematik bereits einschlägige Erfahrungen gemacht. Im KRIM-DSS wird durch den offenen, stark visuellen Aufbau und die genaue Dokumentation der angewandten Methoden, wie auch durch die rechtzeitige Einbindung von potentiellen Nutzern, der Versuch unternommen die Transparenz des Systems möglichst groß zu halten. Durch den hier beschriebenen inneren Aufbau und die direkte Kommunikation sowie den unmittelbaren Datenaustausch der beteiligten Disziplinen wird diese Transparenz bereits während der Entwicklung von möglichen Nutzern, gemeint sind hier u.a. die Forschern unterschiedlicher Disziplinen, überprüft. Bei der Diskussion über den Einsatz von Entscheidungsunterstützungssystemen gerät immer wieder in den Hintergrund, dass DSS Entscheidungen ausschließlich unterstützen, selber keine Entscheidungen fällen und eine öffentliche bzw. politisch-administrative Entscheidungsfindung keineswegs ersetzten.

References

BAKKENIST, S. W., ENGELEN, G., HAHN, B., KOK, J. L. D., SCHUCHARDT, B. & VERBEEK, M., 2002. Development of a Decision Support System for the German North Sea coast. Covering note. RIKS & INFRAM, Maastrich/ Zeewolde.

DE GROOT, R. S., 1992. Functions of Nature: Evaluation of Nature in Environmental planning, Management and Decision Making. Wolters-Noordhoff, Groningen, The Netherlands.

DRACHENFELS, O. V. B., 1994. Kartierschlüssel für Biotoptypen in Niedersachsen. In Niedersächsisches Landesamt für Ökologie (ed.), *Naturschutz und Landschaftspflege in Niedersachsen, Heft A/4*. Hannover.

ENGELEN, G., 2002. Developing a successful Decision Support System: A process involving collaboration. In Bundesanstalt für Gewässerkunde, K. B. (ed.), *Einsatz ökologischer Modellsysteme zur Unterstützung von Entscheidungen bei Eingriffen in Fließgewässern (Conference Proceedings)*, pp. 23–30.

HOUGHTEN, J. & ET AL., 2001. Climate Change 2001: The scientific basis. Contribution of Working Group I to the Third Assessment Report of the Intergovernmental Panel on Climate Change. Cambridge: Cambridge University Press.

KOFALK, S., KÜHLBORN, J., GRUBER, B., UEBELMANN, B. & HÜSING, V., 2001. Machbarkeitsstudie zum Aufbau eines Decision Support Systems (DSS). Bundesanstalt für Gewässerkunde, Koblenz-Berlin.

KRAFT, D., OSTERKAMP, S. & SCHIRMER, M., 1999. Die ökologische Situation der Unterweser und ihrer Marsch als Ausdruck der naturräumlichen Situation und der Nutzung. In Schirmer, M. & Schuchardt, B. (eds.), *Die Unterweserregion als Natur-, Lebens- und Wirtschaftsraum. Bremer Beiträge zur Geographie und Raumplanung*, pp. 129–152. Studiengang Geographie, Fachbereich 8, Universität Bremen, Heft 35.

KRAFT, D., OSTERKAMP, S. & SCHIRMER, M., sub. Ökologische Folgen eines Klimawandels für die Unterweser und ihre Marsch. In Schirmer, M. & Schuchardt, B. (eds.), *Die Zukunft der Küste*, Springer, Heidelberg.

KRAFT, D. & STEINECKE, K., 1999. Klima und Naturräumliche Situation in der Unterweserregion. In Schirmer, M. & Schuchardt, B. (eds.), *Die Unterweserregion als Natur-, Lebens- und Wirtschaftsraum. Bremer Beiträge zur Geographie und Raumplanung*, pp. 17–42. Studiengang Geographie, Fachbereich 8, Universität Bremen, Heft 35.

LIEBERMAN, N. V. & MAI, S., 2002. Die Funktion von Sommerpoldern aus der Sicht des Küstenschutzes. *Bremer Beiträge für Naturkunde und Umweltschutz, (im Druck)*.

LUSTI, M., 2002. Data Warehousing und Data Mining: Eine Einführung in entscheidungsunterstützende Systeme. Springer-Verlag, Berlin Heidelberg New York.

MCCARTHY, J. & ET AL., 2001. Climate Change 2001: Impacts, Adaptation, and Vulnerability. Contribution of Working Group II to the Third Assessment Report of the Intergovernmental Panel on Climate Change,. Cambridge: Cambridge University Press.

OSTERKAMP, S., KRAFT, D. & SCHIRMER, M., 2001. Climate change and the ecology of the Weser estuary region: assessing the impact of an abrupt change in climate. *Climate Research 18*:97–104.

SCHIRMER, M. & SCHUCHARDT, B., 2001. Assessment of Climate Change Impact on the Weser Estuary Region: an interdisciplinary approach. *Climate Research 18*:133–140.

SCHROFF, A. M., 1998. An approach to user oriented Decision Support Systems. Dissertation Nr. 1208. Druckerei Horn, Bruchsal.

SCHUCHARDT, B. & SCHIRMER, M., 2002. Climate change: development of integrative management tools for coastal protection on the German North Sea coast. *Internationales Hydrologisches Programm (IHP) der UNESCO, Operationelles Hydrologisches Programm (OHP) der World Meteorological Organization (IHP/OHP-Berichte), Sonderheft 13*:391–396.

STORCH, H., SCHNUR, R. & ZORITA, E., 1998. Szenarien und Beratung. Anwenderorientierte Szenarien für den norddeutschen Küstenbereich. Abschlussbericht. BMBF-Förderkennzeichen 01 LK9510/0.

TURBAN, E. & ARONSON, J. E., 1998. Decision Support Systems and Intelligent Systems. Prentice Hall, New Jersey.

WBGU, WISSENSCHAFTLICHER BEIRAT DER BUNDESREGIERUNG GLOBALE UMWELTVERÄNDERUNGEN (ed.), 1998. Welt im Wandel: Strategien zur Bewältigung globaler Umweltrisiken. Jahresgutachten. Springer-Verlag, Berlin, 383 S.

WIEGLEB, G., 1996. Konzepte der Hierarchie-Theorie in der Ökologie. In Mathes, K., Breckling, B. & Ekschmitt, K. (eds.), *Beiträge zu einer Tagung des Arbeitskreises 'Theorie' in der Gesellschaft für Ökologie: Zur Entwicklung und aktuellen Bedeutung der Systemtheorie in der Ökologie, Schloss Rauischholzhausen im März 1996*, pp. 7–24. ecomed, Landsberg.

WIERZBICKI, A. P., MAKOWSKI, M. & WESSELS, J. H., 2000. Model-Based Decision Support Methology with Environmental Applications. Kluwer Academic Publishers, Dordrecht.

Virtualities and Realities of Artificial Life

Michael Hauhs & Holger Lange

BITÖK, *Bayreuth Institute for Terrestrial Ecosystem Research*
University of Bayreuth, 95440 Bayreuth
michael.hauhs@bitoek.uni-bayreuth.de
holger.lange@bitoek.uni-bayreuth.de

Abstract

Modern information technology allows the investigation of the characteristic properties of living systems from a new perspective. Which of the features of a biotic system are necessary conditions resulting from the constraint that its members are alive? Which are accidental, constituting contingent facts of their respective histories? As long as we know of a single phylogenetic tree in nature only, the difference is hard to tell, rendering the reconstruction and realisation of artificial ecologies a major challenge. This question has been tackled based on the most advanced technology of the time since decades; since two decades now, IT is leading in this respect. Are there life forms that can be created in contemporary computers, and which ones? Successes and failures of a number of virtualizations are forming de facto constraints for theoretical ecosystem research. Artificial Life (AL) research appears to be not just another attempt towards realistic models for ecological systems, but undermines the basic assumptions of most of conventional modeling in this area: in AL, behavior is in general irreducible to internal mechanisms; behavior rather results from interactive and intentional usage of the simulation. We try to elucidate and demonstrate the crucial role of interaction in these simulations, drawing from current developments in theoretical computer science as well as a number of examples. We propose a new classification of AL and ecosystem models according to their degree of interactivity.

Keywords: Artificial Life, Interactive Models, Agents, Theoretical Computer Science, Ecosystem management

1 Introduction

One of the aims in Artificial Life (AL for short) research is to contribute to an unambiguous definition of just the term 'life' (LANGTON, 1989). This is a notoriously difficult task, as sciences concerned with living systems, such as biology, ecosystem research, or social sciences, always suffer from ill-defined, not very well controlled and sometimes hardly reproducible experiments, quite distinct from the physical sciences. One of the reasons is the basic fact that living organisms have the capability (and, in many cases, also the necessity) to make *decisions*, they *behave* in a flexible and individual way. A related reason is history dependence; prior decisions or accidental events are contingent facts of their respective histories, they become 'frozen accidents'. Many unsuccessful attempts to find general laws for biological systems along the same reasoning as in physics convincingly document this basic difficulty of the notorious *individuality* of living systems.

In the context of Artificial Life and Computer Sciences, individual (autonomous) decision makers are often referred to as *agents* (FERBER, 1999). Organisms are natural, a specific type of computer programs are artificial (virtual) agents[1].

There is no generally accepted definition for an agent; usually, they are implicitly defined via phenomenological properties, mainly based on behaviour, resembling the informal definition for life itself. As a concept, agents constitute a far-reaching link between ecosystem research and computer science. We illustrate this link based on information processing in various candidates of Life and life-like systems through the examples below.

The Internet may be considered as an ecosystem in an abstract manner, representing at the same time a very complex *social* system. It is thus no surprise that the social sciences are currently investigating this system, e.g. by analyzing the social relationships of natural (but also virtual, and also sometimes unknown) agents in this vast network (HUBERMAN, 2001). The relevance of virtual organisms or ecosystems as topics of ecological research has remained an open question, though. At the same time the construction of artificial ecologies and analysis and documentation of their behaviour has become an established part of AL research (LANGTON, 1989; BROOKS, 2001); however, the connection to conventional organismic biology or 'real' ecology has been relatively weak. The relevance of this connection within a modelling perspective is the topic of this paper.

Are there nontrivial similarities between behaviour or decision-making of living organisms and software agents, and in which sense? An answer to this question for any given multi-agent system (FERBER, 1999) has to reflect the spectrum of potential behaviour of the individual agents implemented by the programmers. The danger of circular reasoning is lurking here. For instance, providing artificial ants, as instances of software agents, with organs to detect pheromone odors, to determine the polarization direction of skylight, and with the tendency to construct ant-hills and build colonies, etc. leaves little room for a group of these agents to behave significantly differently from natural ants - at least insofar as ant ethologists consider just these categories of behaviour exclusively and on the level of the individual.

Therefore the potential behaviour of agents should be described in a much more abstract manner, leaving plenty of room for flexible responses and the development of behavioural strategies with in the system itself. For example, the system setup can be formulated as an interactive learning problem. This is also the method of choice currently used in robotics. However, for a particular situation in ecology the method of comparing

---

[1] There is of course another type of 'artificial but real' agents, robots, which are, however, not our concern here.

Table 1: Classification of AL-simulations in terms of internal degrees of freedom in the model and the organisation of external input (interactive, streams versus non-interactive, strings).

	External: streams (interactive)	External: strings (algorithmic)
Internal: limited repertoire	Plotting the Mandelbrot set (I)	L-systems (II)
Internal: unlimited repertoire	L-Breeder (III)	avida (IV)

and judging similarity between real and virtual systems is not always obvious and could well be an obstacle.

In this paper, we try to characterize the connections between these parts of AL research and topics relevant for ecology and ecosystem research.

2 What is Interaction?

For the comparison of behaviour, growth and evolution of artificial and natural agents, two well-known pairs of complementary terms may be used at first sight:

- real vs. virtual (according to material basis[2]),
- natural or artificial (according to origin),

which, however, we both consider as inappropriate for our purposes. For reasons that will be discussed below, we consider the *interactivity* of behaviour as the crucial criterion for the classification of systems. After presenting a few examples, we will propose a classification based on these criteria (**Table 1**).

Two different views of a user towards a running computer system correspond to two programming paradigms as well as two computing metaphors. The first one traditionally considers the running system as an algorithmic machine, which outputs its results after some computing time and getting getting appropriate initial input; this corresponds to procedural or serial programming and the Turing machine. The second one focuses on the *services* that the system persistently provides. An online user (which does not exist for a Turing machine), can interact with the system at any time and in almost arbitrary ways (LANGE & HAUHS, 2003). This view corresponds to the object-oriented programming and Interaction Machines[3]. For a given service, rules for correct initialization and usage are usually formulated (service description) which guarantee continuity and consistency. If the spectrum of interaction variants is unlimited, we speak of open-ended evolution. Characteristic for this situation are permanent changes of hardware and software in a co-evolutionary fashion.

---

[2]The material basis in the real case is the carrier of observed properties, which follow from the properties of its constituents, without the necessity of an additional symbolic representation (e g. macromolecules, cells, organs). In the virtual case, the material basis is a computer, equipped with the multi-agent software which represents the system in question in a symbolic manner.

[3]Two sources concerned with the philosophy of software technologies are http://www.ai.mit.edu/people/las/papers/CHE-abacus.html and http://www.ai.mit.edu/people/las/papers/SteinInteractive/SteinInteractive.html

A shift from the prevailing conception of 'calculation' to that of 'interaction' can also be observed in computer science literature (STEIN, 1996; LEEUWEN & WIEDERMANN, 2001). The latter reference identifies the changes in computer technology using three notions:

1. Interactivity (input is provided as an online *stream*),

2. Non-uniform evolution and adaptibility (hardware may change by continuing service),

3. Infinity of operation (of services),

taken together constituting 'evolving interactive computing'. The connections to the debates about the definitions for living systems are obvious. It seems that there is a vital interchange of terminology between biology and information technology, which is hopefully tantamount to mutual fertilization. It requires a theoretical framework that allows it to use the same notion of interaction in both disciplines. So far this rigorous framework is lacking and the links remain metaphorical.

Interactivity is a property of the interface or relationship between two systems or between a system and its environment[4]. It is the collection of all types of behaviour where a mutual dependence on the temporal sequence of events exists. A typical example for such an event is a decision-making process about the next step (e.g. the next calculation to be performed). This decision about the next action of an agent is dependent on the events in its environment; these events were dependent on prior decisions and actions of the agent or its current status, and so forth. If the decision making exhibits surprises, i.e. is not easily predictable, an external observer will interpret this as autonomous behaviour, even if internally only simple calculations are performed. The notion of a surprise is in itself a difficult subject in psychology; for our purposes it suffices to have a not too deterministic and also not purely random behaviour, as judged by the observer or counterpart. We thus use choice as a purely phenomenological description attached to systems for their external behaviour. It does not relate to any internal feature or organization inside the system displaying choice in given situations (see the chess example below, where a computer actually makes choices about the next move). Choice is hence attributed to the observable behaviour of a system whereas interaction is an attribute of the relationship between two (or in general several) systems. Interactivity is inherent in the time sequence of symbols exchanged through the interfaces of communicating systems. It is not a property of the system themselves, and thus meaningless for an isolated system or a single instant in time.

It might also be possible to classify degrees of interactivity according to computational and memory resources of the agents.

Examples of interactive systems are games with no known winning strategy, e.g. chess[5]. For these games, the full decision tree cannot be constructed a priori. In game theory as well as programming

---

[4]None of the two systems has to be a conscious agent (a human). Different threads of a program communicating with each other are a valid example as well.

[5]The tight connection between interactivity and computer games is elucidated by FURTWÄNGLER (2001).

practice, two different strategies are discussed under these circumstances. One is to rely on previous experiences, pattern recognition and the usage of extended memory or data base knowledge (selective alpha-beta strategy), drastically pruning the decision tree; the other is to start the calculation anew after each move, considering all alternatives at every moment (brute force strategy LEVY & NEWBORN, 1991). After decades of quarrel, the brute force method is the de facto winner in modern chess programs, basically due to the exponential growth in computational speed, whereas the selective strategy is used solely by experienced human players (OGNJEN ET AL., 2001). However, to further speed up the computational process, elements of the selective strategy such as the extensive use of data bases and the implementation of hash tables[6] are also implemented in today's top programs.

In our terminology, the human player acts interactively using his memory, whereas programs are interactive only when considering a whole game with time limit, since there must be a sophisticated time scheduling for decision making in the face of incomplete analysis at finite search depth. To come to a decision and making the next move, different heuristics are used (the details of which are usually the top secrets of the programmers), which often analyze the previous behaviour of the opponent, the expectation value of the last move ('permanent brain' technique) and so on.

Providing a number of clones of a program with the respective hash tables, each move of a game could be made by a different clone, with the same result. In this sense, the calculations are context-free. Accidentally, the current strength of top programs and players is similar.

This has the implication that chess players with a remote opponent (e.g. in the internet) cannot tell whether they are playing against a human or a computer. To differentiate between 'real games' and 'virtual games' in this context is a pointless effort. Restricting the classical Turing test to this very small set out of the behavioural spectrum, computers have passed the test successfully. As soon as other interactions (such as written comments) are included, the difference becomes obvious again.

Observations at a single instance of time do not allow to judge on the interactivity of the 'situation' (a communication, a collection of systems). That interaction is present is a statement about temporal development and undecided game situations in particular. Interactivity is also asymmetric among the interacting partners. An extreme case of this asymmetry is complete dominance of one of the agents. In the chess example, as soon as a definite winning strategy has been found ('Mate in 3'), the character of the game changes for the discoverer, since his next move is determined by his deterministic winning strategy and no longer by the choices of his opponent - it is a multi-valued *function* instead of an interaction. Interactivity is observer-dependent and extended in time.

---

[6]Hash tables contain positions which have been evaluated already. If identical positions occur during the game, the program uses the value assigned to the position from the hash table instead of calculating anew. It has been demonstrated that the use of large hash tables drastically improves the strength of programs particularly in endgames. They closely resemble associative memory in humans.

To summarize, interaction describes the mutual dependence of events occurring at the interface of two ongoing 'calculations', realized as threads on both sides and permanently synchronized through the events at the interface. Since its presence depends on the possibility of continuation (as exemplified for the game of chess), it could be a meaningful descriptional framework for *open-ended evolution*, a notion constituting almost the holy grail of AL research. Interactivity is, however, no extension of the inner properties of agents, which might perform simple algorithmic calculations as before, but rather reflects the coupling between these inner functions, the responses of the environment to them and the corresponding updating of the agents memory. This leads to a unique individual history for each agent. Especially the events that constitute the interactivity of the environment are unknown at the start of the calculations done by an agent, in principle. In chess one cannot predict the response of an opponent in most situations. In this form of computation the next symbol becomes first available after the preceding input has been processed and produced output. In computer science this feature distinguishes 'streams' from 'strings' or 'sequences' and constitutes the principal reason why interaction is supposed to be more powerful than any computation formalized on the basis of a Turing Machine (WEGNER & GOLDIN, 2003).

Different degrees of interactivity according to memory depths, number of threads or complexity of the interface (number and quality of channels, etc.) may be introduced. Several proposal for a formalization of interaction exist in computer science (LEEUWEN & WIEDERMANN, 2001). Each one has immediate biological connotations. For example, the 'Persistent Turing Machine' would allow to classify systems by the type of memory used during interaction. In AL research, this type and degree of interactivity is explicitly in the hands of software designers. In the next section we will discuss how this notion of interaction can be used to classify various approaches in AL and impacts their success in mimicking Life. To this end the examples will be selected by two criteria: i) whether or not the interactive repertoire of the individual agents remains fixed or evolves during the simulation and ii) whether or not the simulation itself is open to interaction with an environment (a human user for example).

3 Interaction in AL

Central research topics of AL research are (BEDAU & TAYLOR, 2002):

1. The origin of life;

2. Potentials and limitations of living systems;

3. The relationship between machines, consciousness, and human culture.

In all three of them agent-based modelling and multi-agent systems are used as a prominent methodology. A more extensive presentation of principles of multiagent simulations can be found in (LANGE & HAUHS, 2003). We will concentrate on the first two topics since they are most directly related to ecosystem modelling. The third topic connects to AI (artificial intelligence) and opens another field with analogies to AL research. AL investigations can be considered under two important aspects:

1. How are the program structures created which represent an agent in its environment? Does this lead to a limited or unlimited range of behavioural repertoires? Related to this is also the question, whether the structures synthesized and the corresponding behaviour can be considered as surprising or *emergent* (HOLLAND (1997), cf. also MALLOT (1998) to the programmer.

2. How are the program structures and their behaviour against the environment selected and evaluated during the coarse of a life-like simulation, e.g. w.r.t. their (interactive) functions in the concrete context? Is this done by streams or by strings?

Within the language of formal computer science, the first aspect is that of the code implementation, the second one that of code verification. Our hypothesis is that at least one of these two steps (the second one) must be organized in an interactive way in order to have a chance in simulating life-like processes. This implies that a successful and satisfying simulation of life processes requires an extension of the computational model beyond the Turing machine. This may also be seen as a hint into which direction future AL models will go. The history of computing technology in the 60ies and 70ies has clearly started with predominately algorithmic processes and very little or no interactivity. Today with advent of the internet, Java, etc. this emphasis has changed entirely (WEGNER & GOLDIN, 2003; STEIN, 1999).

Starting from Hilbert's (unsuccessful) program towards an automatization of mathematical inference[7], formal languages have been developed which preformed an algorithmic realization on early computers (CHAITIN, 1998). Adding the element of recursion led (with the advent of colour screens) to a whole universe of easy to create and visualize, but nonetheless rich and complex structures, e.g. 2D fractal sets (cf. example 1 below).

It is typical for AL simulations that a few characteristic properties of living systems are selected arbitrarily, mainly determined by the surprising detail of realism the model at hand provides with respect to them. But what determines the illusion of having a living or life-like system in the computer? Is there a Turing test for AL simulations? Is the difference between wetware and software versions of life vanishing, as is that between computer and 'true' chess playing?

4 Properties of living systems

More than 50 years after Schrödinger's famous essay 'What is life', still no undisputed definition of this category is available (MURPHY & O'NEILL, 1997); for a very recently proposed definition, see KAUFFMAN (2000). By and large, attempts for a definition belong to one out of two groups (KÜPPERS, 1990): they are either incomplete or tautological. Typical for the members of the first group is the restriction to purely physico-

---

[7]A century after Hilbert, also in AL research, a catalogue of difficult, unsolved but presumably solvable problems exists (http://parallel.hpc.unsw.edu.au/rks/docs/arob/node2.html). See also BEDAU ET AL. (2000).

chemical terminology and aspects; they have the deficit that a de novo synthesis of life from organic compounds is still not possible. One might suspect that this class matches the non-interactive AL approaches that can be formalized on the basis of a Turing machine. The other group (tautological) is much more related to AL simulations and will be discussed in some detail. It lacks a formal basis, but provides sometimes very suggestive simulations that simply appear alive. Here a formal notion of interaction may provide the rigor that is needed to make comparisons between ecology and AL more profitable in both directions.

For many biologists it seems that all definitions of life are phenomenological to a certain extent, until it can be artificially created from its non-living building blocks, macromolecles. Phenomenological definitions refer to behaviour (viewed from the outside, even if it is to be described as interactive), such as self-reproduction, evolvability, leading to the well-known tautologies ('It's life if it is living'). Using such behavioural notions, it is necessary to observe each living system at least during a full reproduction cycle - a severe obstacle in some cases, e.g. extremely slow reproducing microorganisms deep in the earth crust (GOLD, 1999). For Kauffman, the ability to perform a full thermodynamic work cycle is one of two decisive criteria (the other being self-reproduction).

Interaction as a distinctive component of the behaviour of living systems is ubiquitous: even for plants intelligent, adaptive interaction with other organisms can be observed (TREWAVAS, 2002). Also in morphogenetic development, the type of interaction draws a line between living and non-living systems. Our expectation is that interaction types can be analyzed at least as efficiently with current software systems as in biochemistry labs.

Evolvability is usually fed in into artificial ecologies from the beginning, and the consequences on reproduction are studied. This seems to be much easier as the alternative approach to prescribe reproduction and seek for the occurrence/emergence of evolution as mandatory response (HAUHS & LANGE, 2003). Depending on the modelling perspective in the former case spontaneous change seems to be the natural ingredient and persistence of a behaviour (i.e. reproducibility) is the achievement, whereas in the complementary perspective the modelled universe has persistent building blocks from the start and the history of changes displayed by the spontaneously formed structures (evolvability) is the achievement.

Usually, an environment or context or task is provided in AL for the agents, in which they evolve. The simulation is considered useful if spatiotemporal structures and behavioral patterns emerge, in a seemingly spontaneous and self-organized manner, which as a minimal requirement contain surprises (unexpected behaviour). However, to build simulations which exhibit surprises even after arbitrarily periods of time (resembling open-ended evolution) has proven to be very difficult. In most cases, the intuition of the programmers of what constitutes 'life' plays a major role. This situation has been described as designing emergence (KURZWEIL, 1999).

The genome of ('real') biological systems may be considered as the carrier of a potential for development or the unfolding of strategies, i.e. phenotypic plasticity (PIGLIUCCI, 2001). The phenotype is the actualisation of this potential, it expresses a realized interaction history with a local environment (ROSEN, 1991). From the viewpoint of ecosystem users, the interesting aspects of phenotypes are the general and transferable ones[8]. In agricultural systems, species receive their value from their service provision (e.g. food supply) and not from their individuality; to the contrary, successful agriculture keeps the behaviour of the organisms within a limited and controllable range (breeding often actually tries to diminish the phenotypic plasticity). Experience shows that successful ecosystem manipulation and treatment defies scientific explanation, e.g. of the nature of the relationship between seeds, environment and yield.

In physics, the situation is just the reverse: the potential behaviour is fully captured and expressed by universal laws, whereas individuality arises from the specifics of initial and boundary conditions which are contingent facts independent from the laws. The reason for this may be that in physics interactive systems as we refer to it simply do not occur. Interaction in physics ('Wechselwirkung' in German) refers to forces (fundamental or effective ones) mutually exerted on the interaction partners and expressed by physical laws which lack the concept of 'choice'.

The embedding of autonomous agents in their physical environment is a major design issue for AL simulations. Agents are equipped with individual rules for interaction, whereas their abiotic environment is (or should be) governed by physical laws. This combination of biotic and abiotic components is quite natural for plant simulators, that is why we have chosen examples mainly from this modelling area[9].

5 Examples

Four models will serve as demonstrations of the principles of AL simulations discussed above. The first two examples are non-evolving algorithms. Hence the structural and behavioural repertoire remains fixed during the simulation. They differ in the treatment of the environment. In the first case it is open to interaction (i.e. selection of patterns by an external actor); in the second case it is closed, hence input to the simulation consists of strings rather than streams.
We provide links in every case for the convenience of the reader.

5.1 Interactive visualization of Mandelbrot's set[10]

This is not a true AL simulation and does not contain agents, but nicely shows the interplay of algorithmic generation of complexity and interactive selection of 'behaviour' (visual appearance). A simple iteration performed on complex numbers leads to endless complexity when visualized in the complex plane (MANDELBROT, 1983). The user selects smaller and smaller subregions at will,

---

[8]The death of an individual is often taken for granted (with the possible exception of the individual itself), whereas the extinction of a species is considered a tragedy.

[9]There is also the advantage that plant growth is not subject to a broad range of everyday experience, in contrast to animal movements which are also much more complex. The layman may engage in its visualisation without detailed prior expectations. Experts (foresters, etc.) have experiences which are much more difficult to capture visually in a simulation.

[10]http://spanky.triumf.ca/www/fractint/fractint.html

according to her perception of 'interesting'. We thus have already at this simple level the two basic notions of computer games (FURTWÄNGLER, 2001): narrativity (generating a prima facies unknown structure) and interactivity (selection of an interesting subregion). The unconspicuous quadratic map became famous only after its sophisticated visualization (according to Mandelbrot, after he purchased a colour monitor for his computer).

5.2 Lindenmayer systems to model individual plant growth and development[11]

The next example provides or seeks to find rules to generate structures topologically or morphological similar to real plants, either at the end of simulation or also in between. The rules are given as L-grammars (PRUSINKIEWICZ & LINDENMAYER, 1990) and are often capable of reproducing plant architecture including flowering in detail. L-systems are recursive structures, whose primitives carry biological meaning (such as internodials or buds). Rule application is performed synchronously to the whole structure, reflecting the modular and decentralized architecture of these organisms.

The success of L-grammars to visualize plants (**Fig. 1**) relies partially on the independence of plant growth from local environmental conditions, especially for plantation plants, during the initial stadium (this refers more to plant morphology than to biomass). As soon as root or shoot competition starts to play a role, individuality and flexible responses set in, which have been difficult to incorporate into L-systems. Usage of conservation laws for resources is a way to cope with competition, but the coupling of physically based approaches for matter fluxes to L-systems poses major technical challenges at the moment (computer power). We refer to traditional L-systems as introduced by Lindenmayer and later Prusinkiewicz. One attempt to integrate competition and thus interaction are so-called open L-systems (PRUSINKIEWICZ ET AL., 1997; KURTH, 1999). We, however, suspect that this difficulty is a matter of principle as discussed above.

In some applications of L-systems the degree of sophistication has been driven to the endpoint of photorealistic reproduction (GODIN, 2000) for plant morphology; however, biomass-related quantities do not even occur in this descriptional framework.

The second pair of examples allow for on-line changes in the underlying algorithm. Rules may change randomly mimicking an evolving system. The two examples differ in the way the randomly produced patterns become selcted during a simulation. In the third example (Breeder) this is done interactively by an external actor, in the fourth example algorithmically by a predefined fitness function.

Usually in AL fitness functions are distinguished whether or not they are implicit, e.g. emerging from the interaction of the agents, or explicit, e.g. hardwired into the simulation. To our knowledge this leads in each case only to a subdivision of our fourth class (the algorithmic case with input strings, see Table 1). In the context of this paper we regard the classification by the interactivity of the AL-simulation as more important. In fact the class III examples have been under-represented in AL so far. The conceptual

---

[11]http://www.uni-forst.gwdg.de/~wkurth/grogra.html

Virtualities and Realities of Artificial Life

Figure 1: Young Norway spruce trees based on botanical measurements and reconstructed using an L-system (http://www.uni-forst.gwdg.de/~wkurth/epi2pic.html).

discussion above indicates, however, that these approaches may carry the largest potential for achieving the general AL-goals.

5.3 Breeding L-Grammars interactively[12]

This extension of the previous example allows for the evolution of the rule system that is used by the L-grammar. Mutation and recombination of rules lead to new virtual plant species, which are eval- uated and selected at the phenotype level through the software user (**Fig. 2**). Her selection criteria are subjective, driven by aesthetics or pattern recognition with respect to the generated plant morphology. Intended as an educational tool, it demonstrates the impossibility of selection at the genotype level. The rule systems have to be unfolded to enable evaluation. The structure of this example is similar to the example of the Mandelbrot set, but here the algorithmically generated structures match the

---
[12]http://pixie.oum.ox.ac.uk/L-Breeder/

logical structure of plants. Of course L-grammars generate much more structures than those that actually resemble plants. That is why the interactive part plays a key part. The question then is: can the algorithmic part be further restricted such that only realistic plants will be generated and the interactive selection can be dropped? Or, is the theoretical advantage (interactive selection being so much more powerful) a qualitative one, and interaction will remain a crucial ingredient in any AL-simulation?

5.4 Coevolution in a restricted domain[13]

The last example is the most typical AL application - the evolving agent system avida (ADAMI, 1998). Phenotypes are expressed through agent behaviour, in an abstract (non-visual) manner; on the other hand, the environment has an explicit structure; a neighbourhood is defined in which replacement of agents occurs. The organisms (agents) compete for available CPU time, which is a limiting resource in analogy to energy (or light) in real ecosystems. Without external input or interaction, avida potentially runs eternally with internal interactions as basis of selection only. Fitness of organisms is based on reproduction capacity only and evolves on the basis of a replicator equation in comparison to the mean fitness of the whole population, leading in the long run to the 'survival of the flattest' (WILKE ET AL., 2001). It remains unclear how individual organisms could determine the mean fitness value of the whole population, this seems to have no biological analogy.

Individual fitness in avida is an unlimited function; however, through the replicator equation a very high fitness of an individual is compensated by very low fitness values for others. In this sense, interaction is automatic, counterintuitive to its definition. In fact the avida simulation runs autonomously on a computer and is thus by design non-interactive to the outside world. In this respect most AL-programs are non-interactive and belong to our fourth class.

These latter examples follow an approach in which change is provided (the ability to evolve) and search for interesting patterns (e.g. the ability to reproduce or other types of life-like behaviour) is the simulation goal. We have not found a convincing example of a simulation in which reproduction and structural/behavioural stability have been provided and evolvability has been sought, though this seems to remain a theoretically interesting question for a better understanding of Life.

Most modelling in ecology currently falls under the second class. In fact, our respective example was taken from ecology rather than AL. At the same time this is the class that involves least or even no interactivity. This may be the reason why the two fields of research on virtual and real ecologies have remained without a real interface in the past. We consider the third class (here exemplified by L-Breeder) as the most promising one for the research goals of AL based on the above conceptual discussion. In order to bring ecology in contact with AL one should therefore look mainly at the gap between classes II and III. It takes a 'huge' conceptual change form algorithmic to interactive modelling, but due to

---

[13] http://dllab.caltech.edu/avida/

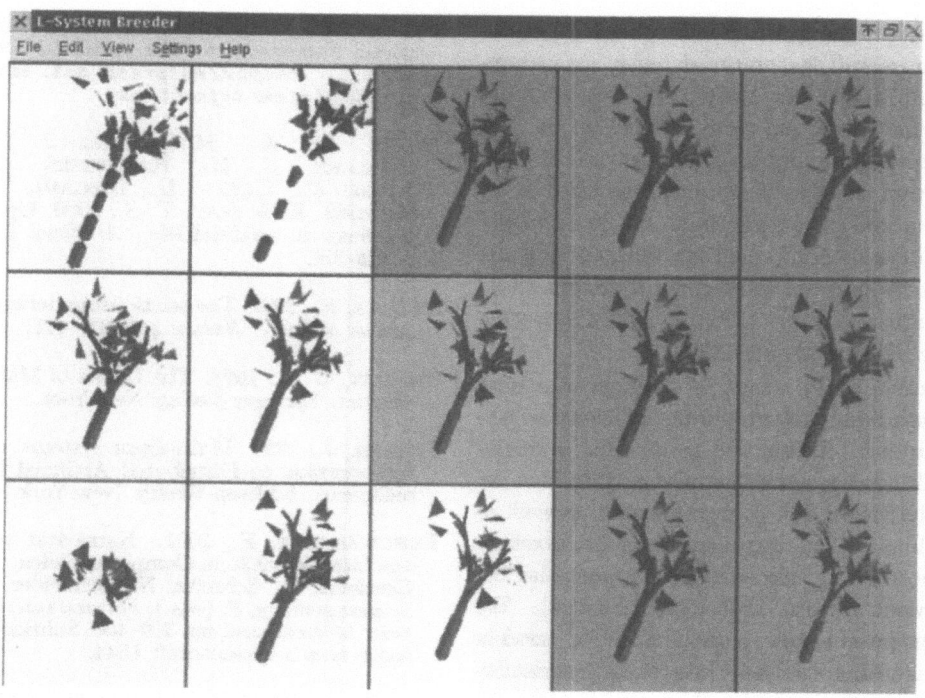

Figure 2: An example of a L-breeder simulation. The user has the option to select among phenotypes before breeding anew.

modern software technology it takes only a very small technical change to switch between these behaviours and thus to merge the two realms of modelling. That is why we expect this field to become an (ever more) interesting one in the near future.

6 Outlook and discussion

Considering the structure and the profound difficulties of reconstruction, living systems are often considered as very complex from a scientific viewpoint. Simple and reproducible aspects of them, albeit extremely important in practice (agriculture, forestry), are by and large unexplained in scientific terms. It is here where we expect a major contribution from the investigation of artificial ecosystems and ecologies.

Modern computer sciences has the notion of evolving interactive computing, which is not only considered a good model for the behaviour of living systems but as a reinvention of a principle and technique realized in the latter since a long time (LEEUWEN & WIEDERMANN, 2001). Evolving interactive computing comprises changes in software and hardware and thus fundamentally extends artificial learning.

Exploiting AL modelling techniques and the new paradigm of evolving interactive computing may lead to a redefinition of a realistic model for life, away from the conventional approaches of natural sciences, which often focus on structures and the material basis, as in current molecular biology, to reproducible behavioural patterns. Relevant in this context are papers from theoretical computer science which indicate that a reduction of interactions to mechanistic models is fundamentally impossible since these notions belong to different categories (GOLDIN & KEIL, 2001; LEEUWEN & WIEDERMANN, 2001).

Interactivity seems to emerge as a new paradigm in a wide range of scientific disciplines. Interactive models for artificial life systems promise new possibilities for the theoretical comprehension as well as the practical organisation of the interface between nature and culture (and also between natural and social sciences). We propose a new classification of models according to their degree of interactivity[14]. In this classification, models are no longer evaluated according to right versus wrong statements about real life (how it is), but according to consistent versus inconsistent reconstructions of reproducible patterns in managing it (how it behaves). We consider ecosystem research and management as ideally suited to test the potentials and promises of AL simulations.

Acknowledgement: Parts of this work was done while the first author was on leave at the School of Forestry, Canterbury University, NZ. This work was supported by the German Ministry of Education and Research (BMBF) under contract no. PT-BEO 0339476 D.

References

ADAMI, C., 1998. Introduction to Artificial Life. Springer-Verlag, New York.

BEDAU, M. & TAYLOR, C. E., 2002. Editorial Statement to the Artificial Life Journal. http://mitpress.mit.edu/catalog/item/default.asp.

BEDAU, M. A., MCCASKILL, J. S., PACKARD, N. H., RASMUSSEN, S., ADAMI, C., GREEN, D., IKEGAMI, T., KANEKO, K. & RAY, T. S., 2000. Open problems in artificial life. *Artificial Life* 6:363–376.

BROOKS, R., 2001. The relationship between matter and life. *Nature* 409:409–411.

CHAITIN, G. J., 1998. The Limits of Mathematics. Springer Verlag, New York.

FERBER, J., 1999. Multi-agent systems. An Introduction to Distributed Artificial Intelligence. Addison-Wesley, New York.

FURTWÄNGLER, F., 2001. Narrativität versus Interaktivität in Computerspielen. In Gendolla, P., Schmitz, N., Schneider, I. & Spangenberg, P. (eds.), *Formen interaktiver Medienkunst*, pp. 369–400. Suhrkamp taschenbuch wissenschaft 1544.

GODIN, C., 2000. Representing and encoding plant architecture: A review. *Annals of Forest Science* 57:413–438.

GOLD, T., 1999. The Deep Hot Biosphere. Springer-Verlag, New York.

GOLDIN, D. & KEIL, D., 2001. Evolution, Interaction, and Intelligence. In *Proceedings of the Conference on Evolutionary Computation, Korea, May, 2001*. http://www.cs.umb.edu/~dqg/papers/cec01.doc.

HAUHS, M. & LANGE, H., 2003. Alife, Ecosystem Management and the Significance of Interaction in Modelling. In Lange, H. (ed.), *The 4th German Workshop on Artificial Life*. Bayreuther Forum Ökologie (in press).

HOLLAND, J., 1997. Emergence. From Chaos to Order. Addison Wesley, New York.

HUBERMAN, B. A., 2001. The Laws of the Web. MIT Press, Massachusetts.

KAUFFMAN, S., 2000. Investigations. Oxford University Press.

---

[14] We are aware of the fact that to define an agreed-upon quantitative measure for this degree of interactivity is a formidable, and may be even ill-posed, task.

KÜPPERS, B.-O., 1990. Der Ursprung biologischer Information. Piper Verlag, München.

KURTH, W., 1999. Die Simulation der Baumarchitektur mit Wachstumsgrammatiken. Wissenschaftlicher Verlag Berlin, Berlin.

KURZWEIL, R., 1999. The Age of Spiritual Machines. Penguin Books, New York.

LANGE, H. & HAUHS, M., 2003. Interactive Modelling of Ecosystems. *This volume*.

LANGTON, C. G. (ed.), 1989. Artificial Life. SFI Studies in the Sciences of Complexity VI. Addison-Wesley, Redwood City.

LEEUWEN, J. V. & WIEDERMANN, J., 2001. Beyond the Turing Limit: Evolving Interactive Systems. In Pacholski, L. & Ružička, P. (eds.), *SOFSEM 2001: Theory and Practice of Informatics. Lecture Notes in Computer Science 2234*, pp. 90–109. Springer Verlag, Heidelberg.

LEVY, D. & NEWBORN, M., 1991. How Computers Play Chess. W.H. Freeman, New York.

MALLOT, H., 1998. Life is like a game of chess. *Nature 395*:342.

MANDELBROT, B., 1983. The fractal geometry of nature. Freeman, New York.

MURPHY, M. & O'NEILL, L. A. J. (eds.), 1997. What is life? The next fifty years. Cambridge Univ. Press, Cambridge.

OGNJEN, A., RIEHLE, H., FHER, T., WIENBRUCH, C. & ELBERT, T., 2001. Pattern of y-bursts in chess players. *Nature 412*:603–604.

PIGLIUCCI, M., 2001. Phenotypic plasticity, beyond nature and nurture. Tom Hopkins University Press, Baltimore.

PRUSINKIEWICZ, P., HAMMEL, M., HANAN, J. & MECH, R., 1997. Visual Models of Plant Development. In Rozenberg. G. & Salomaa, A. (eds.), *Handbook of Formal Languages. Vol. 3: Beyond Words*, pp. 535–597. Springer Verlag, Berlin.

PRUSINKIEWICZ, P. & LINDENMAYER, A., 1990. The Algorithmic Beauty of Plants. Springer, New York.

ROSEN, R., 1991. Life Itself: A Comprehensive Inquiry into the Nature, Origin, and Fabrication of Life. Columbia University Press, New York.

STEIN, L. A., 1996. Interactive Programming: Revolutionizing Introductory Computer Science. ACM Computer Services 28A (4). http://www.acm.org/surveys/1996/SteinInteractive/.

STEIN, L. A., 1999. Challenging the Computational Metaphor: Implications for How We Think. *Cybernetics and Systems 30*:473–507.

TREWAVAS, A., 2002. Plant intelligence: Mindless mastery. *Nature 415*:841.

WEGNER, P. & GOLDIN, D., 2003. Computation beyond Turing machines. Communication Association Computing Machinery, in Press.

WILKE, C. O., WANG, J. L., OFRIA, C., LENSKI, R. E. & ADAMI, C., 2001. Evolution of digital organisms at high mutation rate leads to survival of the flattest. *Nature 412*:331–333.

Interactive Modelling of Ecosystems

Holger Lange & Michael Hauhs

BITÖK, Bayreuth Institute for Terrestrial Ecosystem Research
University of Bayreuth, 95440 Bayreuth
holger.lange@bitoek.uni-bayreuth.de
michael.hauhs@bitoek.uni-bayreuth.de

Abstract

Living organisms in ecosystems are conceptualized as autonomous agents with a spectrum for their behavior. Ecosystems are described here as interacting multi-agent systems. Implementing such a system is a challenge for current hardware and software technology both technically and conceptually, in particular if one of the agents is human, either virtually within the system or as 'external' participant and user (real human). Interfering with and manipulating the system occurs at arbitrary times during simulation, with a collection of choices to do that, rendering the details of the particular simulation fundamentally unpredictable. As a result, we have an open interactive system with tight feedback loops, for which new computer models (beyond the Universal Turing Machine) are required. We discuss some of the theoretical concepts for the appropriate software technology and shortly present one example of such a system, a forest simulator used by forest administrators.

Keywords: Artificial Life, Interactive Modelling, Multi-Agent Systems

1 Introduction

In this paper, basic elements of interactive models in general and ecosystem simulations in particular are outlined. This work complements that of HAUHS & LANGE (2003b) in that some more technical remarks are made here concerning possible realizations of the theoretical concepts discussed there.
Considered as tool in the context of scientific investigations as well as for educational purposes in ecosystem management and practice, these models have to meet the needs of having

- an interactive interface during a running simulation;

- a 'world model';

- a visualisation or a visual-interactive model, and

- bidirectional documentation facilities alongside the user interface

besides the proper simulation kernel. This principal design is illustrated in **Figure 1**. The world model represents the system structure, all the entities and

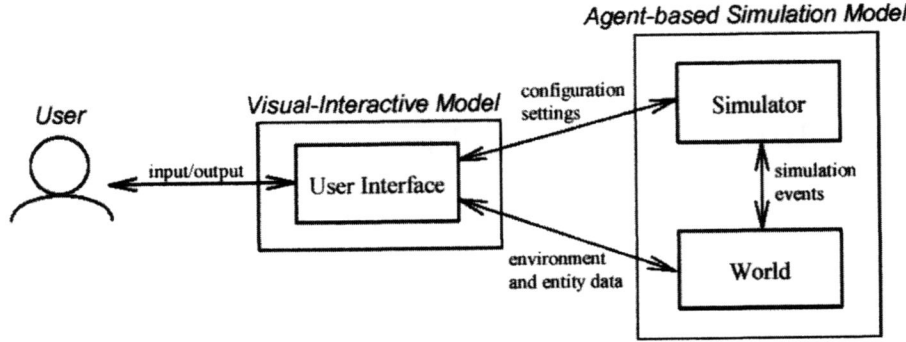

Figure 1: The basic architecture of an interactive simulation model (Campos & Hill, 1998). The double arrows indicate the interactivity; taken to the extreme, the user is able to change the world model of the simulation through the user interface during execution.

their spatial localizations and the environment (e.g. a landscape). This has to be visualized appropriately to enable the user to interact via the user interface during a running simulation. The acceptance of interactive models correlates with the technical quality of this visualisation module and the behavioural challenges posed for the user, as the example of computer games shows. This is in particular true if 'real' sceneries rather than artificial surroundings are being represented to the user as in flight simulators for 'real pilots'. This has the function *not* to distract the pilot from the realistic behaviour of the flight simulator. This relationship between model designers' confidence in correct representation of flight behaviour and the additional computational effort to visualize the environment (external to the cockpit) of the virtual choices posed to pilots is very different for virtual ecosystems. The degree of sophistication of the visualisation part depends clearly on the purpose of the model. Expert users in general will need a more abstract representation of the system than novices. Historically, the visual-interactive model has always been the bottleneck due to its high computational demand. This limitation is getting less severe during recent years, opening a path to bridge the gap between scientists, practitioners and possibly also the public.

The user interface is a bi-directional communication channel, which allows a reconfiguration of almost all parts of the simulation; besides the power to interfere with the simulated structures in a catastrophic way (e.g. clear-cutting and thus reinitialising a tree stand in a forest growth simulator), the user may change the whole world model of the system (e.g. creating alien sorts of ecosystems). He is much more a participant of the simulation than an external observer. The interface is also equipped with a documentation facility: in the applications we have in mind, all user actions are carefully logged by the simulator; after several simulation runs, the individual model user is represented in the system through his realised and documented behaviour. He is also able to evaluate the model performance by adding notes and remarks which will be held in a properly designed knowledge repository and made available to other model users.

It should be obvious that a careful *framework* design is of utmost importance prior to actual implementation of such a model. Parts of the design elements are still dictated by computational limits, however. The main reason that one should plan and design carefully from the beginning is that implementation of an interactive multi-agent simulation model with a sophisticated 3D visualization is in any case a major effort, usually involving a number of people and lasting years.

The notion of a framework refers to an abstract application structure (JOHNSON, 1997; DÖRWALD, 2000). We will call the framework in question here Multi-Agent Visual Interactive Simulation (MAVIS for short). Starting from the abstract notion of a design pattern, the object-oriented application framework enables

- Reusability (reusable design),
- Modularity,
- Client processing,
- Description using the Unified Modeling Language UML as a standard,
- Visual-interactive feedbacks.

Frameworks are often used interchangeably with the notion of abstract base classes in object-oriented programming (MATTSON, 1996). The UML as a method to visualize class diagrams is a standard set by the Object Management Group (BOOCH ET AL., 1998). The other notions are more or less formally defined within the context of theoretical computer science. We, however, concentrate on their practical implications on ecosystem modeling.

2 The role of MAVIS in ecosystem modeling

Letting the technical limitations of MAVIS aside for the moment, it is clear that these simulation models are of great value to basic research as well as practical applications in ecosystem science. The model ecosystems in the MAVIS constitute a laboratory for their study, allowing for experiments at the relevant scale, that of the system itself. For real ecosystems, system-scale experiments are notoriously difficult to conduct for obvious reasons. An attempt in this direction for a small headwater catchment may be found in HULTBERG & SKEFFINGTON (1998).

MAVIS for ecosystems open the possibility to *validate and verify their behavior* through the judgement and usage by subject matter experts (SMEs) in the field (BALCI ET AL., 2002). Here, the importance of the interactive nature of the simulations (HAUHS ET AL., in press) becomes obvious: practical experience gained over long periods of time on the real counterparts stems from managing them rather than scientific investigation.

This managing knowledge results from repeated interaction; SMEs and systems share a common history. To achieve this validation aim, the structural aspects of the system have to be presented in a 'realistic' fashion. The user should 'feel comfortable' during his interactive session. This has the drawback that all sorts of 'tricks' to achieve realism, including digital photographs of landscapes, are allowed (if required by the user), with the consequence that structural aspects cannot be validated, since they are fed in according to the suggestions of the SMEs. In other words, if the foresters need bark peeling damages to appear in the simulation in order to feel good and to base decisions on, we give them bark-peeling damages, although they lack a causal link to the dynamics of the model and would never appear without request.

The crucial role of a common history shared among system and practitioners of its management is especially obvious for the fields of forest management, agriculture and to a lesser extent also fishery. MAVIS substitutes the real system, and interaction substitutes the real management. From this perspective, it is natural to expect that also the last real component remaining, the expert user, might be substituted by an artificial expert system in the future. This is not a far-reaching and unjustified prophecy, as the current development of flight simulators and pilotless aircrafts shows (CLARKE, 2002). In any case, the user performs a virtual management of the system, changing everything which is also in his reach for the real system, may be even more. If he decides to change the world model, e.g. by mutating an arid system to a wetland, he exploits flexibility of the MAVIS not easily available in nature. This enables scenarios for large-scale and major land use change.

The SME thus takes a decisive active part in the simulation. The feedback loop accompanying this scheme is tightly closed or bound, in that without user (inter-)actions, the simulation is either not possible at all or evolves to a dynamics outside the scope of inferential sustainable management. The system itself is not goal-oriented; evolutionary changes in growth and competition strategies work randomly and undirected. This does not exclude the autonomous 'detection' of new strategies and the emergence of new species with survival advantages, succession or behavior pointing to open-ended evolution (the holy grail of Artificial Life simulations, HAUHS & LANGE, 2003a), but these occur purely by chance.

3 Documentation of SME knowledge and behavior

Up to now, we discussed the application of MAVIS as educational or research tool only. The flow of information is basically directed towards the user, as he receives input from the model about progress and the consequences of his actions. However, there is also another dimension of the problem: one could reverse the reasoning and document the actions of the decision-maker in detail. Which behavior makes an expert an expert? Can one tell the difference between a practitioner with long-term experience and a first-year student, and in which situations?

Answers to these questions require the setup of a knowledge repository containing different sources of information. The probably most important one at first sight is the detailed reconstruction of user sessions, broken down to single mouse clicks, and the screen output presented to the user in each situation. Another one are protocols of verbal information supplied by the user, such as comments to the simulation or to MAVIS in general, stories about events in natural situations - the notion of an SME as a storyteller is not to be taken as pejorative, but immanent to the situation of history sharing - and others. Although outside the context of the original MAVIS, the repository gets its importance whenever the focus is on user behavior rather than simulator behavior. This may seem new to ecosystem as well as AL research, but is common in other areas such as flight simulators, e-learning systems, adaptive search engines, intelligent driving, etc. The knowledge repository should be an integral part of design when a MAVIS is to be constructed.

Having build the relevant repository, however, represents only the first step in the direction to explicate knowledge and eventually substitute the SME as well. The information contained in the repository has to be extracted, analyzed and compared in appropriate ways to investigate the sort of questions indicated above. This might not be easy. Probably a collection of pattern searching and reconstructing techniques must be applied (like neural nets, genetic algorithms), but details of this procedure are currently unknown.

3.1 Software objects in interactive models

The more detailed design of the framework requires the introduction and definition of objects and their properties. Here, three basic categories or types may be distinguished (CAMPOS & HILL, 1998): passive entities, active entities and agents. Their defining characteristics are given in what follows.

Passive Entities are non-evolving, non-autonomous objects, which either are immobile or are simply cotransported in a medium or accidentally by actions of other objects. Examples are static (non-growing, non-reproducing) plants, stones, hills etc. in artificial landscapes.

Active Entities can perform tasks. They create events in the world, have the potential to grow, but have no memory. Typical examples are growing plants without reproduction (e.g. due to the time span of the simulation), ants on pheromone trails (but not as social individuals), or guards in a prison.

Agents have full autonomy in the context of the simulation; they have persistent memory[1], they engage in social interactions, e.g. in group forming or bidirectional communication.

Depending on the level of sophistication, three types of agents are distinguished (FERBER, 1999): *reactive* agents, whose behavioral capacities are triggered by external events; *cognitive* agents, who autonomously explore their environment and may induce innovations into the system; they are the first in this hierarchy who may find their own tasks; and *deliberative* agents, which have prediction abilities and develop plans. They are thus anticipative systems (FOMICHOV, 1997) and it should be clear that this agent type most closely resembles humans. In typical ecosystems MAVIS, it will not occur in the simulator but in front of it.

The character of entities depends on the application and on spatiotemporal scales relevant for the simulation. For a forest simulator, trees may be passive entities if the focus is on landscape visualization, active entities if individual growth is considered, or reactive agents if growth strategies are to be traced over evolutionary time scales.

The attributes of an entity are usually derived from abstract base classes. It is not easy to change it 'online' or after the implementation phase, so a careful design is required. Entities should belong to the highest hierarchy necessary for all foreseeable MAVIS applications.

---

[1] a basic requirement for interactive systems (WEGNER & GOLDIN, 1999), but also a feature hard to model in a framework (CAMPOS & HILL, 1998).

3.2 Elements of Multiagent Simulations

MAVIS are component-based frameworks. They do not contain a central organizing unit and do not have a 'task' or problem to be solved by themselves. At this abstract level, they provide an infrastructure or domain for specific applications, which appear as 'instantiations' of the framework. This is reflected by their software architecture; specifications are made at the micro-level (individual entities), whereas the phenomena (the behavior) observed are at the macro-level. By this construction, we have the potential for MAVIS to exhibit emergent properties (HOLLAND, 1997). An aphorism for this approach could be 'act locally, influence globally'.

Functionalities of agents (or entities) are encapsulated in them, and they act asynchronously (and truly parallel, in a multi-threaded fashion). The technical limitations to this theoretical construction are discussed below. The action of an agent is represented as an event, added to an event list.

The elements of a MAVIS are schematically depicted in **Figure 2**. There are two main building blocks, the world package and the simulation package. They are connected via event-listeners. 'Time' is an external reference clock that is only needed for technical reasons, but constitutes the basis for the synchronization kernel, possibly the most problematic part of the simulator package (cf. below). In this diagram, the kernel also handles the event list. The world package provides the spatial aspects of the simulation via coupling to a geographical information system, and organizes the entities within the world as described in the world object. The most problematic part of the world package is the memory of the agents (cf. below).

3.3 The Group Object

Within the world package, the central structure giving and controlling element is the Group Object. This object handles social interactions among agents, run-time checks are performed here for consistency and addition and deletion of agents. As an example, a viewer should not show an entity no longer present in the simulation. This requires frequent updating.

The Group Object may also be equipped with whiteboard functionality; agents may place messages here that are taken up by other agents, or they engage in asynchronous group chatting. For simplicity, one may restrict all of the communication between agents to the group object.

This is only the simplest situation. One may enlarge the hierarchy to add subgroups, each having their own group object, provide rules and preferences for the usage of different whiteboards; agents may belong to more than one subgroup, there could be nested or recursively stacked hierarchies of groups etc. However, the danger of overcomplexification lurks here. If one implements the hierarchical structures and interdependencies of an ant colony in detail from the beginning, we have a population of agents which have no choice other than being virtual ants (HAUHS & LANGE, 2003a). Adaptive flexibility to changing environmental conditions is severely restricted or even lost; the development of strategies is impossible to trace in such simulations. This is particularly unwanted in evolutionary simulations of a supposed complex adaptive system (HOLLAND, 1997).

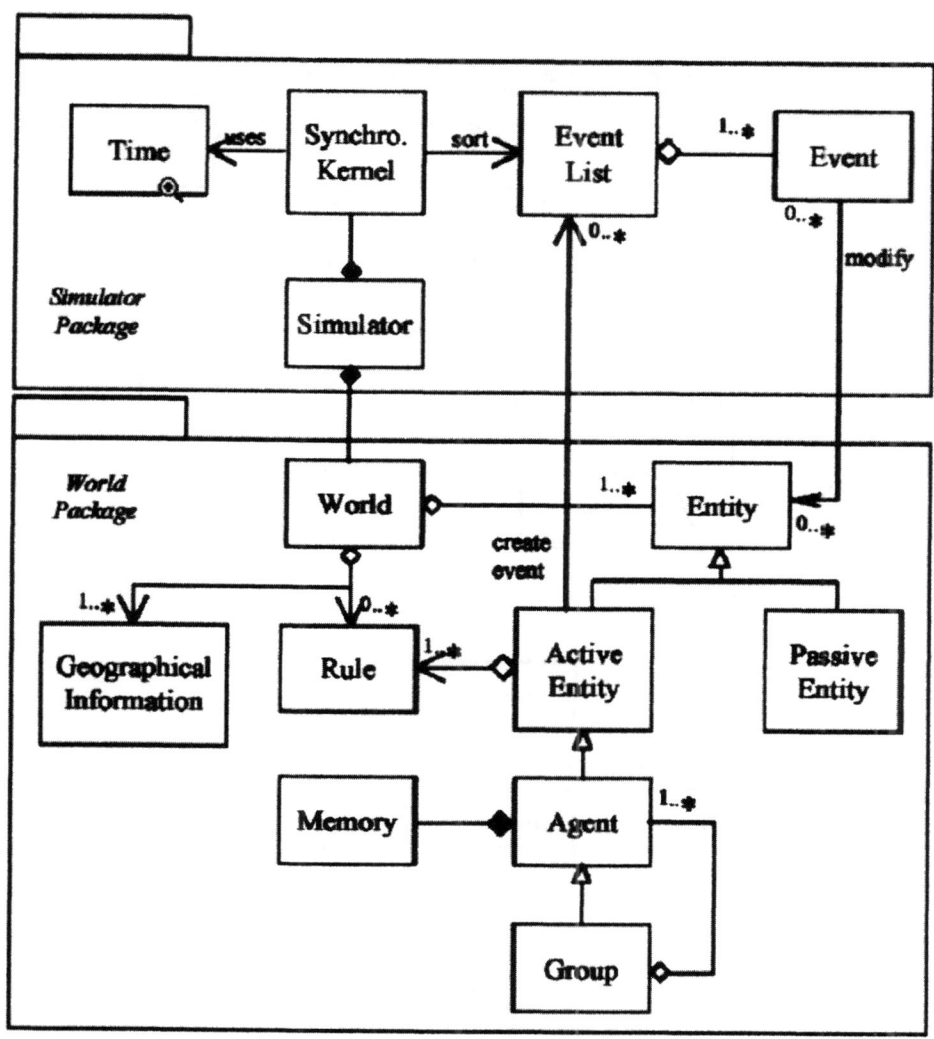

Figure 2: The building blocks of a multi-agent simulation represented as UML class diagram (strongly connected components). '1...*' and '0...*' denote the number of instantiations ('*' means unlimited). Taken from (Campos & Hill, 1998).

The simulator package has no direct output; the user communicates via the world package with the MAVIS. The user interface is suppressed in **Fig. 2** but explicated in **Fig. 3**.

There are different presentation standards for user interfaces and visual-interactive models. Here, we adopt the Model View Controller (Entity - View - Controller) MVC (**Fig. 3**). A strict separation of entity (or data in general) and view is understood. This adds flexibility and reusability to the architecture; the (computationally demanding) update

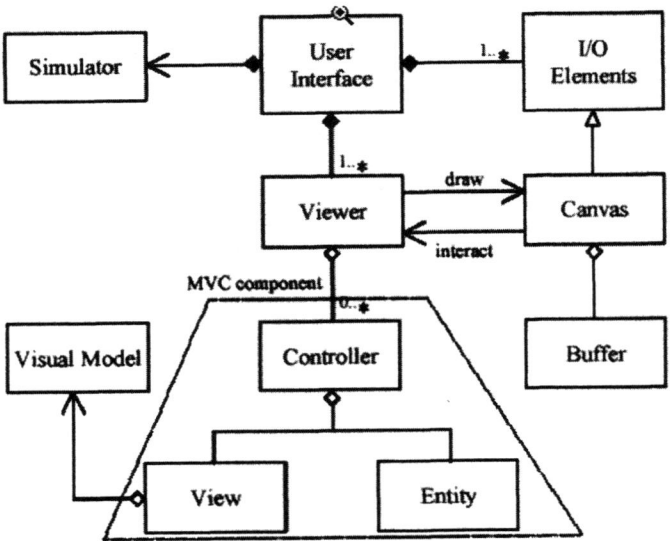
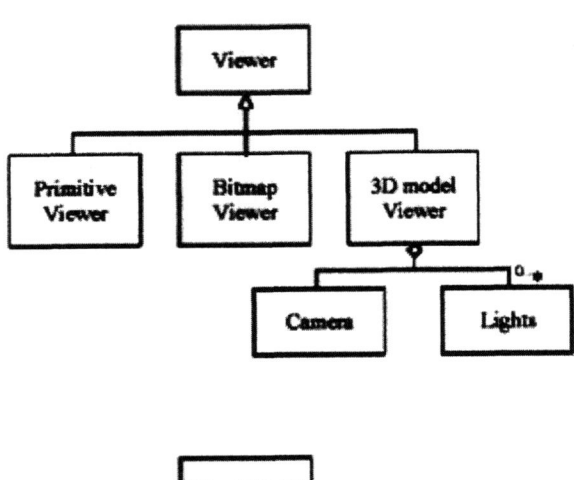
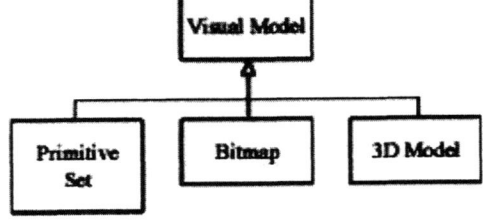

Figure 3: The user interface and the visual-interactive model in the Model View Controller (MVC) representation (top), and an examples for viewers and Visual Model subclasses (bottom) (Campos & Hill, 1998).

of a 3D visualization in the viewer may be performed on a specialized machine (or with the aid of a powerful rendering engine drawing into the Canvas object), whereas the simulation kernel runs on another one; multiple views of the same object are possible. In the opposite direction, the same visual model may be shared by different entities if this makes sense (as in the case of trees of the same species, cows, sheep or fishes).

3.4 The problem of synchronization

Theoretically, there is no mechanism for synchronization, since there is no master clock, and the simulation does not proceed in quantized universally valid steps. In practice, however, on single processor systems, a scheduler is required, serializing concurrent activities. Special attention has to be paid to this synchronization kernel, since thread scheduling that does not lead to unwanted bias is not easy. A badly configured scheduling algorithm very often leads to unfavorable priorities among agents competing for spatial resources (CAMPOS & HILL, 1998; GLOTZMANN ET AL., 2001). Even using a highly sophisticated random assignment and avoiding the language scheduler which is often flawed does not always help, since the operating systems have their own scheduling implementations not in the hands of the programmer. Either the resulting behavior is deterministic and thus potentially unfair, favoring again and again the same agents, or it appears to be random, inducing an unwanted element of stochasticity into the simulation, a situation where e.g. reliable statistical estimates using Monte Carlo simulations are no longer possible (KLEIJNEN, 1987). An alternative is to use a network of workstations (or the whole Internet) to achieve true parallelism. This, however, depends on the specifics of the application; in many cases, vehement traffic overloads drastically reduce the efficiency of the simulation. Usually, events must be heaped and the corresponding event handler converts true parallelism to pseudo-parallelism.

Solutions to the synchronization are subjects of intense debate in MAVIS literature in the context of the so-called three-phase approach (PIDD, 1992). One possibility is to provide a time scan and management process (first phase), then to execute all unconditional activities (second phase) and then the conditional activities with careful random selection. Details of this procedure are beyond the scope of this article.

3.5 The memory problem

A memory object is attached to each agent and allows inferences on the basis of past experiences. However, simply recording past events or whiteboard communications by no means enables meaningful conclusions and corresponding actions. The memory has to be structured along different categories; in the context of a MAVIS framework, there are no generic rules or paradigms for that. At least three notions are crucial: it must have a predefined maximal size; there must be an indexed search method; and it must be able to save and also forget information. The forget procedure reflects the dynamic nature of the memory and may be non-trivially related to past consultings of memory items.

The realization of the memory object is a complicated issue. The possibly most powerful version today is the Large Term

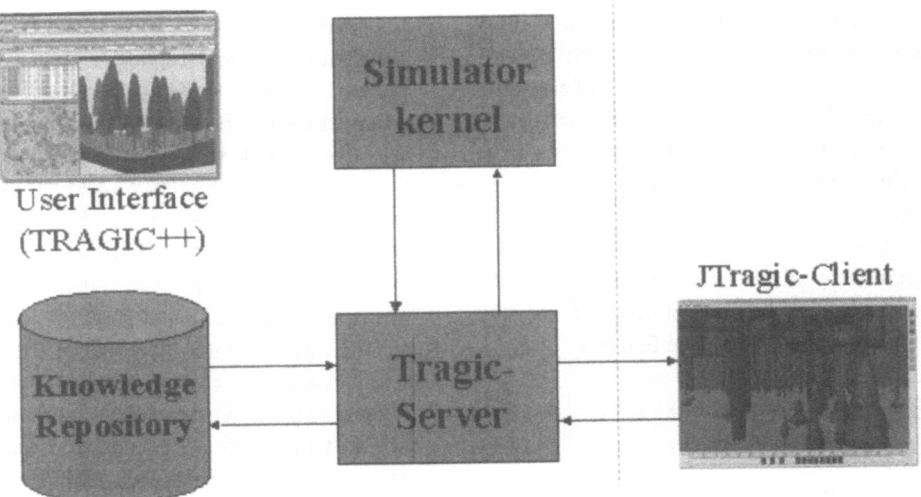

Figure 4: JTragic and TRAGIC++ as an example of a MAVIS.

Memory LTM (COSTA & FEIJÓ, 1996), but there are many alternatives.

4 An Application Example

As discussed above, one reason for implementing and running a MAVIS is to expose SMEs to it and let them (think that they) evaluate the simulator and its interface and evaluate the SMEs in return by recording and analyzing their actions when using the simulator. In particular, experienced forest managers are asked to judge on the reliability and realism of the forest growth simulator TRAGIC++ (HAUHS ET AL., 1995, http://www.bitoek.uni-bayreuth.de/mod/html/tragic/). The simulator is equipped with the user interface JTragic (realized in a client-server architecture) allowing for simple inferences (planting, cutting) and visual inspection of the tree stand (**Fig. 4**). Their actions are recorded and transferred to the knowledge repository (an object-oriented relational data base), which also contains screen shots and parameter settings for the different simulations. The repository may be augmented by additional sources of information, like written or spoken comments of the SMEs, or annotations documenting the background of specific simulations.

Prior to these interactive runs, the simulation kernel has to be carefully calibrated to a well-documented (e.g. experimental) forest and should behave 'realistically' with respect to biomass-related quantities (basal area, height distributions, number of trees per area for that matter), a task which is accomplished through the much more detailed 'scientists' interface (left upper diagram in **Fig. 4**), a tedious but straightforward task. This latter interface opens up the details of the simulation (parameter settings, detailed statistics) which is a Pandora box not being presented to the SMEs. For details on the calibration work, see (HAUHS & LANGE, 2003a).

5 Discussion and Outlook

We have discussed some of the technical items and the theoretical background of multi-agent visualizing and interactive simulations for ecosystems. From a modelling perspective, this seems to be the method of choice at the moment for solving the deep communication problems between scientists, ecosystem managers and the public (HAUHS & LANGE, 2003a).

However, implementing such a MAVIS is demanding in several aspects: computer power, programming skills, and conceptualization. A careful design is required to begin with, as building up a MAVIS is a major effort. We have seen that software technologies to deal with these systems are currently developed; MAVIS are at the cutting edge of computer programming. Some fundamental problems, in particular the synchronicity and true parallelism and the design of a memory for the individual agents, have to be solved pragmatically and are also topics of current debates in theoretical computer science. On the other hand, the potential of these systems as communication platform for different user groups has already been demonstrated, and the further enhancement of computational power will open up possibilities for dealing with these virtual systems very similar to the real ones.

0.2cm

Acknowledgments: The authors like to thank Dr. A. Campos for providing us with the paper (CAMPOS & HILL, 1998) and pointing out some newer references on the MAVIS framework.
Discussions with Dr. F.-J. Knauft were beneficial in the context of this work. This work was supported by the German Ministry of Education and Research (BMBF) under contract no. PT-BEO 0339476 D.

References

BALCI, O., NANCE, R. E., ARTHUR, J. D. & ORMSBY, W. F., 2002. Expanding Our Horizons in VV&A Research and Practice. IEEE, Piscataway, NJ, to appear.

BOOCH, G., RUMBAUGH, J. & JACOBSON, I., 1998. Unified Modeling Language User Guide. Addison-Wesley, New York.

CAMPOS, A. M. C. & HILL, D. R. C., 1998. An Agent Based Framework for Visual-Interactive Ecosystem Simulations. *SCS Transactions on Simulation* 15:139–152.

CLARKE, T., 2002. Flying free. *Nature* 417:582–583.

COSTA, M. & FEIJÓ, B., 1996. An Architecture for Concurrent Reactive Agents in Real-Time Animation. In *Proceedings of the IX SIBGRAPI, Brazil*, pp. 281–288.

DÖRWALD, W., 2000. Ein Framework für interaktive individuenbasierte Modelle. Bayreuther Forum Ökologie 77.

FERBER, J., 1999. Multi-agent systems. An Introduction to Distributed Artificial Intelligence. Addison-Wesley, New York.

FOMICHOV, V. A., 1997. Formal Studies of Anticipative Systems as a Basis of Effective Humanitarian and Computer Applications. In Lasker, G., Dubois, D. & Teiling, B. (eds.), *Advances in Modelling of Anticipative Systems, Vol.II.*, pp. 73–77.

GLOTZMANN, T., LANGE, H., HAUHS, M. & LAMM, A., 2001. Evolving Multi-Agent Networks in Structured Environments. In Kelemen, J. & Sosik, P. (eds.), *Advances in Artificial Life*, pp. 110–119. Springer-Verlag.

HAUHS, M., KASTNER-MARESCH, A. & ROST-SIEBERT, K., 1995. A model relating forest growth to ecosystem-scale budgets of energy and nutrients. *Ecological Modelling* 83:229–243.

HAUHS, M., KNAUFT, F. J. & LANGE, H., in press. Algorithmic and interactive approaches to stand growth modelling. In Amaro & et al. (eds.), *Modelling Forest Systems*.

HAUHS, M. & LANGE, H., 2003a. Alife, Ecosystem Management and the Significance of Interaction in Modelling. In Lange, H. (ed.), *The 4th German Workshop on Artificial Life. Bayreuther Forum Ökologie (in press)*.

HAUHS, M. & LANGE, H., 2003b. Virtualities and Realities of Artificial Life. *This volume*.

HOLLAND, J., 1997. Emergence. From Chaos to Order. Addison Wesley, New York.

HULTBERG, H. & SKEFFINGTON, R. E. (eds.), 1998. Experimental Reversal of Acid Rain Effects: The Gårdsjön Roof Project. Wiley, Chichester.

JOHNSON, R. E., 1997. 'Frameworks = Components + Patterns'. *Communication of the ACM 40 (10)*:39–42.

KLEIJNEN, P. C. J., 1987. Statistical tools for simulation practitioners. Marcel Dekker Publ., New York.

MATTSON, M., 1996. Object-Oriented Frameworks - A survey of methodological issues. Licentiate Thesis. Department of Computer Science, Lund University, Sweden.

PIDD, M., 1992. Object-orientation and three phase simulation. In *Proceedings of the 1992 Winter Simulation Conference (IEEE, Piscataway, New Jersey)*, pp. 689–693.

WEGNER, P. & GOLDIN, D., 1999. Coinductive Models of Finite Computing Agents. *Electronic Notes in Theoretical Computer Science 19.* http://www.elsevier.com/gej-ng/31/29/23/43/23/44/tcs19007.ps .

GfÖ Arbeitskreis Theorie in der Ökologie 2003: Gene, Bits und Ökosysteme (Hrsg: H. Reuter, B. Breckling, & A. Mittwollen), P. Lang Verlag Frankfurt/M; 165-182

Computer-intensive Methods in the Analysis of Species-habitat Relationships

Björn Reineking[1,2] & Boris Schröder[3]

[1] Department of Ecological Modelling, Centre for Environmental Research Leipzig-Halle, Permoserstraße 15, D-04318 Leipzig, Germany, bjorn@oesa.ufz.de

[2] Natural and Social Science Interface (ETH-UNS), Swiss Federal Institue of Technology, Haldenbachstr. 44, ETH-Zentrum HAD, 8092 Zurich, Schwitzerland

[3] Landscape Ecology Group, Carl-von-Ossietzky University of Oldenburg, P.O. Box 2503, D-26111 Oldenburg, Germany, boris.schroeder@uni-oldenburg.de

Abstract

Statistical habitat models give quantitative descriptions of species-habitat relationships by analysing records of environmental conditions and species incidence by means of logistic regression or other techniques. The most useful model in a given situation is usually unknown *a priori*. Several data-driven, computer-intensive methods exist to automatically fit a large number of candidate models to the data and to select the 'best' one of these. Recent research in medical statistics suggests that these selection methods lead to models with reduced predictive performance. In addition, the assessment of predictive performance is overly optimistic if it is not validated with new data or by using resampling techniques. We investigate two procedures for constraining model complexity – backward stepwise variable selection and penalized maximum likelihood – and analyse internal validation via *bootstrap* resampling. We use an ecologically motivated data set comprising 21 real environmental variables and artificial incidence data of a hypothetical plant species. Backward stepwise variable selection improved predictive performance of the models. Constraining the model complexity via penalized maximum likelihood further improved model performance. The differences between the model strategies decreased with increasing size of the data set used. Internal validation via *bootstrap* resampling improved the estimates of model performance.

Zusammenfassung

Statistische Habitatmodelle erlauben quantitative Beschreibungen der Beziehungen zwischen Arten und ihrem Habitat. Mittels logistischer Regression oder anderer Methoden werden Präsenz/Absenz-Daten und Habitateigenschaften analysiert, Vorkommenswahrscheinlichkeiten vorhergesagt und der Einfluss einzelner Habitateigenschaften quantifiziert. Ein wesentliches Problem besteht darin, dass nicht bekannt ist, welches Modell für die verfolgte Fragestellung am geeignetsten ist, d.h. welche Habitateigenschaften berücksichtigt werden sollten. Es existieren verschiedene datengeleitete, rechenintensive Verfahren zur automatischen Auswahl des 'besten' Modells aus einer Menge von Kandidatenmodellen. Neuere Forschungsergebnisse aus dem Bereich der medizinischen Statistik legen nahe, dass diese Selektionsverfahren zu Modellen mit verringerter Vorhersageleistung führen. Zudem wird die tatsächliche Vorhersageleistung der Modelle zu optimistisch beurteilt, wenn sie nicht zumindest intern validiert werden.

Wir untersuchen zwei Verfahren zur Begrenzung der Modellkomplexität – Variablenselektion nach dem *stepwise backward* Verfahren und *penalized maximum likelihood* – sowie die interne Validierung mittels *Resampling*-Verfahren *(Bootstrap)* anhand eines ökologisch motivierten Datensatzes mit empirischen Werten für 21 Umweltvariablen und einer künstlich erzeugten Vorkommensverteilung einer hypothetischen Pflanzenart.

Variablenselektion mit dem *stepwise backward* Verfahren verbesserte die Vorhersagequalität der Modelle. Die Einschränkung der Modellkomplexität durch *penalized maximum likelihood* verbesserte die Vorhersagequalität zusätzlich. Die Unterschiede zwischen den Modellierungsstrategien nahmen mit zunehmender Grösse des zugrunde liegenden Datensatzes ab. Die interne Validierung mittels *Bootstrap* führte zu einer realistischeren Abschätzung der Modellgüte.

Keywords: habitat models, logistic regression, model performance, model selection, prediction, resampling, validation

Schlüsselworte: Habitatmodelle, logistische Regression, Modellauswahl, Modellgüte, Resampling, Validierung, Vorhersage

1 Introduction

Habitat models serve two main purposes: First, to predict species' occurrences on the basis of environmental properties, and second, to improve the understanding of species-habitat relationships and to quantify habitat requirements (MORRISON ET AL., 1998). They are, for example, used to directly predict the effect of landscape or climate change on the distribution of species (SCHRÖDER, 2000; BAKKENES ET AL., 2002), or to produce maps of occurrence probabilities, which are then used as input for realistic dynamic models of populations (AKÇAKAYA ET AL., 1995; SÖNDGERATH & SCHRÖDER, 2002; SCHADT ET AL., 2002). These applications make habitat modelling an important tool for modern ecological research and conservation biology.

Habitat models usually relate records of species presences and absences to the values of one or several environmental properties (predictor or explanatory variables) by some statistical procedure, e.g. logistic regression, generalized additive models (GAMs), classification and regression trees (CART). The construction, interpretation and application of habitat models face a number of challenges. We here focus on the problems of choosing the best model out of a set of logistic regression models and evaluating its performance. Some further prominently discussed questions are (for a recent overview of the discussion, see the special issue of Ecological Modelling 157 (2-3)): What statistical methods lead to the best model performance (logistic regression, CART, GAMs, artificial neural networks)? What does the pattern of species presence and absence tell us about habitat quality? How can the models be adapted to better reflect important ecological processes (e.g. dispersal, competition between species, non-equilibrium population dynamics)?

In an ideal situation, the model structure regarding all relevant predictors and their functional relationships is known, i.e. we deal with a pre-specified model, and model parameters are estimated on the basis of large data sets. The usual situation, however, is quite different: on the basis of a small data set i) predictor variables have to be selected, ii) model parameters have to be estimated, and iii) model performance has to be assessed. So, the most useful model in a given situation is usually unknown *a priori*. Simply using all available variables in the model is often not an option, because too few observations have been made to allow reliable estimates of all these effect sizes. In addition, understanding of species-habitat relationships is not necessarily furthered if dozens of explanatory variables are retained in the final model. Consequently, several methods have been developed to automatically fit a large number of candidate models to the data and to select the 'best' one of these – with stepwise selection procedures being the most prominent ones in the ecological literature.

These data driven, computer intensive methods of model selection and estimation lead to new problems with respect to the interpretation and application of habitat models. These include inflated assessments of the predictive performance on future data as well as bias in parameter estimates. New developments, e.g. resampling techniques, try to alleviate these problems.

Recent studies in medical statistics evaluate these methods to provide estimates of patient mortality after acute myocardial infarction on the basis of large clinical data sets. Particularly the work of HARRELL (2001) and STEYERBERG ET AL. (1999, 2000, 2001) give logistic regression modelling a comprehensive and thorough treatment.

We analyse the performance of several logistic regression modelling strategies for differently sized samples of an ecologically meaningful data set. The attributes of the 21 explanatory variables are either empirical or were calculated based on empirical information. Only the dependent variable, i.e. the presence-absence data, is artificial, assuring that we know the 'true' species-habitat relationships.

Firstly, we investigate the effect on model performance of two methods to constrain model complexity – backward stepwise variable selection and penalized maximum likelihood. Secondly, we analyse to what extend *internal* validation via bootstrap resampling improves the assessment of model performance. While *external* validation uses completely new data to assess the performance of a model, and thus gives an unbiased estimate of future model performance, internal validation uses the same data basis as the model fitting process.

All analyses were conducted in R, a language and environment for statistical computing and graphics (IHAKA & GENTLEMAN, 1996). R is available at http://cran.r-project.org and runs on most common platforms. The data sets and R functions used in the case study are available from the authors.

2 Habitat modelling with logistic regression

Logistic regression is a well established method for habitat modelling (TREXLER & TRAVIS, 1993; PEARCE & FERRIER, 2000). A recent review of the literature reveals that logistic regression is the most frequently used statistical technique in this context (**Fig. 1**). It is a simple and robust procedure, and yields comparatively high performance as well as interpretable model parameters (MANEL ET AL., 1999). In addition, excellent documentation as well as availability in the standard software packages may also explain the frequent application of logistic regression.

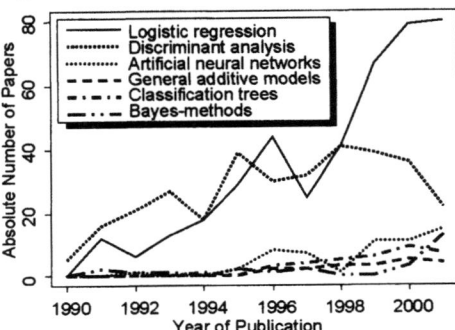

Fig. 1: Frequency of different statistical methods in publications dealing with habitat modelling, based on a literature review in the Web of Science.

Logistic regression is used in situations where the dependent variable, y, can take only one of two possible values, e.g. the species is present (coded as 1) or the species is absent (coded as 0). The probability of occurrence, π, is assumed to be an s-shaped function of k independent explanatory or predictor variables x_j, with j ranging from 1 to k. This relationship becomes linear if the probability of occurrence is logit-transformed. The logit of the probability of occurrence is given by a linear regression against the k habitat factors, where β_j designates the regression coefficient for the jth habitat factor (HOSMER & LEMESHOW, 2000):

$$logit(\pi(\vec{x})) = ln\left(\frac{\pi(\vec{x})}{1-\pi(\vec{x})}\right)$$
$$= \beta_0 + \beta_1 x_1 + ... + \beta_k x_k \quad (1)$$

The regression coefficients $\vec{\beta}$ are usually estimated using the maximum likelihood method. That is, the parameter values are chosen such that the likelihood to observe the empirical data, given the model, is maximized. The likelihood of a single observation i, ℓ_i, is given by

$$\ell_i = \pi_i(\vec{x_i})^{y_i}(1-\pi_i(\vec{x_i}))^{1-y_i} \quad (2)$$

It is assumed that the n observations are independent of each other, such that the likelihood of all observations is simply the product over all n observations of the individual likelihoods.

Because the values of the total likelihood are usually very close to zero, and because sums are easier to compute than products, one commonly computes the logarithm of the likelihood, the so-called log-likelihood, LL.

Tab. 1: Set of performance criteria used to assess model performance in this study.

Performance criterion	Reference, formula or algorithm	Interpretation
Slope of calibration curve	Cox (1958)	Assesses model calibration: well-calibrated models have a slope of 1 while models providing too extreme predictions have a slope < 1 (STEYERBERG ET AL., 2001)
Pseudo-R^2 after NAGELKERKE (1991)	HARRELL (2001, p. 247): $$R_n^2 = \frac{R_{LR}^2}{R_{max}^2} = \frac{1 - e^{\frac{D-D_0}{n}}}{1 - e^{\frac{-D_0}{n}}}$$ where $D = -2LL$ and $D_0 = -2LL$ of the null model	Measures the amount of explained variation (STEYERBERG ET AL., 2001)
Brier score (BRIER, 1950)	HARRELL (2001, p. 247): $$Brier = \frac{1}{n}\sum_{i=1}^{n}(\pi_i - y_i)^2$$	Quantifies the overall accuracy of predictions: for sensible models the Brier score ranges from 0 (perfect prediction) to 0.25 (random prediction) (STEYERBERG ET AL., 2001)
Area under the receiver operating characteristic curve (AUC, c-statistic)	HANLEY & MCNEIL (1982); FIELDING & BELL (1997): related to Somer's D_{xy} rank correlation between predicted probabilities and observed responses: AUC = $0.5 + D_{xy}/2$	Measures overall discrimination, independently of a cut-off value. According to HOSMER & LEMESHOW (2000, 162): AUC = 0.5: random prediction $0.7 \leq$ AUC ≤ 0.8: acceptable $0.8 \leq$ AUC ≤ 0.9: excellent AUC ≥ 0.9: outstanding discrimination AUC = 1: perfect separation

3 Model performance criteria

In order to compare several model approaches, some performance criteria are needed. From the large number of criteria that are given in the literature (cf. FIELDING & BELL, 1997; HOSMER & LEMESHOW, 2000; STEYERBERG ET AL., 2001), we use four criteria that quantify different aspects of overall model performance (**Table 1**): Firstly, this is the slope of a calibration plot (see **Fig. 2** as an example), which is a plot of observed responses against predicted responses (cf. COX, 1958; HARRELL, 2001).

The calibration slope indicates how well predicted occurrence probabilities agree with the observed frequencies in test data. If the slope is below one, the model makes too extreme predictions, i.e. there are more occurrences than predicted in cases of low predicted occurrence probability, and fewer occurrences than predicted where the model predicts high occurrence probability. The second and third criteria are Pseudo-R^2 (NAGELKERKE, 1991) and Brier score (BRIER, 1950), which quantify predictive accuracy (HARRELL, 2001).

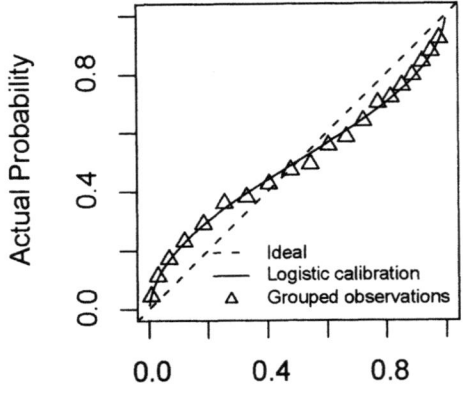

Fig. 2: Calibration plot of the full model fitted on a data set with 5 events per variable. The model is used to predict occurrence probabilities in a test data set with 40,000 observations. The plot shows the actual frequency of occurrences against the predicted probabilities. Each triangle represents the mean over 2,000 observations. The model makes too extreme predictions for low and high probabilities. Thus, the calibration slope is below one.

Finally, we use the area under the receiver operating characteristic curve (ROC curve) as a measure of overall model discrimination (see **Fig. 3** as an example). Model discrimination refers to the model's ability to discriminate habitats where the species is present from non-habitats where the species is absent. We do not use the common classification error as a measure of discrimination. Due to its dependence on an arbitrary cut-off value for obtaining binary predictions (SCHRÖDER & RICHTER, 1999), the classification error is a problematic criterion (HARRELL, 2001).

The AUC (**A**rea **U**nder the **R**OC-Curve) in contrast can be interpreted as the probability that, for a randomly drawn pair of observations with one presence and one absence, the model assigns a higher probability of occurrence to the observation where the species is indeed present. ROC curves are constructed in the following way: for each occurrence probability predicted by the model, one calculates the sensitivity, i.e. the proportion of observed occurrences that have a predicted probability equal to or higher than this threshold value, and the specificity, i.e. the proportion of observed absences that have a lower predicted probability than this threshold value. The sensitivity values are then plotted against the corresponding 1–specificity values (HANLEY & MCNEIL, 1982).

In addition to these four criteria, we evaluate model performance on the basis of bias in the parameter estimates, i.e. the difference between the expected estimate and the true value of the parameter (cf. **Fig. 5**).

4 Bias-Variance Trade-off or Why should we not use the full model?

Overall model error can be decomposed into irreducible error, bias and variance (HASTIE ET AL., 2001). The irreducible error is due to the inherent stochasticity in the system: The environmental conditions do not determine alone whether a species occurs at a given site, but only modify the probability of occurrence. If, for example, this probability is 80%, then, on average, we cannot do better than to correctly predict the occurrence in 80% of all cases.

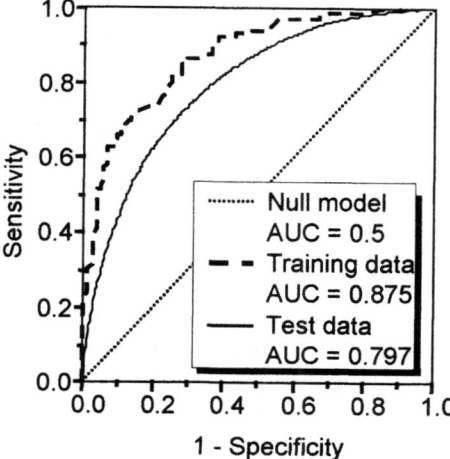

Fig. 3: Receiver operating characteristic (ROC) curves: a model selected and fitted on a data set with five events per variable (n = 210) is used to predict occurrence probabilities on these training as well as on independent test data (n = 40,000). For each predicted occurrence probability, the proportion of observed occurrences with a predicted probability equal to or higher than this threshold (sensitivity) is plotted against 1 minus the proportion of observed absences that have a lower predicted probability than this threshold value (specificity). The area under the ROC curve – AUC – is estimated with optimism when the training data are used to select and estimate the model.

Bias refers to systematic differences between predicted and true probabilities of occurrence. If, for instance, this probability depends on two environmental variables, of which we recorded only one, we will overestimate the probability of occurrence where the unknown environmental variable has favourable values for the species, and underestimate it where it is unfavourable. Thus, bias is the consequence of a model that is too rigid to capture the true relationship between the environmental conditions and the probability of species' occurrence.

Variance results from the fact that the actual data we fit represent a limited random sample from the system under study. If we recorded the values at another time, or at another place, the pattern of occurrences would not be identical. The parameter estimates in the model would be different for each of these data sets, as, consequently, the predictions of the model would be. The degree to which this variation in the different realisations of the system affects the model predictions increases with the flexibility of the model.

Thus, adding more flexibility – and thus complexity – to the model will a) decrease its bias, b) increase its variance and c) yield a better fit to the data that were used to fit the model (training data), but not necessarily a better performance on new data (test data) (**Fig. 4**). In a situation of sparse data, a simpler model will often perform better on future data than the 'true' model, if its parameters have to be estimated on the small sample, even if its structure was known in advance.

Overfitting, i.e. fitting a model that is too complex, is the major cause of unreliable models (HARRELL, 2001). Consequently, model complexity has to be adequately constrained.

This is in spite of the benefits of the full model: i) good performance on training data, ii) estimation of effect sizes for all variables, iii) no 'agony of choice' with respect to which variables to include, and iv) low bias in parameter estimates. The bias-variance trade-off is one, though not the only argument against retaining all available explanatory variables in the model. The application of the model in a new area might be prevented because some of the variables were not recorded, and the costs for recording all variables in future studies will be higher. In addition, a more complex model is more difficult to interpret in ecological terms.

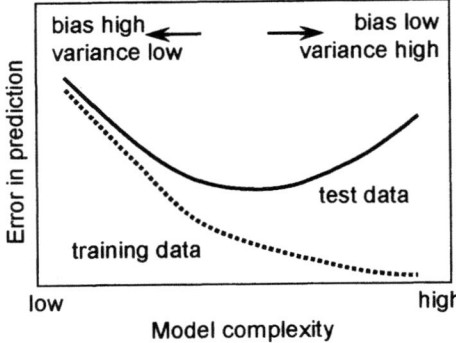

Fig. 4: Relationship between the bias-variance trade-off and model performance on training and independent test data (after Hastie et al., 2001). See text for further explanation.

5 Bootstrap – reliable estimation of performance criteria

The calculation of performance criteria yields over-optimistic estimates if they are calculated on the training data only, as shown in **Fig. 3** (VERBYLA & LITAITIS, 1989). Thus, they have to be validated – if possible, externally on independent test data that were not used to fit the model, at least internally by using resampling techniques (CHATFIELD, 1995). Since in many ecological studies independent data are difficult and expensive to obtain (SCHRÖDER & RICHTER, 1999) and holding back data from the model-fitting phase results in lower precision and power (HARRELL, 2001), we used regular bootstrap resampling (EFRON & TIBSHIRANI, 1993) for internal validation (cf. **Fig. 7**). This method tends to outperform some alternative procedures like split-sample, cross-validation and jack-knife (cf. HARRELL, 2001; STEYERBERG ET AL., 2001) and often provides the most precise estimates.

In the special, data rich situation of our case study, we also applied external validation, reserving a part of our data for validation purposes, in order to assess the performance of the bootstrap procedure (**Fig. 5**).

When applying the bootstrap (EFRON & TIBSHIRANI, 1993), the model is fitted on a large number of bootstrap samples (usually > 100), each randomly drawn with replacement from the original data set. We only used 40 bootstrap replicates because of computational constraints resulting from the large number of alternative modelling strategies that were compared. The model performance is then evaluated on the original sample as well as on the bootstrap sample, with the first one representing estimation of test performance, the latter one representing training performance, and their difference being an estimate of optimism. Subtracting the average optimism over all replications from the final model's apparent performance yields the internally validated performance (EFRON & TIBSHIRANI, 1993; HARRELL, 2001; STEYERBERG ET AL., 2001). In cases where backward stepwise variable selection was applied, we applied it in every bootstrap sample to account for the variability in variable selection.

6 Selection and Estimation methods

The basic idea in model selection is to trade bias for variance, that is, to constrain model complexity such that the decrease in variance outweighs the increase in bias. There are two main ways to achieve this: One can reduce the number of parameters in the model, i.e. eliminate some of the explanatory variables. Alternatively, one can constrain the values of the estimated parameters, e.g. by penalizing for the sum of the squared values of the parameter estimates. We explore the performance of both approaches – variable selection and penalized maximum likelihood – as well as that of their combination.

Several methods have been developed for variable selection (for an overview, see e.g. BUCKLAND ET AL., 1997). Of these, stepwise selection procedures are the most prominent selection algorithms in the ecological literature, with backward selection (backward stepwise elimination) usually outperforming forward selection (forward stepwise inclusion) (HARRELL, 2001, p. 58). The backward stepwise selection starts with the full model and then proceeds by eliminating in each step the least significant of the remaining variables, until all variables in the model are significant at a prespecified level α. We used either the standard significance level for testing of hypotheses ($\alpha = 0.05$), or alternatively the information criterion developed by AKAIKE (1974), AIC ('An Information Criterion'). The latter is equivalent to a significance level of $\alpha = 0.157$ if all predictors have one degree of freedom as in our case (cf. SAUERBREI, 1999). The full model is equivalent to backward selection with $\alpha = 1.0$. It is the only fit providing accurate standard errors and p-values (HARRELL, 2001, p. 58).

Penalized maximum likelihood estimation (VERWEIJ & VAN HOUWELINGEN, 1994; HARRELL, 2001, pp. 207) modifies the optimisation target of the ordinary maximum likelihood by adding the sum of the squared values of the parameter estimates. The relative weight of this penalty term is given by the penalty factor λ as shown in (**Eq. 3**):

$$PML = -2LL + \lambda \sum_{j=i}^{p} \beta_j^2 \quad (3)$$

with penalty factor $\lambda = 0.5, 1, 2, 3, 4, 6, 8, 12, 16, 24, 32, 48, 64$ in our study. The penalized ML was evaluated for the set of values for the penalty factor λ given in **Eq. 3**. We chose the value that minimised a modified AIC regarding the effective degrees of freedom, following an approach proposed by HARRELL ET AL. (1996).

The AIC can be also be understood as a method of penalizing a model's log likelihood for its complexity. In contrast to the penalized ML, however, it is not the size of the parameter estimates that affects the penalization term, but the number of predictors p in the model (or, more general, the number of degrees of freedom of the model, which is the same in a linear model):

$$AIC = -2LL + 2p \quad (4)$$

However, the backward selection algorithm will usually not find the combination of variables with the smallest AIC, because it does not consider all possible models, and is easily trapped in a local minimum.

Table 2: Environmental variables used as predictors in the case study and their pre-specified relative effect size for explaining the occurrence of the hypothetical plant species. The ^{2} indicates the squared term used to model unimodal relationships.

Variable with pre-specified effect size	Relative effect size	Variables with random effect (relative effect size = 0)
available water content	25	cos(aspect)
energy (insolation)	25	elevation
wetness index	16	elevation^2
wetness index^2	16	evaporation
soil ph	9	geology
soil ph^2	9	saturated hydraulic conductivity
erosion	4	saturated hydraulic conductivity^2
soil depth	4	sin(aspect)
diversity of elevation	1	slope
vicinity to roads	1	slope^2
		vicinity to streams

7 Case study

We use a data set with empirical data on the environmental, i.e. independent, variables, and artificial presence/absence data of a hypothetical plant species. The presence/absence data were constructed from the environmental variables with a pre-specified logistic regression model. Thus, we have a realistic correlational structure in the environmental variables, and at the same time knowledge about the 'true' model and its characteristics.

The empirical data are taken from the publicly available *spearfish* data set that is distributed with the GRASS Geographical Information System (cf. http://www.geog.uni-hannover.de/grass/). It covers an area in the vicinity of Spearfish, a quad in western South Dakota, U.S.A. We used a subset of the whole data set, representing an area of 36 km^2 at a spatial resolution of 30 m resulting in 40,000 observations. Where empirical data were provided at a coarser scale, they were adapted to the smaller scale with GRASS functionality. A complete list of the environmental variables we used is shown in **Table 2**.

We only briefly sketch the construction of environmental variables that were derived from the primary information provided with the *spearfish* data. A more detailed description, together with the specific data set used, is available from the authors. *Energy* refers to potential insolation, calculated for a summer day at noon from the digital elevation model. *Wetness index* (or *compound topographic index*) was also calculated from elevation data (QUINN ET AL., 1995). *Potential evapotranspiration* was derived from elevation and energy data according to PRIESTLEY & TAYLOR (1972); *saturated hydraulic conductivity* and *available water content* were calculated from soil texture data (SAXTON ET AL., 1986).

Five of the variables are given both as a linear and a squared term (**Table 2**).

This represents the situation that organisms usually have an optimum for a given environmental variable, leading to a unimodal response of the organism to the gradient of the environmental variable. Since we directly include the squared values, treating them as additional environmental variables, the regression models only include linear terms for each of the 21 variables.

Construction of the dependent variable follows a procedure by TIBSHIRANI & KNIGHT (1999). First, the predictor variables were standardised to zero mean and standard deviation of one. Of the 21 predictor variables, ten were chosen to affect the incidence of the hypothetical plant (**Table 2**). They fall into five pairs of effect sizes, with relative sizes of 25, 16, 9, 4 and 1. The logit of the probability of occurrence of the hypothetical organism was calculated with a linear regression of the ten effective predictor variables. The absolute values of the regression coefficients were chosen such that the resulting variance in the logit was 3. This reflects the situation that environmental conditions allow for a range of occurrence probabilities of the organism in question, and do not fix occurrence probabilities near zero and one. Probabilities of occurrence, $P(Y = 1)$, were then calculated from the result of the linear regression, μ_i, using the inverse logit transformation: $P(Y_i = 1) = 1/(1 + exp(-\mu_i))$.

It is important to note that variables that have been assigned an effect size of zero indeed have themselves no additional effect on the presence or absence on the species, even if they correlate highly with variables that do have an effect. If one corrects for the effect of the 'true' effect variables, their regression coefficients should be zero. However, if the effect variable is not included in the model, non-effect variables correlating with this effect variable will appear to explain variation in the species occurrence. This is the underlying justification for using substitute variables that do not directly affect species occurrence, but correlate with factors that do affect occurrence and are much easier to collect than the 'true' factors.

From the probabilities of occurrence, one realisation of presences and absences was produced and used throughout the simulations. To investigate the effect of different sample sizes, we carried out our analyses for different randomly drawn data sets, with five, ten and twenty events – i.e. occurrences – per variable (EPV 5, 10, 20). With a fixed prevalence of 50%, these data sets are equivalent to sample sizes of n = 210, n = 420 and n = 840, respectively.

8 Results

8.1 Effect of variable selection on performance

Backward variable selection outperforms the full model consistently in all data set sizes, with respect to the criteria AUC, Pseudo-R^2, and Brier score (**Fig. 5**). This result holds both for standard ML and penalized ML estimation. The best results are produced by using $\alpha = 0.05$, that is, with the most severe selection criterion investigated. Selection with the AIC yields intermediate performance. With respect to the slope of the calibration curve, relative performance depends on the size of the data set and on whether penalized ML is used. Without penalization, the same ranking of selection methods is found. If penalized ML is used, the slope of the prognostic index is increased, leading to slopes larger than one in smaller data sets. In this case, the full model yields slope values which are closer to one than if the backward selection methods are applied.

With this sole exception of the slope of the prognostic index in small data sets, penalizing the maximum likelihood results in parameter estimation with better model performance than standard ML.

As expected, performance increases with the size of the data set. In addition, the differences between the methods diminish, getting very small for the largest data sets with 20 events per variable.

8.2 Effect of variable selection on parameter estimation

The distribution of parameter estimates under variable selection and under the full model is exemplified in **Fig. 6**, for the case of a moderately influential variable (**Table 2**) in a large data set (EPV = 20). If no variable selection occurs, the effect size is estimated without noticeable bias. In contrast, backward selection with $\alpha = 0.05$ introduces bias in the parameter estimates.

The mean parameter estimate is lower than the true value, since the variable has been excluded from the model in most cases, which implies a parameter estimate of zero for these cases. If the expected value of the parameter estimate is calculated conditional on the variable being selected for the final model, the resulting estimate is inflated, that is, its absolute value is larger than the true value. In this case, penalization leads to a slight decrease in bias under backward selection (not shown, unconditional mean: 0.037 vs. conditional mean: 0.356), but introduces a bias in the case of the full model,

by shifting the parameter estimate closer to zero (mean: 0.118).

8.3 Value of internal validation

Internal validation with the ordinary bootstrap allows a considerably improved estimate of the true performance of the model (**Fig. 7**).

In our simulation study, the bootstrapped estimate of performance is an essentially unbiased estimate of the performance of the true model, with respect to AUC, Pseudo-R2, and Brier score. Note, however, that the true performance of the actual model is lower than the performance of the true model (dotted line in **Fig. 5**). Thus, there is still optimism in the bootstrapped performance estimate, albeit a reduced one. The reduction in bias through the internal validation decreases with increased data set size, since the bias in the naïve performance estimate is reduced.

The slope of the prognostic index shows a different pattern from the other performance measures. The naïve estimates are by definition unbiased estimates of the slope of the true model, since it is fixed to be one. In this case, the internally validated value of the slope gives a good guidance of the true slope of the actual model.

9 Discussion

In our simulation study, model selection pays off. Strong selection, with $\alpha = 0.05$, yields the best results with respect to AUC, Pseudo-R^2, and Brier score. This pattern is in clear contradiction to the results obtained by, e.g., STEYERBERG ET AL. (2000). They found that variable selection actually decreased perfor-

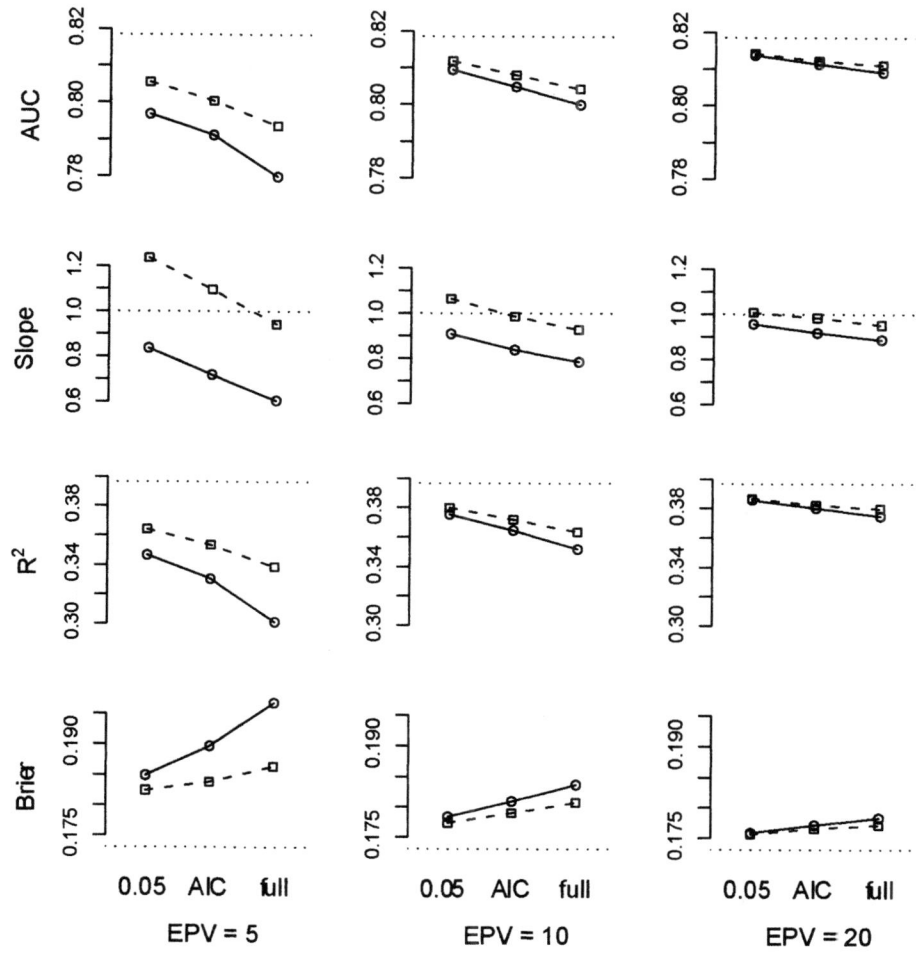

Fig. 5: Average performance of models constructed with backward selection applying $\alpha = 0.05$; $\alpha = 0.157$ (AIC), and $\alpha = 1$ (full model) on the full data set (n = 40,000) regarding AUC, slope of calibration plot, Pseudo-R^2, and Brier score. Small circles indicate standard ML, large squares penalized ML estimation of regression coefficients; the dotted line represents the performance of the true model on the full data set.

mance. Though the medical data used by STEYERBERG ET AL. (2000) will have a correlational structure different from the ecological data in this study, the bias-variance trade-off is an issue in both cases. How can these conflicting results then be reconciled?

In our simulation study, only ten out of 21 predictor variables actually have an effect on the dependent variable. In contrast, STEYERBERG ET AL. (2000) investigated a data set with eight predictor variables that all can be assumed to have at least some effect on the de-

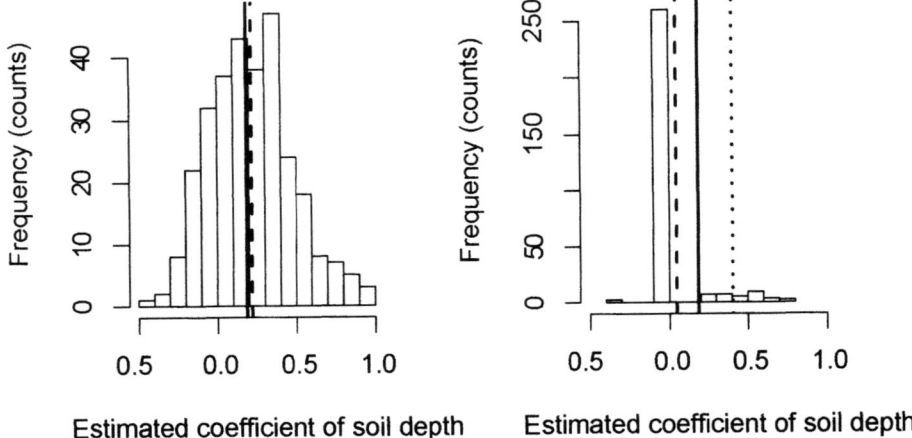

Fig. 6: Distribution of estimated regression coefficients for the variable *soil depth* with 20 events per variable (equivalent to n = 840).
L.h.s.: distribution of coefficients of the full model; the 'true' value of the coefficient is 0.185 (solid line), the average of estimated coefficients is 0.218 (dashed line).
R.h.s.: distribution of coefficients after backward selection with $\alpha = 0.05$; the 'true' value of the coefficient is 0.185 (solid line), the average of estimated coefficients unconditional on selection is 0.048 (dashed line), the average of estimated coefficients conditional on selection is 0.405 (dotted line). The differences between the average coefficients unconditional/conditional on selection and the 'true' coefficient reflect the unconditional/conditional bias.

pendent variable, if not directly, then because they correlate with underlying causative factors that were not measured. It has been documented that variable selection may lead to the inclusion of spurious variables and the exclusion of effective ones (HARRELL, 2001; MAC NALLY, 2002). However, this does not necessarily mean that variable selection decreases the performance of the model, as our results show.

Intuitively, it makes sense that variable selection is useful in situations where there are several variables that have no effect at all. However, it may lead to an actual decrease in model performance, depending on the circumstances. Currently, it seems to be an open question as to where the break even point is, and how to decide on which side of this point the data set of interest is located.

What recommendations on how to build statistical habitat models can currently be given?

First, we feel that there is a strong case for internal validation by using resampling techniques. We did not investigate the relative performance of several techniques, but focused only on the ordinary bootstrap, which performed well in studies carried out by STEYERBERG ET AL. (2001). Given current availability of computer power, resampling techniques are already applicable and give considerably improved estimates of performance. Internal validity can be

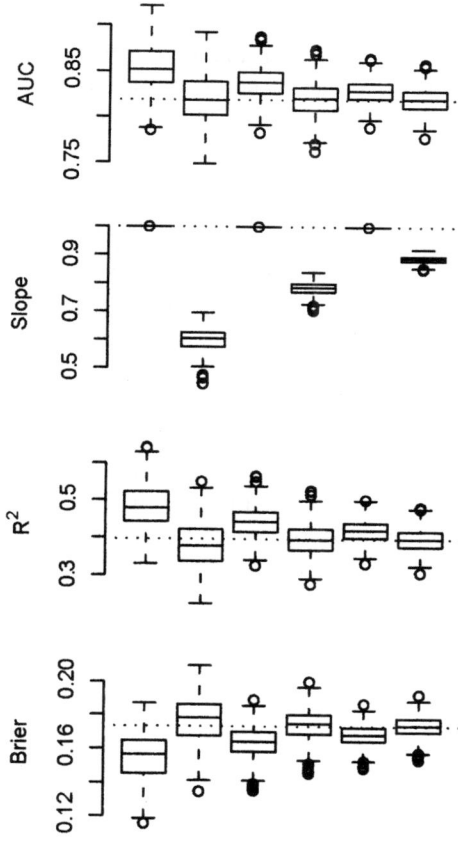

Fig. 7: Difference between model performance on training data and internally validated performance based on bootstrap resampling (40 bootstrap samples) for the full model constructed with standard ML estimation, on differently sized data sets (5, 10 and 20 events per variable, i.e. n = 210, 420, 840). Box-plots are shown for 295 repetitions of randomly drawn training samples. The dotted line indicates performance of the true model in the total data set (n = 40,000).

seen as an approximation to external validity (STEYERBERG ET AL., 2001).

Secondly, penalized ML estimation is likely to improve actual model performance. This result is consistent in our study and the ones by STEYERBERG ET AL. (2000). Its beneficial effects are most pronounced in small data set. However, the recommendation comes with a caveat – penalized ML increases the calibration slope, i.e. it makes predicted values of the probability of occurrence less extreme. This will usually improve calibration, but may give too moderate predictions at the extremes of the probability of occurrence. Thus, after applying penalized ML estimation, difficulties may occur in discriminating e.g. optimal habitats from good ones.

As becomes apparent from the discussion above, the main question is not whether model selection makes sense or not, but rather which method to choose under what conditions. How good does *a priori* selection of predictor variables have to be in order to make it better than automated selection? This is an issue that can be investigated with the help of simulation models. How good are *a priori* selections made by researchers likely to be? This is more difficult to analyse, but it may be feasible to investigate this in situations where there is a comfortable data basis that allows extracting subsets on which several experts can independently do *a priori* model selection and their models' performance can be compared to that of automated selection methods.

In addition, an intriguing alternative to model selection is model averaging (HOETING ET AL., 1999), where several models are combined into one model. These methods are promising for prediction purposes, as they have been shown to have good performance (CHATFIELD,

1995). Recent approaches combine model averaging with variable selection, reducing the problems associated with using all available predictor variables (BROWN ET AL., 2002).

In this study, we focused on choosing the appropriate model complexity with respect to predictive performance and on the assessment of model performance with *bootstrap* resampling. These two issues are of general importance – not only with respect to different statistical methods for building habitat models, but also for other types of ecological models when they are confronted with data. However, they are easier to analyse in comparatively simple situations like habitat modelling with logistic regression.

Though habitat modelling has become a frequently used tool, it still faces a number of methodological challenges in addition to the two issues investigated here. These include the shapes of the species response curves or interactions between predictor variables, which can be more naturally addressed with more flexible methods such as GAMs or regression trees rather than logistic regression. However, when MOISEN & FRESCINO (2002) compared five modelling techniques for predicting several forest characteristics, they found small gains in real data sets when using more complex models over simple linear models. They attribute this to the high amount of noise in their data, and argue that only improved data quality, which is expected to result from improved resolution imagery, will give the more powerful, i.e. flexible modelling techniques the edge in the future.

Apart from these more technical issues, it has been argued that standard statistical methods used for habitat modelling fail to take into account key ecological processes, such as dispersal, interactions between species or non-equilibrium dynamics (AUSTIN, 2002). This can be critical if patterns of habitat occupancy are used to infer reproductive value of habitats, when in fact the pattern of habitat occupancy reflects a species' ability to reach a certain habitat (TYRE ET AL., 2001).

As the tools for habitat modelling mature, the range of questions addressed with these models will expand and extend beyond quantifying the habitat relationships of single species or predicting their occurrences. It will be intriguing, for example, to analyse the relationships between species habitat requirements and species attributes across a range of species.

The challenge of model selection and model assessment, however, will not disappear.

10 Conclusion

Sound statistical analyses of species-habitat data improve the basis of our understanding of the ecology of species and of environmental management decisions. These data are scarce, and should therefore be used to maximum effect. Modern computer intensive methods provide valuable tools for the analysis of habitat models. In particular, internal validation via resampling techniques improves the estimates of model performance.

However, there is no magic bullet for the bias-variance trade-off. In situations where there is a mixture of variables with no effect and variables with effect on the incidence of the species, automated model selection may improve reliability and predictive performance of habitat models.

Acknowledgements

We are grateful to Carsten Dormann, Christian Machens, Stephanie Schadt, Frank Schurr and two anonymous reviewers for their valuable comments on the manuscript. This work has been financially supported by the Bundesministerium für Bildung und Forschung (MOSAIK project, grant 01-LN-0007).

References

AKAIKE, H., 1974. A new look at statistical model identification. *IEEE Transactions on Automatic Control* 19:716 – 722.

AKÇAKAYA, H. R., McCARTHY, M. A. & PEARCE, J. L., 1995. Linking landscape data with population viability analysis: management options for the helmeted honeyeater Lichenostomus melanops cassidix. *Biological Conservation* 73:169 – 176.

AUSTIN, M. P., 2002. Spatial prediction of species distribution: an interface between ecological theory and statistical modelling. *Ecological Modelling* 157:101 – 118.

BAKKENES, M., ALKEMADE, J. R. M., IHLE, F., LEEMANS, R. & LATOUR, J. B., 2002. Assessing effects of forecasted climate change on the diversity and distribution of European higher plants for 2050. *Global Change Biology* 8:390 – 407.

BRIER, G. W., 1950. Verification of forecasts expressed in terms of probability. *Monthly Weather Review* 75:1 – 3.

BROWN, P. J., VANNUCCI, M. & FEARN, T., 2002. Bayes model averaging with selection of regressors. *Journal of the Royal Statistical Society / B* 64:519 – 536.

BUCKLAND, S. T., BURNHAM, K. P. & AUGUSTIN, N. H., 1997. Model selection: an integral part of inference. *Biometrics* 53:603 – 618.

CHATFIELD, C., 1995. Model uncertainty, data mining and statistical inference (with discussion). *Journal of the Royal Statistical Society / A* 158:419 – 466.

COX, D. R., 1958. Two further applications of a model for binary regression. *Biometrika* 45:562 – 565.

EFRON, B. & TIBSHIRANI, R. J., 1993. An introduction to the bootstrap. Chapman and Hall, New York.

FIELDING, A. H. & BELL, J. F., 1997. A review of methods for the assessment of prediction errors in conservation presence-absence models. *Environmental Conservation* 24:38 – 49.

HANLEY, J. A. & McNEIL, B. J., 1982. The meaning and use of the area under a ROC curve. *Radiology* 143:29 – 36.

HARRELL, FRANK E., J., 2001. Regression modeling strategies: with applications to linear models, logistic regression, and survival analysis. Springer, New York.

HARRELL, FRANK E., J., LEE, K. L. & MARK, D. B., 1996. Multivariable prognostic models: issues in developing models, evaluating assumptions and adequacy, and measuring and reducing errors. *Statistics in Medicine* 15:361 – 388.

HASTIE, T., TIBSHIRANI, R. & FRIEDMAN, J. H., 2001. The elements of statistical learning: data mining, inference, and prediction. Springer, New York.

HOETING, J. A., MADIGAN, D., RAFTERY, A. E. & VOLINSKY, C. T., 1999. Bayesian model averaging: a tutorial. *Statistical Science* 14:382 – 400.

HOSMER, D. W. & LEMESHOW, S., 2000. Applied logistic regression. Wiley, New York.

IHAKA, R. & GENTLEMAN, R., 1996. R: A language for data analysis and graphics. *Journal of Computational and Graphical Statistics* 5:299 – 314.

MAC NALLY, R., 2002. Multiple regression and inference in ecology and. *Biodiversity and Conservation* 11:1397–1401.

MANEL, S., DIAS, JEAN, M. & ORMEROD, S. J., 1999. Comparing discriminant analysis, neural networks and logistic regression for predicting species distributions: a case study with a Himalayan river bird. *Ecological Modelling* 120:337 – 348.

MOISEN, G. G. & FRESCINO, T. S., 2002. Comparing five modelling techniques for predicting forest characteristics. *Ecological Modelling* 157:209 – 225.

MORRISON, M. L., MARCOT, B. G. & MANNAN, R. W., 1998. Wildlife-habitat relationships - concepts and applications. The University of Wisconsin Press, Madison, Wisconsin.

NAGELKERKE, N. J. D., 1991. A note on general definition of the coefficient of determiniation. *Biometrika* 78:691 – 692.

PEARCE, J. & FERRIER, S., 2000. Evaluating the predictive performance of habitat models developed using logistic regression. *Ecological Modelling* 133:225–245.

PRIESTLEY, C. H. B. & TAYLOR, R. J., 1972. On the assessment of surface heat flux and evaporation using large-scale parameters. *Monthly Weather Review* 100:81 – 92.

QUINN, P. F., BEVEN, K. & LAMB, R., 1995. The ln(a/tan b) index: how to calcluate it and how to use it within the TOPMODEL framework. *Hydrological Processes* 11:161 – 182.

SAUERBREI, W., 1999. The use of resampling methods to simplify regression models in medical statistics. *Applied Statistics* 48:313 – 330.

SAXTON, K. E., RAWLS, W. J. & ROMBERGER, J. S., 1986. Estimating generalized soil-water characteristics from texture. *Soil Science Society of America Journal* 50:1031 – 1036.

SCHADT, S., REVILLA, E., WIEGAND, T., KNAUER, F., KACZENSKY, P., BREITENMOSER, U., BUFKA, L., CERVENÝ, J., KOUBEK, P., HUBER, T., STANI?A, C. & TREPL, L., 2002. Assessing the suitability of central European landscapes for the reintroduction of Eurasian lynx. *Journal of Applied Ecology* 39:189 – 203.

SCHRÖDER, B., 2000. Zwischen Naturschutz und Theoretischer Ökologie: Modelle zur Habitateignung und räumlichen Populationsdynamik für Heuschrecken im Niedermoor. PhD - Thesis, TU Braunschweig.

SCHRÖDER, B. & RICHTER, O., 1999. Are habitat models transferable in space and time? *Zeitschrift für Ökologie und Naturschutz* 8:195 – 205.

STEYERBERG, E. W., EIJKEMANS, M. J. C. & HABBEMA, J. D. F., 1999. Stepwise selection in small data sets: a simulation study of bias in logistic regression analysis. *Journal of Clinical Epidemiology* 52:935 – 942.

STEYERBERG, E. W., EIJKEMANS, M. J. C., HARRELL, F. E., J. & HABBEMA, J. D. F., 2000. Prognostic modelling with logistic regression analysis: A comparison of selection and estimation methods in small data sets. *Statistics in Medicine* 19:1059 – 1080.

STEYERBERG, E. W., HARRELL, FRANK E., J., BORSBOOM, G. J. J. M., EIJKEMANS, M. J. C., VERGOUWE, Y. & HABBEMA, J. D. F., 2001. Internal validation of predictive models - Efficiency of some procedures for logistic regression analysis. *Journal of Clinical Epidemiology* 54:774 – 781.

SÖNDGERATH, D. & SCHRÖDER, B., 2002. Population dynamics and habitat connectivity affecting spatial spread of populations - a simulation study. *Landsacpe Ecology* 17:57 – 70.

TIBSHIRANI, R. & KNIGHT, K., 1999. The covariance inflation criterion for adaptive model selection. *Journal of the Royal Statistical Society / B.* 61:529 – 546.

TREXLER, J. C. & TRAVIS, J., 1993. Non-traditional regression analyses. *Ecology* 74:1629 – 1637.

TYRE, A. J., POSSINGHAM, H. P. & LINDENMAYER, D. B., 2001. Inferring process from pattern: Can territory occupancy provide information about life history parameters? *Ecological Applications* 11:1722 – 1737.

VERBYLA, D. L. & LITAITIS, J. A., 1989. Resampling methods for evaluation of classification accuracy of wildlife habitat models. *Environmental Management* 13:783 – 787.

VERWEIJ, P. J. M. & VAN HOUWELINGEN, H. C., 1994. Penalized likelihood in Cox regression. *Statistics in Medicine* 13:2427 – 2436.

Einsatz von Data Mining Techniken zur Analyse ökologischer Standort- und Pflanzendaten

Mathias Kirsten[1], & F. Wilhelm Dahmen[2]

[1]*Fraunhofer-Gesellschaft, Schloß Birlinghoven, 53754 Sankt Augustin*
mathias.kirsten@zv.fhg.de

[2]*Lorbacher Weg 6, 53894 Mechernich*

Abstract

Analysing the relations between site properties and the real growth of plants is an important issue within geobotany and of practical relevance for landscape planning and land use. Especially, acquiring and describing the constraints for the growth and prosperity of plants is of great interest. So far, such constraints were determined empirically from site data, taking into account the factors of the constraints separately. Hence, the descriptions might often be incomplete and uncertain. A new way for acquiring and describing the site requirements of plants will be presented in this paper: By employing methods from data mining and machine learning, we automatically extracted such habitat requirements from vegetation records stored in the wildplant database information system *Terra Botanica* . These automatically extracted descriptions suggest that on a much broader basis of vegetation records, it may be possible to deduce habitat requirements that surpass todays knowledge in terms of accuracy and consideration of synergies between the different site factors.

Keywords: Data Mining, Machine Learning, Geobotany, Terra Botanica, automatic extraction, vegetation record, habitat requirements

Zusammenfassung

Die Analyse von Zusammenhängen zwischen Standortfaktoren und realem Pflanzenwachstum ist ein wichtiger Bereich der Geobotanik und von erheblicher praktischer Bedeutung für die Landschaftsplanung und Landnutzung. Insbesondere die Erfassung und Beschreibung von Rahmenbedingungen für das Gedeihen bestimmter Pflanzen ist von großem Interesse. Unter isolierter Betrachtung der einzelnen Faktoren wurden solche Rahmenbedingungen bisher empirisch aus eigenen oder der Literatur entnommenen Geländeaufnahmen ermittelt, so daß die Beschreibungen oft unvollständig und unsicher sind. Ein neuer Weg zur Ermittlung der Standortansprüche von Pflanzen wird im folgenden Beitrag beschrieben: Mit Methoden des Data Mining beziehungsweise des maschinellen Lernens wurden Standortansprüche automatisch aus den Daten einer begrenzten Zahl standörtlich interpretierter Vegetationsaufnahmen extrahiert. Mit Hilfe der in der GMD entwickelten Data Mining-Plattform KEPLER war es möglich, aus den im Wildpflanzen-Datenbank und -Informationssystem Terra Botanica gespeicherten Daten, automatisch Standortansprüche abzuleiten. Diese lassen erwarten, daß auf einer wesentlich breiteren Basis von Vegetationsaufnahmen Standortansprüche von Pflanzen abzuleiten sind, die hinsichtlich Genauigkeit und Berücksichtigung des Synergismus der einzelnen Standortfaktoren die bisherigen Kenntnisse übertreffen.

Schlüsselwörter: Data Mining, Maschinelles Lernen, Geobotanik, Terra Botanica, automatische Extraktion, Vegetationsaufnahme, Standortansprüche

1 Einleitung

Ein genaues Verständnis unserer Umwelt mit ihren Pflanzen und Tieren ist nicht nur aus wissenschaftlicher Perspektive von enormer Wichtigkeit (STEININGER, 1996), sondern hat auch eine hohe praktische und ökonomische Bedeutung. Konkret sei etwa auf die bei vielen Bauvorhaben vorgeschriebene Umweltverträglichkeitsprüfung verwiesen. Die Erhebung und geeignete Aufbereitung des dafür notwendigen Wissens war bislang ein aufwendiger Prozeß und setzte langjährige praktische Erfahrungen voraus. Es fragt sich, ob, wie in der „Agenda Systematik 2000" der internationalen Gemeinschaft der Biosystematiker gefordert, die modernen Analysemethoden der Informationstechnik hier einen Beitrag leisten können.

Im vorhergehenden Beitrag von DAHMEN & DAHMEN (2003) wurden Beispiele der Gewinnung ökologischer Daten mit dem Wildpflanzen-Datenbank- und Informationssystem Terra Botanica, dessen Struktur und Funktionen sowie deren mögliche Visualisierung in Ökodiagrammen (siehe dortige Abbildung 2) vorgestellt.

In diesem Beitrag zeigen wir auf, welche zusätzlichen Möglichkeiten der Einsatz von Data Mining Methoden und Techniken des maschinellen Lernens bei der Analyse von Vegetationsaufnahmen eröffnet.[1] Zentrale Fragen sind dabei, wie sich die Standortfähigkeiten von Pflanzen aus Gelände- und Vegetationsaufnahmen automatisch extrahieren lassen und welche standortfaktoriellen Synergismen es in den abgeleiteten Beschreibungen gibt. Für diese Untersuchung standen die in Terra Botanica abgelegten Daten von mehr als 1700 mitteleuropäischen Wildpflanzen sowie über 1400 Geländeaufnahmen zur Verfügung. Das Ziel war, zu untersuchen, ob mit Methoden des maschinellen Lernens und des Data Mining eine automatische Extraktion und Beschreibung der Standortansprüche von Pflanzen an ihre realen Wuchsorte möglich ist, deren Qualität hinsichtlich Genauigkeit und Interpretierbarkeit zeitaufwendig manuell erstellten Daten nicht nachsteht. Welche edaphischen und klimatischen Bedingungen müssen gegeben sein,

---

[1] Die Ergebnisse dieses Artikels basieren auf der Diplomarbeit von KIRSTEN (1997) welche beim Autor angefordert werden kann.

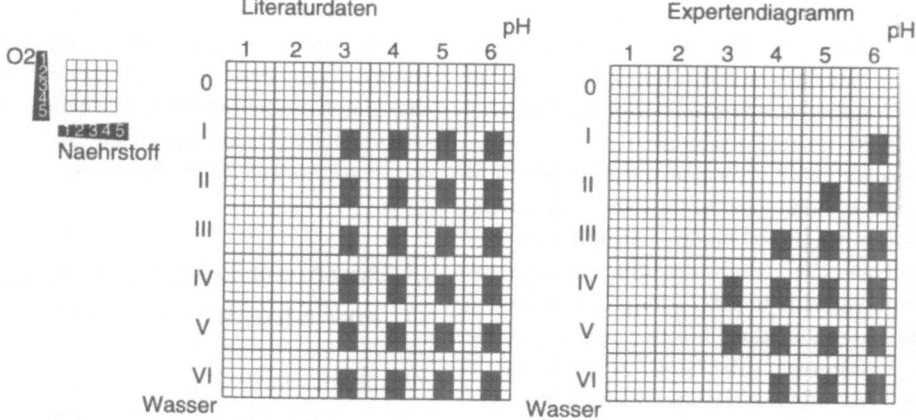

Abb. 1: Ökodiagramme für die Gewöhnliche Esche: Generiert nach Literaturdaten beziehungsweise manuell erstellt. Abgebildete Faktoren sind Säure und Wasser im großen Gitter sowie Sauerstoff und Nährstoff im Kleingitter.

damit eine bestimmte Art an einem Ort wachsen kann?

Der Artikel ist wie folgt aufgebaut. In Abschnitt zwei vergleichen wir gängige Beschreibungsarten von Standortansprüchen und motivieren die Verwendung einer Beschreibungsart mit gleicher Ausdrucksmächtigkeit wie die der Ökodiagramme. Abschnitt drei beschreibt wie Standortansprüche automatisch extrahiert werden können und stellt zwei Verfahren vor, deren praktische Eignung für die Aufgabe im nachfolgenden Abschnitt vier experimentell überprüft wird. Die Ergebnisse der Experimente werden in Abschnitt fünf beschrieben und interpretiert. In Abschnitt sechs geben wir eine kurze Zusammenfassung und einen Ausblick auf zukünftige Arbeiten.

2 Beschreibung von Standortansprüchen

Für die Erfassung und Beschreibung von Standortansprüchen bestimmter Pflanzen gibt es verschiedene gängige Formen. Die erste besteht in rein verbalen Beschreibungen. Sie können den Synergismus der Standortfaktoren in den Text einbeziehen, ohne auf bestimmte Darstellungsarten beschränkt zu sein.

Eine weitere Form ist die Visualisierung in Ökodiagrammen wie sie auch im vorhergehenden Artikel beschrieben sind (DAHMEN & DAHMEN, 2003). Dies sind Diagramme, in denen Standortbedingungen durch Zusammensetzung (Verschachtelung) zweidimensionaler Matrizen für insgesamt vier bis sechs Standortfaktoren dargestellt werden können. Die einzelnen Standortfaktoren werden dabei als Ökokoordinaten eines mehrdimensionalen ökologischen Raumes aufgefaßt. Das rechte Diagramm in **Abbildung 1** zeigt das manuell erstellte Ökodiagramm der Standortansprüche der gewöhnlichen Esche (*Fraxinus Excelsior* L.). Im Großgitter, den großen Kästchen, werden die beiden ersten Standortfaktoren Wasser und Säure dargestellt. Innerhalb eines solchen Kästchens sind dann weitere Dimensionen verschachtelt. In der Abbildung sind dies das Sauerstoffangebot im Wurzelbereich und das Nährstoffangebot (Stickstoff und Phosphor).

Solche Ökodiagramme werden bisher empirisch, das heißt auf der Grundlage entsprechender Geländeaufnahmen manuell erstellt und ermöglichen Synergismen verschiedener Faktoren darzustellen. Bei der dritten, häufig benutzten Beschreibungsart ist die Darstellung der Synergismen nicht mehr möglich, denn dabei wird für jeden Standortfaktor ein Intervall angegeben, in dem dieser sich befinden sollte, damit die Pflanze gedeihen kann. Die wichtigsten edaphischen Standortansprüche der Rotbuche (Fagus silvatica) können beispielsweise durch folgende Intervalle ausgedrückt werden:

Faktor	Bedingung	Erläuterung
Wasser	mäßig trocken - frisch	Wasserangebot im Boden
Säure	4 - > 7.3	pH-Wert des Bodens
O_2	ausreichend - gut	Sauerstoffversorgung der Wurzeln
Nährstoff	mäßig - normal	Versorgung mit Stickstoff und Phosphor

Die Faktoren werden hierbei unabhängig voneinander behandelt. Diese Beschreibung der Standortansprüche einer Pflanze stellt also immer genau ein n-dimensionales Rechteck, ein Hyperrechteck, im mehrdimensionalen ökologischen Standortraum dar. Demgegenüber lassen sich in einem Ökodiagramm auch Mengen solcher Hyperrechtecke visualisieren. **Abbildung 1** zeigt diesen Unterschied anhand der Standortansprüche der Gewöhnlichen Esche. Die vereinfachte Darstellung erleichtert die Handhabung und ermöglicht einfache Modellierungen von Standortansprüchen, zum Beispiel für rechnergestützte Informationssysteme wie *Terra Botanica*.

3 Automatische Extraktion von Standortansprüchen

Während die in *Terra Botanica* enthaltenen Beschreibungen aus unabhängigen Intervallen die Speicherung erleichtern und eine Groborientierung zulassen, wäre es aus ökologischer Sicht wünschenswert, sie durch eine genauere Beschreibung zu ersetzen, die von ihrer Mächtigkeit her den oben erläuterten Ökodiagrammen entspricht, und dies nach Möglichkeit automatisch aus den empirisch erhobenen Standortaufnahmen. Ziel unserer Arbeiten war es daher, geeignete Methoden zu finden, die genau diese Aufgabe übernehmen können, und nachzuweisen, daß die Qualität ihrer Ergebnisse tatsächlich das erforderliche Niveau erreicht.

Benötigt werden also Verfahren, die als Eingabe alle beobachteten Standorte einer Pflanze, inklusive der Boden- und Klimafaktoren der Standorte, erhalten, und daraus eine allgemeine Beschreibung der Standortansprüche erzeugen. Diese Aufgabe nennt man allgemein auch „Lernen aus klassifizierten Beispielen". Die vom Verfahren erzeugte allgemeine Beschreibung kann dann als Klassifikator verwendet werden, um für einen neuen Standort vorherzusagen, ob die betreffende Pflanze dort wachsen kann oder eben nicht. Um für den Ökologen möglichst leicht verständlich zu sein, sollte das Lernergebnis in einer den Ökodiagrammen entsprechenden Form gehalten,

Data Mining Techniken

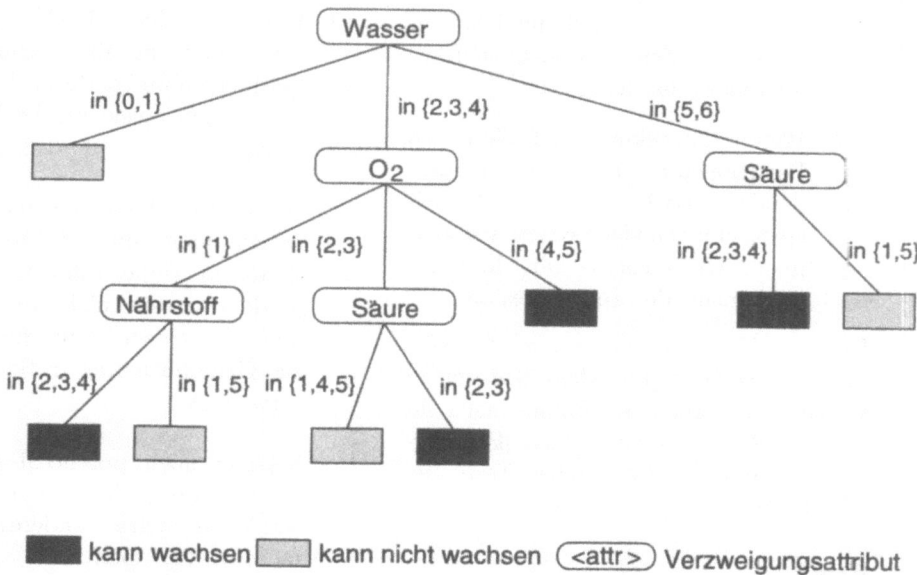

Abb. 2: Entscheidungsbaum.

also als Menge von Hyperrechtecken auszudrücken sein.

Erfreulicherweise gibt es im Bereich des maschinellen Lernens und des Data Mining einige Verfahren, die diese Anforderungen erfüllen. Wir haben für unsere Untersuchungen Repräsentanten zweier wichtiger Verfahrensklassen gewählt: Entscheidungsbaumverfahren und Nachbarschaftsverfahren. Ein Entscheidungsbaum (siehe das Beispiel in **Abbildung 2**) wird zur Klassifizierung genutzt, indem der Baum von oben her durchlaufen wird. Bei jedem mit einem Attribut markierten Knoten wird derjenige Ast gewählt, der dem Wert des Attributs im zu klassifizierenden Objekt - hier als dem zu klassifizierenden Standort - entspricht. Die Blätter des Baumes geben dann die vorhergesagte Klasse an. Da jede Klasse durch mehrere Blätter dargestellt werden kann, beschreibt ein Entscheidungsbaum eine Klasse tatsächlich durch eine Menge von Hyperrechtecken. Entscheidungsbaumverfahren sind eine der am häufigsten verwendeten Verfahrensklassen, und wir haben für unsere Untersuchungen das bekannte Verfahren $C4.5$ (QUINLAN, 1993) gewählt.

C4.5

$C4.5$ baut seine Entscheidungsbäume, wie fast alle anderen Entscheidungsbaumverfahren auch, von der Wurzel ausgehend, also in einer "top-down"-Vorgehensweise auf. Das grundlegende Verfahren läuft in zwei Schritten ab, dabei startet $C4.5$ mit dem gesamten Zustandsraum und allen Trainingsbeispielen:

1. Bestimme das Attribut (Standortfaktor), welches den Zustandsraum und auch die Beispiele in mindestens zwei nicht-leere Teilräume

partitioniert, so daß die Klassenreinheit in den entstehenden Räumen möglichst hoch ist.

2. Wende "1." rekursiv auf alle neuen Partitionen an, bis in den entstandenen Partitionen nur noch Beispiele einer einzigen Klasse vorkommen. Diese Klasse gibt dann die Vorhersage des Teilraumes an.

Um eine Überspezialisierung ("overfitting") der so erzeugten Klassifikatoren zu vermeiden, werden die Bäume nach ihrer Erstellung in einem (Post-)Pruning-Vorgang mittels statistischer Tests beschnitten.

BNGE

Bei der zweiten Verfahrensklasse, den Nachbarschaftsverfahren, verwenden wir *BNGE* (WETTSCHERECK & DIETTERICH, 1995), ein verallgemeinerndes Nachbarschaftverfahren. Dieses Verfahren erzeugt verallgemeinerte Beispiele indem es möglichst große Hyperrechtecke um die bisher beobachteten Objekte (Standorte) legt. Für ein neues Objekt wird die Klasse des am nächsten benachbarten Hyperrechtecks vorausgesagt.
*BNGE*s Hyperrechtecke werden in einem "bottom-up" Vorgehen erzeugt, das sich folgendermaßen beschreiben läßt:

1. Starte mit allen Beispielen und wähle eine Vorhersageklasse C.

2. Wähle ein (generalisiertes) Beispiel I_C der Klasse C und finde ein zweites (generalisiertes) Beispiel aus C, das I_C möglichst nahe ist. Das von den beiden Beispielen aufgespannte Hyperrechteck darf kein (generalisiertes) Beispiel einer anderen Klasse überlappen oder abdecken.

3. Wird ein solches Rechteck gefunden, nimm es als generalisiertes Beispiel auf und entferne die beiden Ausgangsbeispiele aus der Beispielmenge.

4. Wird keine Verallgemeinerung zu I_C gefunden, nimm I_C als (punktförmiges) Hyperrechteck auf und markiere es als "nicht verallgemeinerbar" – es wird dann nicht mehr zur Generalisierung in Schritt "2." verwendet.

5. Solange noch potentiell generalisierbare Beispiele vorhanden sind, wähle ein neues, anderes C und fahre bei "2." fort.

Für ein neues zu klassifizierendes Objekt verwendet *BNGE* die euklidische beziehungsweise eine gewichtete euklidische Entfernung. Fällt ein Objekt in eines der Hyperrechtecke, ist der Abstand Null und das Objekt erhält die Klasse des generalisierten Beispiels zugewiesen. Ansonsten bestimmt das nächstliegende Hyperrechteck die Klasse. Dabei zählt der Abstand zur nächstliegenden Seite des Rechtecks. Die Gewichtsbestimmung für die gewichtete Variante von *BNGE* wird dabei anhand der „mutual information" der Attribute berechnet. Die Idee ist, dass Attribute, die einen geringeren Beitrag zur Klassifikation liefern, ein geringes Gewicht bekommen, während Attribute mit verläßlicher Information ein hohes Gewicht und damit auch einen größeren Einfluß auf das Klassifikationsergebnis erhalten. In der **Beispielabbildung 3** (nur zwei Dimensionen des Zustandsraumes sind gezeichnet) sind je zwei generalisierte Beispiele für die Klassen „kann wachsen" und „kann nicht wachsen" enthalten.

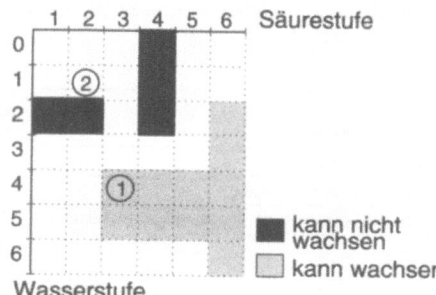

Abb. 3: *BNGE*-Hyperrechtecke.

Diese sind durch die gefärbten Rechtecke kenntlich gemacht. Für zwei neue Standorte 1 und 2 würde also für Standort 1 „kann wachsen" vorhergesagt werden, für Standort 2 dagegen „kann nicht wachsen".

4 Durchführung der Experimente

Zur konkreten Durchführung einer Lernaufgabe, wie der oben beschriebenen, kommen zur eigentlichen Anwendung des Lernverfahrens noch weitere Schritte hinzu, die den eigentlichen Data Mining Prozeß (FAYYAD ET AL., 1996) ausmachen. Dies sind der Import der Daten aus dem externen Datenbanksystem, die geeignete Selektion, Kombination und Aufbereitung der Daten, die Konvertierung in das für das Analyseverfahren geeignete Format, die Durchführung der Analyse und natürlich die Verwaltung, Visualisierung und Bewertung der Ergebnisse.
Wir haben für die Durchführung dieser Schritte auf das Data Mining System KEPLER (WROBEL ET AL., 1996) zurückgegriffen, das den gesamten Prozeß des Data Mining in einer einheitlichen grafischen Umgebung unterstützt.[2] Das Aufgabenspektrum des Systems reicht vom Fremdformateimport über Datenaufbereitung bis hin zur Anwendung der Lernverfahren sowie Resultatsvisualisierung und -verwaltung.

Im folgenden wollen wir kurz die grundlegenden Schritte der Datenaufbereitung erläutern. Als Datenbasis dienen uns die in *Terra Botanica* zum Zeitpunkt der Untersuchung abgelegten Daten von 1700 europäischen Wildpflanzen und 1400 Geländeaufnahmen (siehe auch den vorhergehenden Artikel von DAHMEN & DAHMEN (2003) für mehr Details zu *Terra Botanica*).

Die verschiedenen in *Terra Botanica* abgebildeten Informationsarten (Standortdaten, Pflanzenspezies, Pflanzenindividuen) werden in KEPLER's Datenbank durch drei Relationen abgebildet (**Tab. 1**).

Für die gewählte Aufgabe wird aus den obengenannten Ausgangsrelationen allerdings nur ein Teil der verfügbaren Attribute benötigt. Die effektiv genutzten Relationen sind in:

standorte/15:<Standort-ID >, <Wasser >, <Säure >, <O_2 >, <Nährstoffwert >, <Lichtintensität >, <Bewindung >, <Gründigkeit >, <Bodenbewegung >, <Licht /Strahlung >, <Wind >, <rel. Lufttemp.>, <Strahlungsfröste>, <rel. Bodentemp.>, <Schwankungsbreite Bodentemp.>, <rel. Hydratur d. Luft>, <Schwankungsbreite Hydratur > waechst/2:<Pflanzen-ID >, <Standort-ID >

---

[2] Da KEPLER nicht mehr weiter entwickelt wird, sei dem interessierten Leser das Open Source System *WEKA* als eine ausgereifte und leistungsfähige Alternative empfohlen. Nähere Informationen dazu gibt es unter http://www.cs.waikato.ac.nz/~ml/weka/

Tab. 1: In KEPLER's Datenbank abgebildete Informationsarten und deren Relationen

Relations-name	Attribut-anzahl	Tupel-anzahl	Beschreibung
standorte_roh	253	1446	Standortdaten
pflanzen_roh	250	1776	Daten zu Pflanzenarten
waechst_roh	51	26522	Daten der einzelnen Pflanzenindividuen

Die Relation *waechst* enthält nur die tatsächlich an einem Standort beobachteten Pflanzen, das heißt nicht alle, die dort von den Grundfaktoren her wachsen könnten. Welche der potentiell wachsenden Pflanzen tatsächlich an einem Standort vorkommen, hängt von vielfältigen Faktoren ab, die zum Teil gar nicht in der Datenbank erfaßt sind (Verdrängungseffekte, menschliche Eingriffe), so daß das Erlernen der Relation *waechst* aus den gegebenen Beispielen nicht möglich wäre. In der Anwendung stellt sich ohnehin weniger das Problem, aus Boden- und lokalklimatischen Daten die gesamte Vegetation vorherzusagen, als vorherzusagen, ob die Ansiedlung einer bestimmten Pflanze an einem Standort mit bestimmten Grundfaktoren Erfolg haben könnte. Statt *waechst* haben wir deshalb die Relation

kann_wachsen/15: <*Pflanzen-ID*>, <*Wasser* >, <*Säure*>, <O_2>, <*Nährstoffwert*>, <*Lichtintensität*>, <*Bewindung*>, ..., <*relative Lufttemperatur*>

als Grundlage gewählt, die für jeden Standort, an dem eine Pflanze beobachtet wurde, einen Tupel mit den Grundfaktoren dieses Standortes und der Pflanzenbezeichnung enthält. Da jede Wertekombination von Grundfaktoren mit verschiedenen Werten des Pflanzen-ID Attributs vorkommen kann, muß die Relation zur Verwendung mit klassifizierenden Attribut-Wert-Verfahren in Teilrelationen für jede Pflanze aufgespalten werden, da die Verfahren diese Mehrfachvorkommen sonst als Widersprüche in den Daten sehen würden. Für jede Pflanze gibt es also eine eigene Zielrelation:

*kann_wachsen_* <*pflanze*> */15:* <*Klasse*>, <*Wasser* >, <*Säure*>, <O_2 >, <*Nährstoffwert*>,<*Lichtintensität* >, <*Bewindung* >, ..., <*relative Lufttemperatur*>

wobei *Klasse=Ja* falls ein entsprechender Tupel in *kann_wachsen* vorhanden war (sonst *Klasse=Nein*). Desweiteren werden Tupel mit gleicher Wertkombination auf Widersprüchlichkeit geprüft. Gibt es zu einer Wertkombination nur negative Beispiele, werden alle Tupel mit dieser Wertkombination verwendet. Existieren auch positive Beispiele, werden nur diese weiterverwendet. Dies heißt insbesondere, dass aus einer Menge von Tupeln mit identischen Grundfaktoren die negativen Beispiele entfernt werden und in den späteren Lerndaten nicht mehr vorhanden sind. Behielte man jene negativen Tupel bei, so würden diese von den Lernverfahren als Widersprüche aufgefasst werden und zu deutlich schwächeren Klassifikatoren führen. Dies ist konkret der weiter oben angesprochene Unterschied zwischen einer „wächst" und einer „kann-wachsen" Vorhersage.

Tab. 2: Konkret benutzte Lernrelationen der acht häufigsten Pflanzen

Pflanzen-name	kann_wachsen_<pflanze>/15			kann_wachsen_<pflanze>/5		
	Tupel Anzahl	kann wachsen	kann nicht wachsen	Tupel Anzahl	kann wachsen	kann nicht wachsen
Hainbuche	961	252	709	616	339	277
Rotbuche	970	439	531	841	563	278
Stiel-Eiche	986	358	628	606	392	214
Eberesche	964	296	668	616	293	323
Brombeere	981	348	633	594	298	296
Faulbaum	996	224	772	671	198	473
Gewöhnliche Esche	935	288	647	709	373	336
Wald-Geißblatt	976	219	757	588	130	458

Man beachte allerdings, dass in diesen Relationen mehrfaches Vorkommen einer Pflanze an verschiedenen Standorten mit identischen Grundfaktoren auch durch mehrere (identische) Tupel repräsentiert wird. Diese Darstellung wurde bewußt gewählt, um den Lernverfahren diese Häufigkeitsinformation zu erhalten (potentiell wichtig zum Beispiel für die Entropieheuristiken von *C4.5*). Die Größe der entstehenden Relation ist je nach Häufigkeit der Pflanze unterschiedlich; bei den von uns untersuchten (häufigsten) Pflanzen ergeben sich 600 bis 900 Tupel als Lerndaten.

Neben den Relationen mit 15 Faktoren wurden nach dem oben beschriebenen Schema auch Relationen erstellt, die sich auf die vier edaphischen Faktoren Wasser, Säure, Sauerstoff und Nährstoffwert beschränken:

kann_wachsen_<pflanze> /5:
<Klasse>, <Wasser>, <Säure>,
<O_2>, <Nährstoffwert>

5 Lernläufe und Ergebnisse

Für die konkrete Durchführung der Lernexperimente werden die acht häufigsten Pflanzen gewählt, deren Daten wie im letzten Abschnitt beschrieben aufbereitet werden. Dies führt zu den in **Tabelle 2** beschriebenen Lernrelationen.

Für jede dieser Relationen wurden in KEPLER mit den gewählten Lernverfahren *C4.5* und *BNGE* Experimente durchgeführt. Die *C4.5*-Klassifikationsgenauigkeiten für Entscheidungsbäume und Regeln (*C4.5-rules*) wurden durch zehnfache Crossvalidation ermittelt. Bei dieser Evaluierungsmethode wird die Menge der Beispiele in zehn disjunkte Teilmengen mit jeweils gleicher Klassenverteilung und gleicher Beispielanzahl aufgeteilt. Für jede der zehn Mengen wird das Lernverfahren mit der Vereinigung der neun anderen Mengen trainiert. Die Klassifikationsgenauigkeit wird dann auf den Beispielen der Menge ermittelt, die nicht zum Lernen benutzt wurden und dem Verfahren somit unbekannt sind. Die mittlere Vorhersagegenauigkeit aus den zehn Läufen ergibt eine Abschätzung der Klassifikationsgüte auf ungesehenen Daten.

Auf die gleiche Weise erhielten wir die Resultate für *BNGE* mit euklidischem Abstandsmaß und *BNGE* mit berechneten Attributsgewichten.

Abbildung 5 zeigt die mit *BNGE* und *C4.5* erreichten Genauigkeiten für

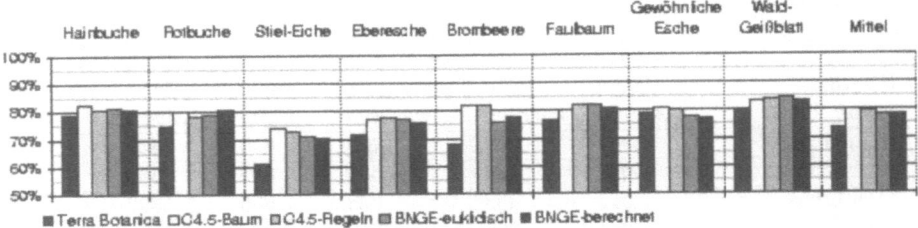

Abb. 4: Klassifikationsgenauigkeit auf ungesehenen Testdaten mit 14 Faktoren.

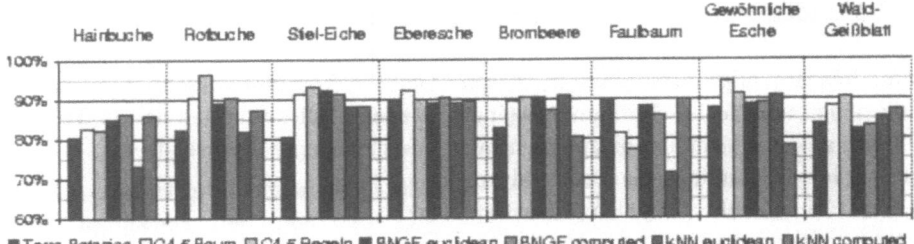

Abb. 5: Klassifikationsgenauigkeit auf ungesehenen Testdaten mit 4 Faktoren.

die acht Lernprobleme. Zum Vergleich ist jeweils die Genauigkeit der manuell aufgestellten Standortansprüche aus *Terra Botanica* angegeben. Auffällig ist, daß vor allem *C4.5* in allen Fällen weitaus genauere Vorhersagen ermöglicht als die aus *Terra Botanica* entnommenen Literaturdaten.

Da die reine Klassifikationsgenauigkeit nicht berücksichtigt, dass es zwei Arten von Fehlklassifikation gibt die in Anwendungen durchaus unterschiedliche Relevanz haben können, werden in **Abbildung 7** die Klassifikationsgenauigkeiten weiter aufgeschlüsselt. Dazu wird die Häufigkeit der vier möglichen Klassifikationsereignisse (korrekte Vorhersage von kann-wachsen, falsche Vorhersage von kann-wachsen, korrekte Vorhersage von kann-nicht-wachsen, falsche Vorhersage von kann-nicht-wachsen) in einer sogenannten „confusion matrix" wiedergegeben (**Abb. 6**). Diese Aufschlüsselung zeigt, dass die maschinellen Lernverfahren auf den gegebenen Daten insbesondere für die „kann-wachsen" Vorhersage deutliche Verbesserungen gegenüber einer nur auf Literaturwerte gestützten Vorhersage bringen. Dies liegt bei den vorliegenden Daten vor allem an der grossen Anzahl von Standorten an denen die untersuchten Pflanzen real existieren, an denen aber ein oder mehrere Faktoren ausserhalb des Literaturbereichs liegen.

Vorhersage	Standort	
	Pflanze kommt vor	kommt nicht vor
kann wachsen	korrekt	falsch
kann nicht wachsen	falsch	korrekt

Abb. 6: Darstellung der vier möglichen Klassifikationsereignisse als „confusion matrix".

Verzichtet man auf die Verwendung der zehn lokalklimatischen Attribute, gewinnen die generierten Vorhersagen ein wenig an Klassifikationsgenauigkeit (siehe

Gewöhnliche Esche	(+)	50,1%	9,8%	49,2%	8,3%	49,6%	7,5%	49,8%	6,8%
	(-)	2,5%	37,5%	3,4%	39,1%	3,0%	39,9%	2,8%	40,5%
Wald-Geißblatt	(+)	13,3%	7,8%	14,3%	10,4%	19,6%	11,4%	19,4%	11,4%
	(-)	8,8%	70,1%	7,8%	67,5%	66,5%	2,6%	2,7%	66,5%
14 Faktoren	(+)	(-)	(+)	(-)	(+)	(-)	(+)	(-)	
Hainbuche	(+)	6,8%	1,8%	17,7%	10,9%	15,5%	7,8%	16,4%	9,4%
	(-)	19,7%	72,2%	8,5%	62,9%	10,7%	63,0%	9,8%	64,4%
Rotbuche	(+)	24,2%	4,4%	36,2%	12,6%	33,2%	9,4%	35,7%	9,8%
	(-)	21,0%	50,3%	9,1%	42,2%	12,1%	45,4%	9,6%	45,2%
Stiel-Eiche	(+)	0,8%	3,7%	23,1%	14,3%	21,1%	13,7%	22,0%	15,3%
	(-)	35,4%	60,0%	13,2%	49,4%	15,2%	50,0%	14,3%	48,4%
Eberesche	(+)	5,8%	3,8%	18,9%	10,5%	16,8%	9,1%	19,2%	12,8%
	(-)	24,9%	65,7%	11,8%	58,8%	13,9%	60,2%	11,5%	58,4%
Brombeere	(+)	12,1%	9,1%	26,9%	9,7%	32,3%	16,0%	24,2%	11,3%
	(-)	23,3%	55,5%	8,6%	54,8%	19,3%	32,3%	11,3%	53,2%
Faulbaum	(+)	2,3%	3,5%	13,3%	8,6%	13,1%	8,8%	13,7%	10,2%
	(-)	20,2%	74,0%	9,2%	68,9%	9,4%	63,7%	8,8%	67,3%
Gewöhnliche Esche	(+)	20,8%	10,8%	21,5%	10,4%	17,9%	9,7%	20,3%	12,5%
	(-)	10,2%	58,4%	9,3%	58,8%	12,9%	59,5%	10,5%	58,7%
Wald-Geißblatt	(+)	4,9%	2,8%	12,2%	5,7%	12,7%	5,7%	13,3%	8,0%
	(-)	17,5%	75,0%	10,2%	71,8%	9,7%	71,8%	9,1%	69,8%

Abb. 7: "Confusion matrix" der Experimente auf ungesehenen Testdaten mit 4 und 14 Faktoren.

Abbildung 5), und sind desweiteren auch leichter zu visualisieren und durch Experten in gewohnter Weise interpretierbar. Dies legt die Vermutung nahe, dass an dieser Stelle die Datenbasis für eine höhere Anzahl von Attributen noch nicht hinreichend groß ist. Aus diesem Grunde beziehen sich die nachfolgenden Aussagen auf die Interpretation der vierdimensionalen Resultate.

So verdeutlicht **Abbildung 8**, daß die Verbesserung der Klassifikationsgenauigkeiten durch die mächtigeren Hypothesenräume der Lernverfahren erreicht wird. Während *Terra Botanica* mit einem Hyperrechteck auskommen muß, können *BNGE* und *C4.5* die tatsächlichen Daten wesentlich besser abbilden. Dabei generalisiert *C4.5* als top-down Verfahren stärker als *BNGE*. Aus ökologischer Sicht sind diese Ergebnisse wie folgt zu bewerten. Primäres Einsatzgebiet einer "kann wachsen"-Klassifizierung ist die Planung neuer Anpflanzungen.

Die wesentlich höhere Genauigkeit ermöglicht bessere Voraussagen und damit die Vermeidung teurer Fehlanpflanzungen. Hierbei sind, obwohl in der Genauigkeit ähnlich, die Ergebnisse von *BNGE* vorzuziehen. Zum einen sind die Ergebnisse von ihrer Struktur her den Klassifikationen aus *Terra Botanica* ähnlicher, zum anderen ist ein die positiven Beispiele weniger stark generalisierendes Ergebnis günstiger, denn falsch positive Aussagen sind in der Planung kostspieliger als falsch negative. Neben der höheren Genauigkeit ist auch der Inhalt der Lernergebnisse aus ökologischer Sicht interessant. Die feiner aufgegliederten Beschreibungen der Standortansprüche spiegeln beispielsweise einige bekannte, aber in *Terra Botanica* nicht präzisierte Zusammenhänge wider, etwa die Tendenz bestimmter Pflanzen zum trocken-alkalischen Bereich. Weiter gibt es interessante "Ausreißer" in den Verallgemeinerungen, die Anlaß für Nachuntersuchungen der zugrundeliegenden Stand-

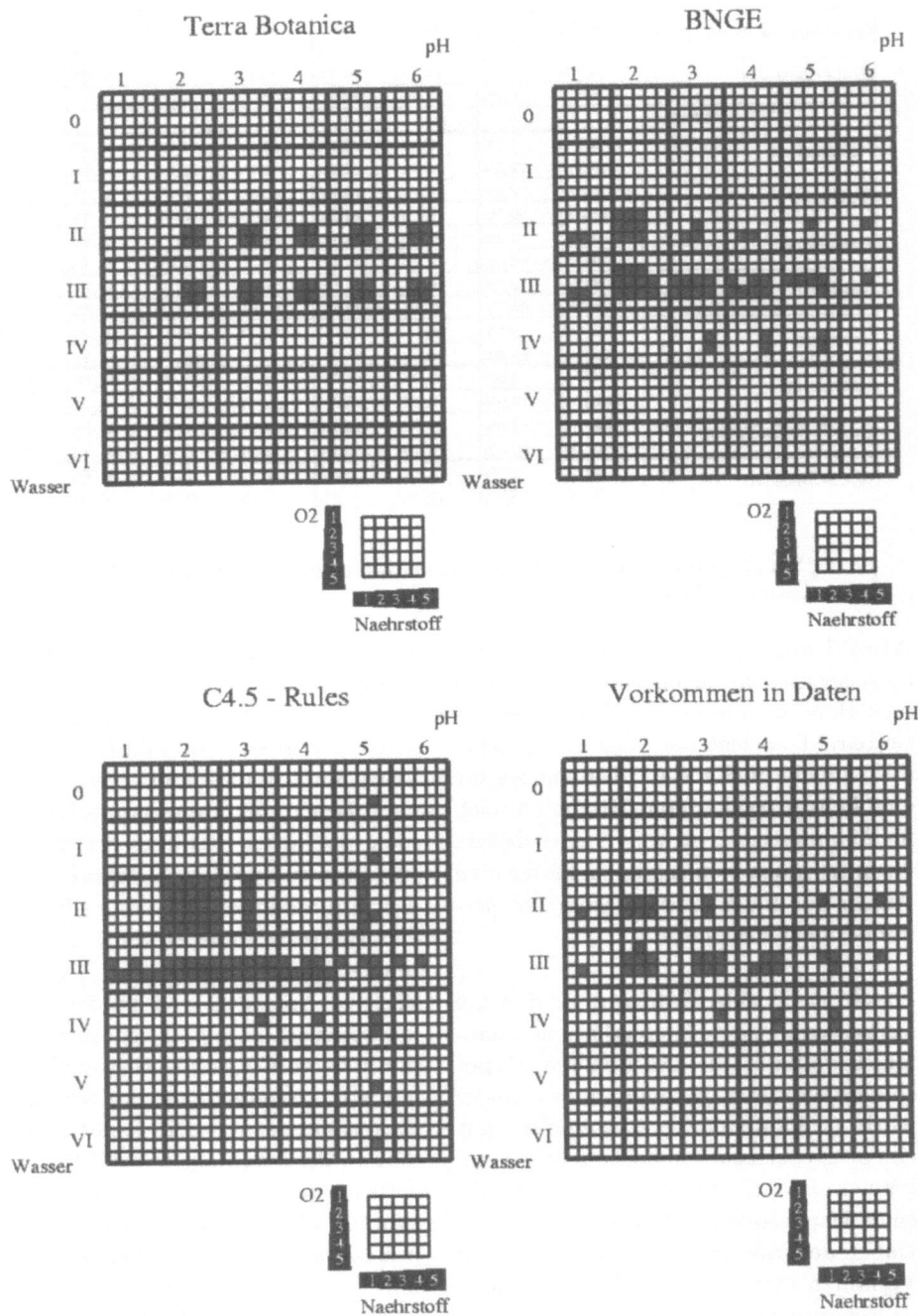

Abb. 8: Ökodiagramme für die verschiedenen Beschreibungen der Standortanforderungen der Rotbuche.

ortaufnahmen sein sollten. Die *C4.5* Regeln könnten dadurch interessant werden, daß sie Hauptfaktoren identifizieren, die die Aufnahme weiterer Faktoren obsolet machen könnten. Dies muß jedoch noch genauer untersucht werden.

6 Zusammenfassung und Ausblick

Wir haben in diesem Beitrag beispielhaft erläutert, wie mit Verfahren des maschinellen Lernens und des Data Mining Klassifikationsprobleme aus dem Ökologiebereich gelöst werden können. Hervorzuheben ist dabei, daß bereits die Anwendung von Standardverfahren wie *C4.5* und *BNGE* zu Ergebnissen geführt hat, die von ihrer Qualität und Interpretierbarkeit mindestens genausogut wie die bisher verfügbaren Beschreibungen von *Terra Botanica* sind. Dabei ist der Zeitaufwand für ihre Erstellung ungleich geringer, speziell da nach erfolgter Aufbereitung in einem System wie KEPLER die Beschreibungen bei Verfügbarkeit neuer Standortaufnahmen quasi auf Knopfdruck automatisch aktualisiert werden können. Dies läßt erwarten, dass bei elektronischer Verfügbarkeit einer wesentlich größeren Zahl von Vegetationsaufnahmen eine deutliche Präzisierung der bisher bekannten und in *Terra Botanica* niedergelegten Standortansprüche mitteleuropäischer Wildpflanzen möglich wäre. Damit gewänne die Auswahl standorttauglicher Arten für Maßnahmen der Landespflege, die Standortinterpretation bei Monitoringverfahren und die Prognose von Vegetationsveränderungen bei Standortveränderungen an Genauigkeit, ein vor allem für die Praxis wichtiger Effekt.

Wie bei den Standortansprüchen könnte man mit Methoden des Data Mining auch die Vergesellschaftung von Pflanzen - welche häufig mit welchen zusammen vorkommt - untersuchen. Dies könnte einer Überprüfung und Ergänzung der vegetationskundlichen Systematik dienen und eventuell zur Erkenntnis neuer Vegetationseinheiten führen, die sich erst in jüngerer Zeit, etwa an Straßenrändern oder auf Brachen, entwickeln konnten.

7 Danksagung

Wir möchten an dieser Stelle den beiden Gutachtern für die konstruktiven Anregungen und Kommentare danken, die bei der Überarbeitung des Artikels sehr geholfen haben.

References

DAHMEN, F. W. & DAHMEN, H. C., 2003. Durch EDV-gestützte Analysen von Boden- und Vegetationsaufnahmen mit dem Wildpflanzen- Datenbank- und Informationssystem TERRA BOTANICA gewinnbare bzw. präzisierbare pflanzen- und landschaftsökologische Daten als Grundlagen für Schutz, Pflege und Planung von Natur und Landschaft. In Reuter, H., Breckling, B. & Mittwollen, A. (eds.), *Gene, Bits und Ökosysteme. Tagung des Arbeitskreises Theorie in der GfÖ*. Peter Lang Verlag Frankfurt.

FAYYAD, U. M., PIATETSKY-SHAPIRO, G. & SMYTH, P., 1996. From data mining to knowledge discovery: An overview. In Fayyad, U. M., Piatetsky-Shapiro, G., Smyth, P. & Uthurusamy, R. (eds.), *Advances in Knowledge Discovery and Data Mining*. AAAI/MIT Press, Cambridge, USA.

KIRSTEN, M., 1997. Analyse ökologischer Standort- und Pflanzendaten mit Techniken maschinellen Lernens. Diplomarbeit, Universität Bielefeld, Technische Fakultät. Mail-Kontakt: mathias.kirsten@bi.fhg.de.

QUINLAN, J. R., 1993. *C4.5 — programs for machine learning.* Morgan Kaufmann, San Mateo, CA., Accompanying software available.

STEININGER, F. *(ed.)*, 1996. Agenda Systematik 2000: Erschliessung der Biosphäre. volume 22 of *Kleine Senckenberg-Reihe*, Verlag Waldemar Kramer, Frankfurt.

WETTSCHERECK, D. & DIETTERICH, T. G., 1995. An experimental comparison of the nearest-neighbor and nearest-hyperrectangle algorithms. *Machine Learning 19*:5–27.

WROBEL, S., WETTSCHERECK, D., SOMMER, E. & EMDE, W., 1996. Extensibility in data mining systems. pp. 214 – 219. Proceedings of KDD-96, Menlo Park, CA, USA, AAAIPress.

EDV-gestützte Analysen von Boden- und Vegetationsaufnahmen mit dem Informationssystem TERRA BOTANICA

F. Wilhelm Dahmen[1] & Hans-Christoph Dahmen[2]

[1] Lorbacher Weg 6, 53894 Mechernich

[2] Soorstr. 73, 14050 Berlin

Abstract

After review of the vegetation science of the 20th century and the limits from evaluation of vegetation records a few hints are following about more necessary datas and early ways of evaluation based on a graphic linked databank. After showing ELLENBERGs Zeigerwerte as the first computer based evaluation application, the more advanced evaluation opportunities of a more extended and better structured databank is shown by the example of TERRA BOTANICA.

Zusammenfassung

Nach einem Rückblick auf die Vegetationskunde des 20ten Jahrhunderts und die Grenzen der Auswertemöglichkeiten reiner Vegetationsaufnahmen folgen Hinweise auf zusätzlich notwendige Daten und auf frühe Auswertungsmöglichkeiten auf der Grundlage einer graphischen Pflanzendatenbank. Nach ELLENBERGs Zeigerwerten als erste Grundlage EDV-gestützter Auswertungen werden am Beispiel TERRA BOTANICA die wesentlich erweiterten Auswertemöglichkeiten vorgestellt, die eine erweiterte und entsprechend strukturierte Datengrundlage bietet.

Schlüsselworte: Boden, Datenbank, Landespflege, Naturschutz, Ökodiagramm, Standort, TERRA BOTANICA, Vegetation, Zeigerwerte.

1 Vegetation, ihre Definition und Bearbeitung im 20sten Jahrhundert

Die seit 1900 in Mitteleuropa erstellten Vegetationsaufnahmen enthalten außer Mächtigkeit und Sozialität der Arten zumeist Datum, Ort und Größe der Aufnahmefläche, ihre Höhenlage, Exposition und Neigung sowie den Deckungsgrad der Vegetationsschichten, ein riesiger, aber großenteils unzugänglicher Fundus mitteleuropäischer Vegetationsaufnahmen. Daher regte EWALD (2002) den Aufbau einer umfassenden Vegetationsdatenbank an, um sie allgemein und für verschiedenste Auswertungen zugänglich zu machen. Dabei stellt sich die Frage nach Zielen, Inhalten und Methoden solcher Auswertungen. Bisher wurden ähnliche Aufnahmen in Vegetationstabellen gebündelt und nach floristischer Ähnlichkeit geordnet. Vegetationseinheiten (vornehmlich Assoziationen und deren Untereinheiten) konnten so erkannt, beschrieben, durch Charkterarten nach Stetigkeit in und Treue zur Einheit unterschieden sowie floristische Systeme der Vegetation aufgestellt werden.

Die Ordnung der Vegetationstabellen, seit langem Kern vegetationskundlicher Arbeit, war zunächst mühselig und zeitraubend. Eine erhebliche Zeit- und Arbeitsersparnis brachte ein mechanischer Tabellenordner, vom Erstverfasser ca. 1953 für seine Dissertation über die Xerothermvegetation der Untermosel DAHMEN (1955) entwickelt.

Computer ermöglichten dann, Vegetationsaufnahmen in Datenbanken einzuspeisen, in Tabellen zusammenzufassen und diese leicht umzuordnen sowie das Ergebnis abzuspeichern. Dateninhalt und -umfang der Vegetationsaufnahmen blieben dabei unverändert. Es stellt sich daher zunächst die Frage, welche Erkenntnisse aus solchen, EDV-gestützt erstellten und geordneten Vegetationstabellen zu gewinnen sind.

Zunächst konnten mehr Aufnahmen bearbeitet, alternative Ordnungen erstellt und verglichen sowie Vegetationseinheiten floristisch und strukturell beschrieben werden. Bei Verknüpfungen mit geographischen Informationssystemen wurden großräumige Verbreitungskarten von Arten und Vegetationseinheiten möglich. Weitergehende Auswertungen von Vegetationsaufnahmen sind ohne ergänzende Pflanzendaten eher beschränkt, und zwar aus folgenden Gründen. Pflanzenarten,

ihre Anzahl und Mächtigkeit wechseln im Vegetationsbestand mit den Jahreszeiten und Jahren. Die vollständige Erfassung dieser Daten erfordert Dauerbeobchtungen. Die regionale Flora, verschiedene Bewirtschaftung und Pflege bedingen weitere floristische Unterschiede. Nach dem Gesetz der relativen Standortkonstanz (WALTER, 1951) treten Arten unter verschiedenen Regionalklimaten in unterschiedlicher Vergesellschaftung auf. Monitoring ergibt so nur den floristischen und vegetationssystematischen Wandel. Weitere Auswertungen, z.B. betreffs Standortveränderungen und deren Ursachen oder bio- und landschaftsökologischer Funktionsänderungen, erfordern zusätzliche Daten.

Nach DIERSCHKE (1994) sind Assoziationen rein floristisch-induktiv gefundene Grundeinheiten, auf annähernd gleicher Artenkombination beruhend. Aber bis heute herrscht keine generelle Übereinkunft, was genau unter einer Assoziation zu verstehen ist, ebensowenig über ein floristisches System der Vegetationseinheiten.

Bereits auf dem dritten internationalen Botaniker-Kongress 1910 in Brüssel (FLAHAULT & SCHRÖTER, 1910) wurde umfassend als 'Charakter der Association' definiert:

1. 'Sie ist **keine topographische Einheit**: auf derselben Lokalität können mehrere Associationen sich durchkreuzen.

2. Sie ist durch den **Standort** bestimmt, also eine oekologische Einheit.

3. Sie ist durch die **gesamte Artenliste** charakterisiert (floristisch).

4. Sie hat einen bestimmten **oekologischen Charakter**, durch die Lebensformen, die sie zusammensetzen.'

Beschreibungen von Vegetationseinheiten enthalten daher öfter auch Standortangaben und gelegentlich auch Lebensformen der Arten. Das setzt Zusatzdaten voraus; denn diese sind artkonstant, werden im Gelände nicht notiert.

Standortdaten sind aus den Kopfdaten der Vegetationsaufnahmen ohne zusätzliche Daten nur sehr begrenzt ableitbar. Höhenlage, Exposition und Neigung ermöglichen ohne Kenntnis des Regionalklimas und ohne Angaben zur Lage in der Landschaft (Reliefposition) keine lokalklimatische Interpretation. Denn gleiche Höhenlage in Gipfel- bzw. Tal- oder Muldenlage bedingt deutlich verschiedene Lokalklimate. Im Talkessel und am freien Berghang unterscheiden sie sich trotz gleicher Exposition und Neigung (Vgl. DAHMEN, 1955; GEIGER, 1961) erheblich. Gelegentlich werden zu Vegetationsaufnahmen auch Bodendaten mitgeteilt. Aber allein der Bodentyp oder die Bodenart des Oberbodens ermöglichen keine eindeutige Ansprache primärer Standortfaktoren (WALTER, 1951; GLAVAC, 1996).

2 Für eine umfassende Auswertung von Vegetationsaufnahmen notwendige ergänzende Daten

Der Erstverfasser entwickelte daher Methoden zur mehrfaktoriellen Standortinterpretation von Pflanzenbeständen und Bodenaufnahmen (mit Bohrstock bis zu einer Tiefe von 1,5 m und mit mehreren Messungen in jedem Horizont) sowie zugehörige Arbeitsanweisungen (KÜPPER, 1985; DAHMEN & HERBOLD, 1995). So wird auf zwei unabhängigen Wegen je eine mehrfaktorielle Standortansprache möglich. Diese können zu einem doppelt abgesicherten Ergebnis integriert werden (**Abb. 1**). In einem Forschungsprojekt für das Sächsische Landesamt für Umwelt und Geologie wurde die Methode bereits 1994 erfolgreich großräumig erprobt (DAHMEN & HERBOLD, 1995).

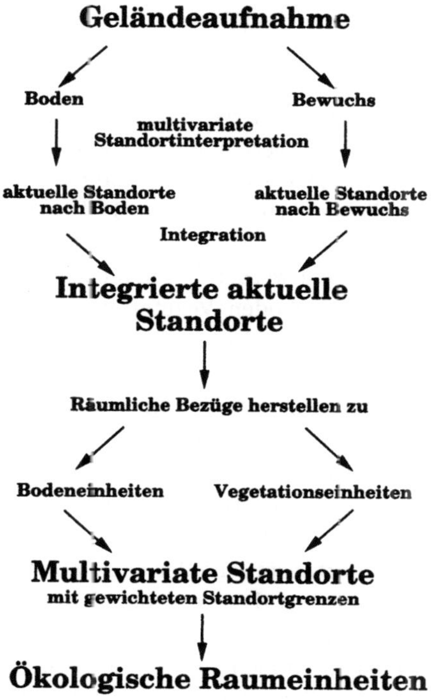

Geländeaufnahme

Boden → multivariate Standortinterpretation ← Bewuchs

aktuelle Standorte nach Boden — Integration — aktuelle Standorte nach Bewuchs

Integrierte aktuelle Standorte

Räumliche Bezüge herstellen zu

Bodeneinheiten — Vegetationseinheiten

Multivariate Standorte
mit gewichteten Standortgrenzen

Ökologische Raumeinheiten

Abb. 1: Von der Geländeaufnahme zu ökologischen Raumeinheiten

Für eine Interpretation von Vegetationsaufnahmen über die floristische Zusammensetzung und die Vegetationsstruktur hinaus sind zusätzliche Daten über die Reliefsituation der Aufnahmefläche, die Bodenverhältnisse und über die gefundenen Arten unumgänglich, und zwar in einer digital verarbeitbaren Form. Allerdings genügt eine wenigstufige ordinale Skalierung, was die Datenerhebung bzw. -einschätzung erheblich erleichtert und Fehler minimiert. Denn in vieldimensionalen Datensystemen ergibt sich eine hohe Differenzierung und damit Genauigkeit aus den zahlreichen Kombinationsmöglichkeiten der Einzelkriterien (DAHMEN ET AL., 1976).

Ein grundlegender Denkansatz ist dabei, pflanzliche Standortansprüche und die Standortbedingungen von Ökotopen als zwei kongruente Datensysteme aufzufassen, die in gleichen graphischen Systemen (Komplexmatrix, Abbildungen 2a und 2b) visualisiert und zur Standortansprache ebenso wie zur Auswahl standorttauglicher Arten mittels EDV in Beziehung gesetzt werden können. Im Unterschied dazu werden bei manchen multivariaten Methoden Vegetationsaufnahmen als vieldimensionale Systeme mit ihren Arten als Dimensionen aufgefaßt und rechnerisch auf wenige Dimensionen reduziert (GLAVAC, 1996; KESEL, 1999). Dies erschwert die ökologische Interpretation bzw. reduziert ihre Schärfe. Die in TERRA BOTNICA enthaltenen skalierten Standortansprüche der einzelnen Arten ermöglichen dagegen eine eindeutige standörtliche Interpretation einzelner Vegetationsaufnahmen oder Pflanzenlisten (z.B. von Pflanzplänen), und zwar für zahlreiche Standortfaktoren.

3 Datenbankgestützte Auswertung von Vegetationsaufnahmen

Fußend auf den verbal formulierten ökologischen Pflanzendaten von OBERDORFER (1949) und (EHLERS, 1986a) hatte der Erstverfasser bereits in den sechziger Jahren zu einer großen Zahl mitteleuropäischer Wildpflanzen ökologische Standortdaten zusammengetragen und in sechsfaktoriellen Ökodiagrammen (Abbildung 2a) mit Zusatzdaten zu den Empfindlichkeiten gegen natürliche und anthropogene Einwirkungen sowie zum Boden visualisiert (DAHMEN ET AL., 1976). Diese graphische Datenbank war und ist sowohl für eine mehrfaktorielle Standortansprache als auch für die Auswahl standorttauglicher Arten für Maßnahmen der Landespflege geeignet und wurde entsprechend eingesetzt (DAHMEN ET AL., 1987).

4 Erste Möglichkeiten EDV-gestützter Auswertungen von Vegetationsaufnahmen

Die ersten ordinal skalierten Standortdaten zu Wildpflanzen lieferte ELLENBERG (1974/1979) und stark erweitert 1991 mit seinen Zeigerwerten, ergänzt durch Daten zu 'Lebensform und Bau der Pflanzen' und zum 'soziologischen Verhalten'. In Weihenstephan wurde auch gleich ein 'Programm OEKOSYN zur ökologischen und synsystematischen Auswertung von Pflanzenbestandsaufnahmen' entwickelt (Spatz et al. in ELLENBERG, 1974/1979). Nun konnte man Vegetationsaufnahmen mittels zusätzlicher Pflanzendaten EDV-gestützt auswerten. Allerdings kann man mit Zeigerwerten nur analytisch arbeiten, d.h. eine mehrfaktorielle Standortansprache bzw. eine Zuordnung der Aufnahme zu einer Vegetationseinheit - allerdings nur bis zum Verband bzw. Unterverband - vorneh-

EDV-gestützte Analysen von Boden- und Vegetationsaufnahmen

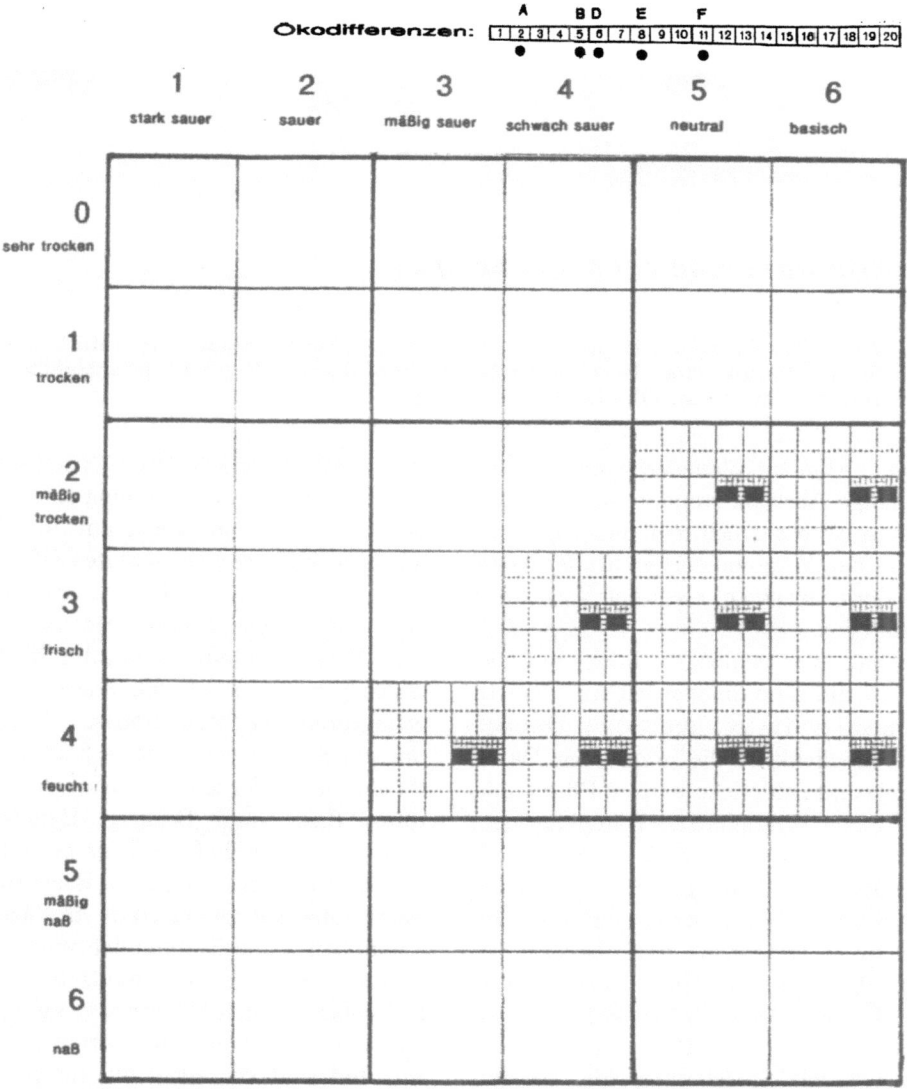

Abb. 2a: Ein Ökodiagramm der zweiten Generation. Darin werden im Großgitter (Matrix A/B) das Mittelgitter (Matrix C/D) und darin das Kleingitter (Matrix E/F) nur dort dargestellt, wo ein Eintrag erfolgt.

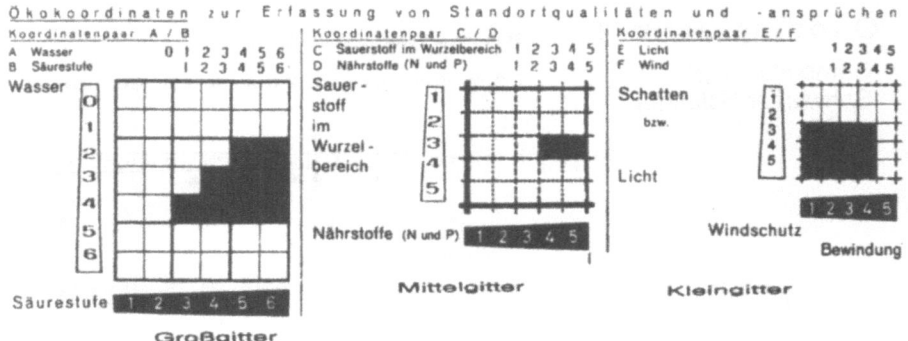

Erläuterungen zur Abbildung 2a

Abb. 2b: Einzelmatrizen mit ihren Daten. Ökodifferenzen: Anzahl Stufen im ökologischen Bereich, in der Reihenfolge A - F der Standortfaktoren summiert (im Ökodiagramm oben).

men. Eine für planerische Zwecke notwendige Auswahl standorttauglicher Arten ist nicht möglich, weil die Zeigerwerte nicht den Vorkommensbereich der Arten, sondern nur einen, eben den Zeigerwert, darstellen.

Anfang der neunziger Jahre bot sich durch die Zusammenarbeit mit dem Informatiker HANS-CHRISTOPH DAHMEN die Möglichkeit, die graphische Datenbank und zahlreiche weitere Pflanzendaten in das Wildpflanzen- Datenbank- und Informationssystem TERRA BOTNICA (DAHMEN & DAHMEN, 1994/1997) umzusetzen. Es besteht aus drei verknüpften Datenbanken (Tabellen): Einer Pflanzen- und einer Standortdatenbank sowie einer Waechst-Datei (was wächst oder nach Plan wachsen soll), letztere zur Speicherung von Vegetationsaufnahmen oder Pflanzenlisten. Es wurde programmiert und mit einer eigenen Menüstruktur versehen auf der Grundlage des Programms F&A der Fa. Symantec (MARCELLUS, 1991).

Die Pflanzendatenbank - der Geobotanikus - enthält derzeit 1840 Taxa (Arten bzw. Unterarten in Anlehnung an OBERDORFER, 1994) und dazu auf 10 Bildschirmen, entsprechend 4 Seiten DIN A4, zu ca. 500 Kriterien je Art, insgesamt mehr als 150.000 Daten. Sie umfassen u.a. Wuchsform und Lebensalter; die Bereiche primärer sowie sekundäre Standortfaktoren der Standortbasis, Vegetationstypen, Pflanzengemeinschaften und Wuchsplätze; Vorkommen, Kategorie der Roten Liste und Schutz; Hauptverbreitung; landschaftsökologische Funktionen und tierökologische Bedeutung; Verwendbarkeit im Garten- und Landschaftsbau sowie Empfindlichkeiten und Konkurrenzverhalten. Diese Daten beruhen neben eigenen Kenntnissen auf ständig weitergeführten Literaturauswertungen und sind vor allem auf die praktische Arbeit von Gutachtern und Planern ausgerichtet (BONN & POSCHLOD, 1998; EHLERS, 1986a,b; GARCKE, 1972; OBERDORFER, 1994; KOESTLER ET AL., 1968; MERTZ, 2000; KUTSCHERA, 1960; KUTSCHERA & LICHTENEGGER, 1992; POTT,

1992; ROTHMALER, 1994; SCHMIDT, 1995; FÖRDERGESELLSCHAFT 'GRÜN IST LEBEN', 1992, 1993, 1997, 1998).

5 Erweiterte Möglichkeiten EDV-gestützter Auswertungen von Vegetationsaufnahmen und sonstigen Pflanzenlisten mit TERRA BOTANICA

Das Verzeichnis 'Auswertelisten zur Waechst-Datei' (**Tab. 1**) vermittelt einen Überblick über die angewandten Kriterien und vorprogrammierten Auswertelisten. Im Sachteil des Handbuchs zu TERRA BOTANICA werden die Kriterien und ihre Skalierung erläutert. Das umfangreiche Literaturverzeichnis weist alle Datengrundlagen aus.
Die Standortdatenbank nimmt allgemeine Daten zum Vorhaben, Aufnahmeort und -datum, die üblichen Kopfdaten einer Vegetationsaufnahme, Angaben zu Relief und Bewirtschaftung, zu Vegetationstyp und -struktur, zu Schutz, Pflege und Nutzung auf, ferner eine Bodenaufnahme mit standortrelevanten Daten zu allen Horizonten sowie das Ergebnis der Standortansprache nach Boden und Bewuchs.
In die Waechst-Datei können Vegetationsaufnahmen oder sonstige Pflanzenlisten (z.B. zu beurteilende Pflanzpläne) unter einer in der Standortdatenbank festgelegten Projekt- und Feldbuch-Nr. eingegeben und gespeichert werden.
Zu allen drei Datenbanken gibt es eine große Zahl vorprogrammierter Auswertelisten. Von besonderer Bedeutung sind 83 Auswertelisten zur Waechst-Datei (Tabelle 1). Sie zeigen zu einer Artenliste der jeweiligen Vegetationsaufnahme oder Pflanzenliste eine Datengruppe aus der Pflanzendatenbank, z.B. die Standortbereiche der einzelnen Arten (**Abb. 3**). Hieraus werden durch Schnittmengenbildung oder ähnliche Verfahren analytische Daten zur Vegetation bzw. ihrem Wuchsort abgeleitet. So vermeidet man mathematisch unzulässige Mittelwerte aus ordinalen Zahlen. Arten, die mit ihrem Vorkommensbereich von der Schnittmenge abweichen, werden gesondert interpretiert, z.B. Flachwurzler bezüglich Oberboden, so daß die Abweichler den ermittelten Hauptwert nicht verfälschen. Die Ergebnisse einer Standortansprache werden zu Ökoschlüsseln zusammengefaßt. Darin sind die Ökostufen der einzelnen Faktoren in Zweiergruppen zusammengestellt, beim Wasserfaktor unter Ergänzung zeitweiliger (in einfachen Klammern) oder kurzfristiger Abweichungen (in Doppelklammern). Z.B. besagt der Ökoschlüssel

(0)14 42 03o0

Wasserstufe 1, zeitw. 0, Säure/Basenstufe 4, Sauerstoffstufe 4, Nährstoffstufe 2, Wasserzug 0, Bodenbewegung 3 oder 0.
Für planerische Zwecke besteht die Möglichkeit, die Kriterien der Pflanzendatenbank als Suchkriterien einzusetzen, also z.B. standorttaugliche oder funktionstüchtige Arten (etwa Nistgehölze) für bestimmte Zwecke auszuwählen. Dabei kann man von den ausgewählten Arten z.B. eine Liste mit den Angaben zu bestimmten Funktionen (etwa Necktar- und Pollenspende für verschiedene Insektengruppen) erstellen lassen und so ein zweites Kriterium in die Artenauswahl einbeziehen. Oder man gibt die Pflanzenliste für eine Schmetterlingswiese in die Waechst-Datei ein und läßt hiervon eine Auswerteliste zu den Standortfaktoren

Tabelle 1: Verzeichnis der Auswertelisten zur Waechst-Datei von TERRA BOTANICA. Angewandten Kriterien und vorprogrammierten Auswertelisten

03.–	ÜBERSICHTEN ———	20.52	G - P mehrere Feldbuch-Nr
03.10	Übersicht Waechst Daten	20.54	G - P mehrere Projekte
03.20	Übersicht Pflanzen	20.61	G Licht
03.50	Häufigkeit der Pflanzen	20.62	H Wind
05.–	ROTE LISTE / FLOREN —	20.63	K rel. Lufttemperatur
05.05	RL/Flora, ein Bundesland	20.64	L rel. Strahlungsfröste
05.10	Florenzugehörigkeit	20.65	M rel. Bodentemperatur
05.20	Rote Liste gefährdet	20.66	N Schwank. Bodentemperatu
05.30	Rote Liste geschützt	20.67	O rel. Hydratur der Luft
05.40	Rote Liste Europa / Welt	20.68	P Schwank. Hydratur Luft
10.–	FLORISTISCHE DATEN —	20.71	SG Licht Summen
10.10	Farben Blüte/Früchte/Laub	20.72	SH Wind Summen
10.15	Blüte- / Sporenzeit	20.81	Empfindlichk. anthropogen
10.30	Wuchsform / Höhe / Alter	20.86	Empfindlichk. natürliche
10.35	Wuchsform	20.90	Konkurrenzverhalten
15.–	VEGETATIONSZUGEHöRIGK. –	25.–	GESTEIN / BODEN ———
15.10	Ökologische Mächtigkeit	25.10	Gestein
15.20	Vegetationstypen	25.20	Feinerde- und Skelettgeh.
15.31	Wald / Gebüsch / Baumart.	25.31	Bodenarten Feinerde L/U/S
15.32	Wald / Gebüsch / -typen	25.32	Bodenarten Feinerde T/L/U
15.41	Wiesen / Rasen I	25.40	Humusgehalt, Humusarten
15.42	Wiesen / Rasen II	25.51	Bodendichte
15.51	Fluren	25.52	Bewurzelung
15.52	Säume	30.–	KLIMA / VERBREITUNG ——
15.61	Ufer	30.11	Regionales/Lokales Klima
15.62	Moore	30.12	Höhenstufen
15.70	Fels	30.21	Hauptv. atl-euras-med-alp
15.80	In / Auf / An I	30.22	Hauptver. euras-med-kont
15.85	In / Auf / An II	30.30	Verbreitungstrend
20.–	ANSPRÜCHE / FÄHIGKEITEN -	35.–	ÖKOLOGISCHE FUNKTIONEN –
20.10	A - D und F	35.11	Wind-/Bodenschutz & Humus
20.12	A - D/F, mehrere FB-Nr	35.12	Schutzfunktionen
20.14	A - D/F, mehrere Projekte	35.13	Bodenveränderungen
20.20	AW Wasserzug	35.15	Erst-/Wiederbes., Bodenbe
20.21	A Wasser	35.20	Ausbreitung durch
20.22	B Säure	35.40	Blüten bieten
20.23	C Sauerstoff im Boden	35.51	Sproß bietet
20.24	D Nährstoff	35.60	Früchte/Samen sind Nahrun
20.25	E Gründigkeit	35.70	Nistplatz für
20.26	F Bodenbewegung	40.–	VERWENDBARKEIT GALA-BAU -
20.31	SA Wasser / Zug Summen	40.11	freie Landschaft
20.32	SB Säure Summen	40.12	Siedlungsraum
20.33	SC/D Sauerst/Nährst. Summ	40.20	Begrünung I
20.35	SE Gründigkeit Summen	40.25	Begrünung II
20.36	SF Bodenbewegung Summen	40.40	Hochwasserbereiche
20.50	G - P		

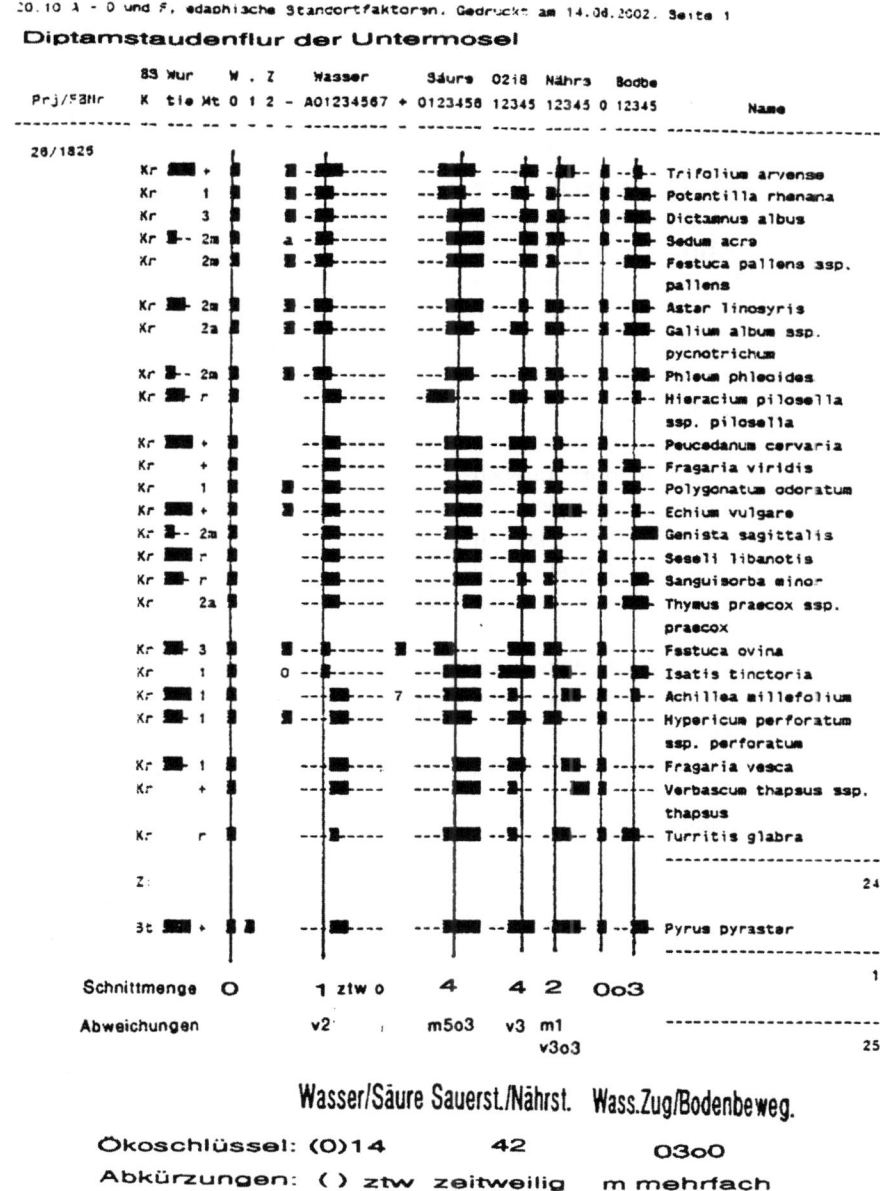

Abb. 3 Auswerteliste aus der Waechst-Datei von TERRA BOTANICA mit Schnittmengenbildung zur sechsfaktoriellen Standortansprache und davon abgeleitetem Ökoschlüssel.

erstellen, um zu prüfen, inwieweit die Pflanzen der Liste für einen bestimmten Ökotop standorttauglich sind.

Ausgehend von den mehrfaktoriellen Standortbedingungen eines Vegetationsbestandes, z.B. einer seit 50 Jahren nicht verbuschten Diptamstaudenflur an einem Moselsteilhang (**Abb. 3**), läßt sich fragen, ob und welche Gehölze unter diesen Bedingungen bisher beobachtet wurden. Bei Anwendung aller 15 Standortfaktoren ergaben sich nur der Wacholder (*Juniperus communis*) und bei den Zwergsträuchern nur die Bibernell-Rose (*Rosa spinosissima*), die dort tatsächlich in Vergesellschaftung mit dem Diptam vorkommt. Der Wacholder gedeiht nur benachbart in Magerrasen auf weniger geneigten und feinerdereicheren Flächen oberhalb der Steilhänge. Außerdem fanden sich drei Wildbirnen von maximal 1,5 m Höhe, von denen eine inzwischen nach starken Trockenschäden einging. Nach TERRA BOTANICA liegt die Wildbirne bei 13 Standortfaktoren der Diptamstaudenflur im grünen Bereich. Beim Wasserfaktor und seiner zeitweiligen Abweichung braucht sie dagegen jeweils eine Stufe mehr. Der benachbarte Buxbaum, der in 50 Jahren nicht einwanderte, weicht sogar nur bzgl. Verträglichkeit zeitweiliger Austrocknung vom Diptamstandort ab.

Die derzeitige Klimaänderung mit Erwärmung läßt statt einer Verbuschung eher das Gegenteil erwarten, d.h. Eindringen von Arten der Felsfluren und Trockenrasen. Die Standortanalyse von zwei Felsrasen mit Federgras (*Stipa joannis*) stützt diese Prognose. Ihre Standortdaten sind der Diptamstaudenflur ähnlich. Sie unterscheiden sich aber bei den edaphischen Faktoren durch eine noch niedrigere Nährstoffstufe (1) sowie bei den lokalklimatischen durch noch niedrigere Hydratur (1), also durch in zwei Faktoren 'härtere' Bedingungen.

Bei Monitoringverfahren können aus den Vegetationsaufnahmen Veränderungen der Standorte abgeleitet werden, wie das Beispiel 'Monitoring Borgfelder Wümmewiesen' zeigt (DAHMEN & JANHOFF, 2002). Hierzu dienen Auswertelisten mit mehreren Vegetationsaufnahmen. Deutlich sind Korrelationen zwischen den Veränderungen verschiedener Standortfaktoren, z.B. Wasserstufe, Bodentemperatur und Luftfeuchte. Auch zeigten sich Veränderungen bio- und landschaftsökologischer Funktionen sowie ökosystemare Zusammenhänge. So gingen nach Wiedervernässung Arten mit Ameisenverbreitung drastisch zurück. Eine typische Fläche zeigte folgende Ökoschlüssel:
Jahr Wass./Säu. Sauerst./Nährst. BodT./+/-BodT. Lu.feu./+/-Lfeu.
1987 (2/7) 4 5 2 4 3 2 3 3
1996 (3/7) 6 5 2 4 2 2 4 3
Parallel mit dem Anstieg des Wassers um zwei Ökostufen sank die Bodentemperatur und stieg die Luftfeuchte um eine Stufe. 19/23 Blütenpflanzen (1987/1996) wurden notiert: 9/13 Gräser, 1 Sauergras und 9 Kräuter, darunter insgesamt 7/11 Sumpfpflanzen. Gegen Überflutung waren 9/12 unempfindlich, 9/9 gering und 1/2 mäßig empfindlich. Bei Mahd betrugen die Zahlen 5/7 bzw. 7/11 bzw. 2/2 von 14 bzw. 20 Arten mit bekannter Empfindlichkeit. 12/16 Arten verbreiten sich durch oberirdische Ausläufer, 1 durch unterirdische; die Samen werden bei 11/16 Arten durch Wind, bei 2/3 Arten durch Wasser und bei 2/0 Arten durch Ameisen verbreitet. 10/14 Arten werden vom Wind bestäubt, jeweils 9 Arten von Insekten. Die Auswirkungen der

Wiedervernässung sind danach vielfältig erkennbar, sogar die Abnahme der Empfindlichkeit gegen Mahd im Vergleich zur Beweidung.

Schließlich kann man bei erwarteten Standortveränderungen, z.B. in Bergsenkungsgebieten oder bei Wiedervernässung von Feuchtgebieten, wahrscheinlich machen, welche Arten bleiben, welche verschwinden und welche sich möglicherweise neu ansiedeln werden KELSCHEBACH & NESSELHAUF (2000), um hieraus wahrscheinliche Biotopveränderungen zu prognostizieren und Hinweise zu geben auf zweckmäßige Abholzungen, um dem Absterben empfindlicher Arten wie der Rotbuche zuvor zu kommen. Wegen der begrenzten Sicherheit solcher Prognosen wird in Bergsenkungsgebieten der Ruhrkohle ein Monitoring angeschlossen.

Das Beispiel Wümmewiesen zeigt die Notwendigkeit einer systemaren Bearbeitung. Das querschnittorientierte System TERRA BOTANICA bietet hierzu einen Einstieg im Bewußtsein einer bereits im 17ten Jahrhundert von PASCAL formulierten Einsicht: 'Bei allem Tun müssen wir außer auf das Tun selbst, auf unseren gegenwärtigen, vergangenen und zukünftigen Zustand achten und auf den der anderen, für die unser Tun Bedeutung hat, und müssen die Zusammenhänge all dieser Dinge sehen. Und dann wird man sehr zurückhaltend sein.'

Von Bodenkarten abgeleitete oder eigens erstellte mehrfaktorielle Standortkarten können zur Ausscheidung und standörtlichen Charakterisierung ökologischer Raumeinheiten (**Abb. 1**) dienen. Sie eignen sich ebenso als Bezugsräume zur Beschreibung der Landschaft wie für Leitbilder zu ihrer Entwicklung (DAHMEN, 1999; ENGELMANN, 1989). So ergeben sich mit TERRA BOTANICA datenbankfundierte Anwendungsmöglichkeiten in Geobotanik, Landschafts- und Raumplanung (**Abb. 4**). Aus den Standorten und Vegetationstypen von Landschaftseinheiten ergibt sich deren Diversität und führt so von der Geobotanik zur Landes- und Landschaftskunde.

Hinter primären Standortfaktoren in der Pflanzendatenbank steht ein Matrizenmodell (DAHMEN, 2002), es war bereits Grundlage der Ökodiagramme. Die Kombination von 15 wenigstufig und ordinal skalierten Standortfaktoren bietet eine starke Differenzierung des abgebildeten mehrdimensionalen Standortraumes, insgesamt über 30 Mrd. unterscheidbare Standorte. Vielleicht existieren real 10 bis 30%, d.h. 3 bis 10 Mrd. (TRAUTMANN, mdl. Mitt. ca. 1970) hielt allerdings alle Kombinationen aus den sechs Faktoren der damaligen Ökodiagramme - immerhin 26.250 - für real.

Die so gegenüber der floristischen Systematik mögliche stärkere Differenzierung ist besonders wichtig für Standortbeschreibungen und die darauf basierende Artenauswahl (DAHMEN & SIMON, 1997). Die digitale Standortansprache mittels mehrerer primärer Standortfaktoren - zusammengefaßt in Ökoschlüsseln (**Abb. 3**) und ergänzt durch Vegetationstypen und Pflanzengemeinschaften oder Wuchsplätze - erbringt eine recht genaue Auswahl standorttauglicher und funktionstüchtiger Arten für Zwecke der Landschaftspflege, des Garten- und Landschaftsbaus.

Inzwischen haben die vorgestellten Methode einer EDV-gestützten und graphisch visualisierbaren ökologischen Standortansprache auch in die vegetationsgeographische und landeskundliche Literatur Eingang gefunden (KLINCK, 1996; ZEPP & MÜLLER, 1999).

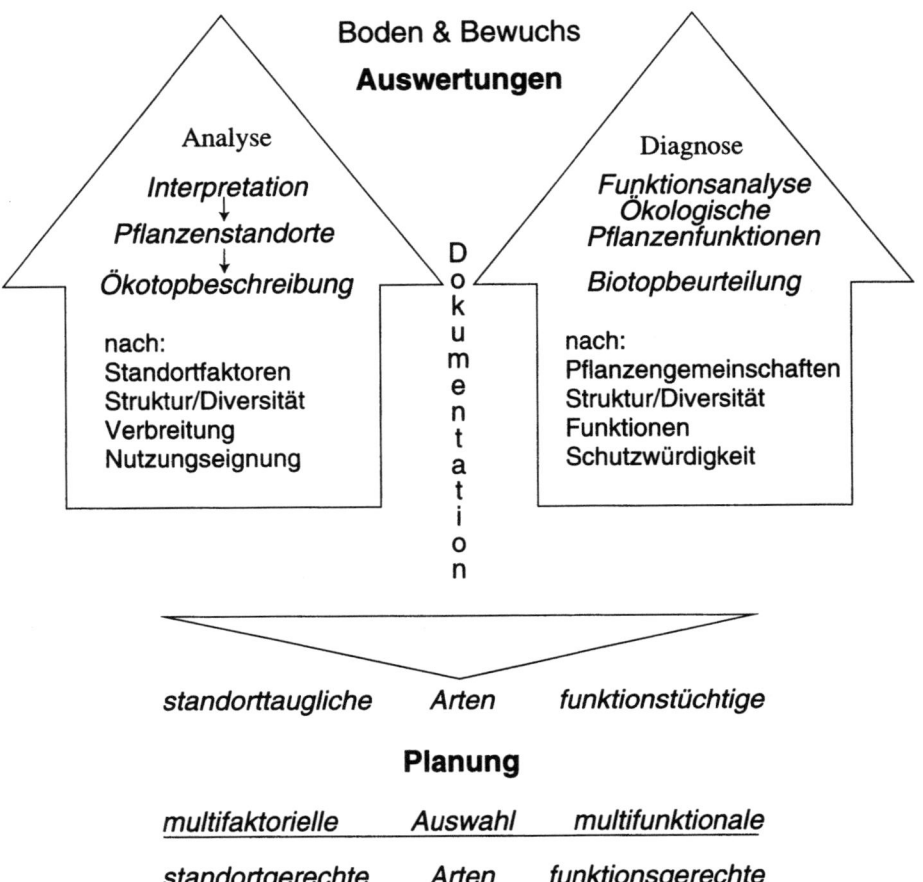

Abb. 4 Anwendungsmöglichkeiten von TERRA BOTANICA.

Für die geobotanische Forschung bieten sich ebenfalls neue Möglichkeiten durch EDV-gestützte Auswertung von Vegetationsaufnahmen, in denen eine Art vorkommt. So kann die ganze Breite ihrer Standortfähigkeiten ermittelt und gegebenenfalls können die Daten der Pflanzendatenbank ergänzt werden. Dabei sind Hinweise auf ökologische Rassen der Pflanzenarten aus den Standort- und Verbreitungsdaten zu erwarten (DAHMEN & KAPPAS, 1999). Auch können diese Daten in Bezug zu den jeweiligen Nachbararten gesetzt und so Fragen unterschiedlicher Konkurrenz- und Synergiewirkungen angegangen werden. Schließlich kann man dem Relativitätsprinzip der Ökologie (DAHMEN, 2000) nachgehen. Es wird einsichtig aus dem Vorkommwnsbereich einer Art in einem mehrfaktoriellen Ökodiagramm (**Abb. 2**).

6 Ausblick

Weitet man obigen Ansatz auf alle bekannten Vegetationseinheiten Mitteleuropas aus, wie es im Forschungsprojekt OESVEG (Ökologisches System der Vegetation) konzipiert ist, so gewinnt man neben der floristischen Systematik der Vegetation ein ökologisches Ordnungsprinzip derselben (DAHMEN & KAPPAS, 1999). Seine Daten böten die Möglichkeit einer ökologisch fundierten geographischen Differenzierung der einzelnen Vegetationseinheiten, insbesondere aber Grundlagen für eine nachträgliche Standortansprache älterer Vegetationsaufnahmen und -karten. Über weitere Auswertemöglichkeiten einer mitteleuropäischen Vegetationsdatenbank (EWALD, 2002) durch den Einsatz von Methoden der künstlichen Intelligenz (KI), die bereits an einem Beispiel erprobt wurden, berichtet M. KIRSTEN in seinem Beitrag. Die derzeitige Beschränkung von TERRA BOTANICA auf 1840 Taxa, die am Wuchsort selten bis verbreitet sind, hat bisher nur in zwei Fällen Ergänzungsbedarf ergeben. Vor allem im Hinblick auf Forschungszwecke (z.B. OESVeg) ist eine Ausweitung auf alle Taxa im Geltungsbereich in Arbeit. Die vorgestellten Fragestellungen und Beispiele zeigen sehr deutlich, daß datenbank- und EDV-gestützte Methoden umfangreiche und z.T. völlig neue Auswertungsmöglichkeiten von Vegetationsaufnahmen bieten. Wesentliche Voraussetzungen sind digital aufbereitete Angaben zur Standortbasis der Aufnahmeorte, insbesondere zur Reliefsituation, zu Klima und Boden, sowie ebenfalls digital aufbereitete, umfangreiche und vielschichtige Daten zu den einzelnen Taxa (Arten bzw. Unterarten), allerdings mit Beschränkung auf einen klimatisch einigermaßen einheitlichen Raum (Mitteleuropa ohne alpine und Küstenbereiche). Für die Auswahl und den Differenzierungsgrad der Daten sollte die Erfahrung eines international anerkanten Raum- und Städteplaners Richtschnur sein: 'Es ist weit wichtiger, nichts Bedeutsames zu vergessen, als einiges übergenau erfassen zu wollen.' (MAURER, 1985).

References

BONN, S. & POSCHLOD, P., 1998. Ausbreitungsbiologie der Pflanzen Mitteleuropas. Verlag Quelle & Meyer, Wiesbaden.

DAHMEN, F. W., 1955. Soziologische und ökologische Untersuchungen über die Xerothermvegetation der Untermosel unter besonderer Berücksichtigung des Naturschutzgebietes Dortebachtal bei Klotten. Dissertation am Botanischen Institut der Universität Bonn.

DAHMEN, F. W., 1999. Pflanzenökologische Standortpotentiale und darauf basierende Landschaftseinheiten als Grundlagen und Bezugsräume für Leitbilder. In Wiegleb, G. (ed.), *Naturschutzfachliche Bewertung im Rahmen der Leitbildmethode.* Physica-Verlag, Heidelberg.

DAHMEN, F. W., 2000. Durch die relative Bedeutung ökologischer Standortfaktoren und Milieuverhältnisse bedingte Risiken im Umgang mit der Natur. In Breckling, B. & Müller, F. (eds.), *Der Ökologische Risikobegriff.* Verlag Peter Lang, Frankfurt a. M.

DAHMEN, F. W., 2002. Ein Matrizenmodell zur Erfassung und Abbildung der Beziehungen zwischen Pflanzen und Standorten. In Gnauck, A. (ed.), *Theorie und Modellierung von Ökosystemen.* Shaker Verlag, Herzogenrath.

DAHMEN, F. W., DAHMEN, G. & HEISS, W., 1976. Neue Wege der graphischen und kartographischen Veranschaulichung von Vielfaktorenkomplexen (div. Karten und Diagrammen). *Decheniana (Bonn) 129.*

DAHMEN, F. W. & DAHMEN, H.-C., 1994/1997. TERRA BOTANICA mit Handbuch mit EDV- und Sachteil. Rose GmbH, Blankenheim.

DAHMEN, F. W., FLINSPACH, K. & SCHWANN, H., 1987. Feuchtgebietsuntersuchung 1984/1986 Naturpark Schwalm-Nette und Kreis Heinsberg, Beiträge zur Landesentwicklung 43. Rheinland-Verlag, Köln.

DAHMEN, F. W. & HERBOLD, M. T., 1995. Großräumige Erprobung und Standardisierung einer datenbankgestützten Methode zur integrierten Standortansprache von Bodeneinheiten auf der Basis unabhängiger Interpretationen von Boden und Pflanzendecke 'ÖK 50 Freiberg'. Erläuterungsbericht zum Forschungsauftrag des Sächs. Landesamtes für Umwelt und Geologie, Referat Bodenkunde in Freiberg (Sachsen).

DAHMEN, F. W. & JANHOFF, D., 2002. 10 Jahre (1987 - 1996) Monitoring im Naturschutzgebiet 'Borgfelder Wümmewiesen'. Manuskript.

DAHMEN, F. W. & KAPPAS, M., 1999. ESVeg (Ecological System of Vegetation). A geobotanical concept used to develop an ecological system of habitats of quasinatural vegetation in Central Europe and its significance for planning and realization of sustainabel landuse management. In *The challange of Ecosystem protection, Proceedings of the conference 28.9. - 1.10.1999.* Verein zur Förderung der Ökosystemforschung zu Kiel e.V.

DAHMEN, F. W. & SIMON, I., 1997. Beschreibung pflanzenökologischer Standortpotentiale mit Hilfe der Vegetation und primärer Standortfaktoren. *UVP-Report 11.*

DIERSCHKE, H., 1994. Pflanzensoziologie. Verlag Eugen Ulmer, Stuttgart.

EHLERS, M., 1986a. Baum und Strauch in der Gestaltung der deutschen Landschaft. Verlag Paul Parey, Berlin.

EHLERS, M., 1986b. Baum und Strauch in der Gestaltung und Pflege der Landschaft, 2. Aufl. Verlag Paul Parey, Berlin und Hamburg.

ELLENBERG, H., 1974/1979. Zeigerwerte der Gefäßpflanzen Mitteleuropas, 2. Aufl.; Scripta geobotanica IX. Verlag E. Goltze KG, Göttingen.

ENGELMANN, D., 1989. Die Bedeutung ökologischer Auswertekarten der Bodenkarte 1 : 50.000 zur Ausscheidung ökologisch begründeter Landschaftseinheiten - dargestellt am Beispiel der ÖK 50 Heinsberg. Diplomarbeit, Univ. Münster, Fachbereich Geowissenschaften.

EWALD, J., 2002. Protokoll zum Workshop 'Von der Pflanzensoziologie zur Biodiversitätsinformatik ?'. veranstaltet vom Bundesamt für Naturschutz, Bonn-Bad Godesberg.

FLAHAULT, C. & SCHRÖTER, C. (eds.), 1910. Phytogeographische Nomenklatur. III. Congres international de Botanique, Bruxelles, Zürich.

FÖRDERGESELLSCHAFT 'GRÜN IST LEBEN' (ed.), 1992, 1993, 1997, 1998. BdB-Handbuch II, 1997; III, 1998; VIIA, 1993; VIIB, 1993; VIII, 1992. Verlag Fördergesellschaft 'Grün ist Leben', Pinneberg.

GARCKE, A., 1972. Illustrierte Flora, 23. Aufl. Verlag Paul Parey, Berlin und Hamburg.

GEIGER, R., 1961. Das Klima der bodennahen Luftschicht. Verlag Friedr. Vieweg Sohn, Braunschweig.

GLAVAC, V., 1996. Vegetationsökologie. Verlag Gustav Fischer, Stuttgart.

KELSCHEBACH, M. & NESSELHAUF, G., 2000. GIS-gesteuerte, interdisziplinäre Zusammenarbeit bei der Bestandserfassung und Auswirkungsprognose zu dynamischen Potentialveränderungen im Landschaftshaushalt - am Beispiel obertägiger Auswirkungen des Steinkohlebergbaus. In *Forschungen zur Deutschen Landeskunde, Band 246*. Deutsche Akademie für Landeskunde, Selbstverlag, Flensburg.

KESEL, R., 1999. Kursskript, Anwendung multivariater Methoden in der Analyse vegetations- und tierökologischer Daten. NNA, Schneverdingen.

KLINCK, H.-J., 1996. Vegetationsgeographie. Verlag Westermann, Braunschweig.

KOESTLER, J. N., BRUECKNER, E. & BIBELRIETHER, H., 1968. Die Wurzeln der Waldbäume: Untersuchungen zur Morphologie der Waldbäume in Mitteleuropa. Verlag Paul Parey, Hamburg, Berlin.

KÜPPER, M., 1985. Bewertung von Eingriffen in den Grundwasserhaushalt von Feuchtgebieten im Naturpark Schwalm-Nette am Beispiel des Gripekover Bruchs, Nordrhein-Westfalen. Diplomarbeit, Fachhochschule Wiesbaden, FB. Gartenbau und Landespflege.

KUTSCHERA, L., 1960. Wurzelatlas mitteleuropäischer Ackerunkräuter und Kulturpflanzen. DLG Verlags GmbH, Frankfurt/Main.

KUTSCHERA, L. & LICHTENEGGER, E., 1992. Wurzelatlas mitteleuropaeischer Grünlandpflanzen (Bd 1, Bd 2.1, Bd 2.2). Verlag Gustav Fischer, Stuttgart.

MARCELLUS, T., 1991. F&A 4.0 (für DOS). te-wi-Verlag, München.

MAURER, J., 1985. Rückwärts betrachtet. In Freistzer, K. & Maurer, J. (eds.), *Das Wiener Modell*. Compress-Verlag, Wien.

MERTZ, P., 2000. Pflanzengesellschaften Mitteleuropas und der Alpen. Verlag ecomed, Landsberg.

OBERDORFER, E., 1949. Pflanzensoziologische Exkursionsflora, 1. Aufl. UTB-Taschenbücher 1828, Verlag Eugen Ulmer, Stuttgart.

OBERDORFER, E., 1994. Pflanzensoziologische Exkursionsflora, 7. Aufl. UTB-Taschenbücher 1828, Verlag Eugen Ulmer, Stuttgart.

POTT, R., 1992. Die Pflanzengesellschaften Deutschlands. Verlag Ulmer, Stuttgart.

ROTHMALER, W., 1994. Exkursionsflora von Deutschland, Bd. 2, 15. Aufl. und Bd. 3, 9. Aufl. Verlag Gustav Fischer, Jena, Stuttgart.

SCHMIDT, P. A., 1995. Übersicht der natürlichen Waldgesellschaften Deutschlands. Sächs. Landesanstalt für Forsten, Graupa.

WALTER, H., 1951. Einführung in die Phytologie, Bd. III, Teil 1, Standortslehre. Verlag Eugen Ulmer, Stuttgart.

ZEPP, H. & MÜLLER, M. J. (eds.), 1999. Forschungen zur Deutschen Landeskunde, Bd. 244, Landschaftsökologische Erfassungsstandards. Deutsche Akademie für Landeskunde, Selbstverlag, Hamburg.

Bezugsquellen für TERRA BOTANICA: Rose GmbH, Mühlenweg 16, 53945 Blankenheim oder Prof. Dr. F. W. Dahmen, Lorbacher Weg 6, 53894 Mechernich. Interessenten können eine umfangreiche Infomappe anfordern. Eine Vorstellung von TERRA BOTANICA durch den Fachautor und Seminare zur praktischen Anwendung sind möglich.

Öko-Systeme

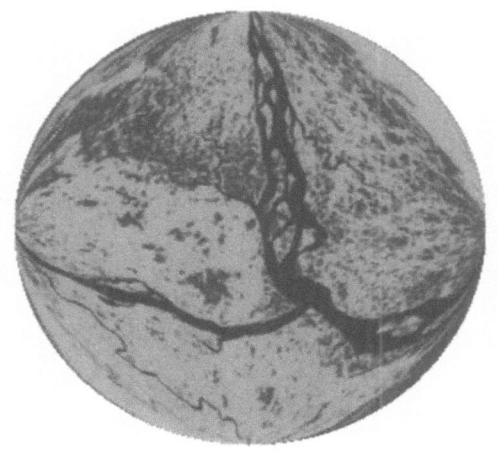

Emergenz in der Ökologie: Philosophische Untersuchungen zu einem Modebegriff der Ökologie

Arend Mittwollen
Parkalle 87, 28025 Bremen
e-mail: mittwoll@yahoo.de

Abstract

In this paper, I will investigate the terms *emergent* and *emergence* and their application in ecology. I will distinguish three parts. In the introduction, I will distinguish between three different meanings of *emergence*. Then I will trace back their historical origins and look at the application of *emergence* in contemporary science. In the last part, I will examine the role of *emergence* in ecology. It will become obvious that the term is nearly always used in generalized manner and that it is compatible with reductionistic accounts of explanations of ecosystem properties and that it does not tell us much specific about ecology. Thus, the term *emergent* has no specific meaning and it should be used in ecology only if explicated explicitly to avoid confusions.

Keywords: Dualism, Ecology, Emergent, Emergence, Holism, Philosophy of Mind, Reductionism Schlüsselworte

Schlüsselworte: Dualismus, Emergent, Emergenz, Philosophie des Geistes, Holismus, Ökologie, Reduktionismus

1 Einleitung

Der Begriff *Emergenz* ist in der ökologischen Literatur häufig zu finden. Oft wird er in irgendeinem Zusammenhang mit dem Wort „Holismus" oder „holistisch" verwendet und bezeichnet Eigenschaften, die nur einem Gesamtsystem zukommen, aber nicht dessen Komponenten. In diesem kurzen Aufsatz möchte ich mir zunächst den Begriff *Emergenz* genauer ansehen und ihn dann auf seine Bedeutung und Verwendung in der ökologischen Fachsprache untersuchen.

Man kann mehrere Bedeutungen von *emergent* unterscheiden. Im Englischen gehört das Wort *emergent* zur Alltagssprache und bezeichnet etwas, das neu auftaucht und bisher verborgen war. In dieser unspezifischen Bedeutung ist der Begriff noch unproblematisch.

In der philosophischen Fachterminologie wird der Begriff *emergent* in drei verschiedenen Bedeutungen verwendet. Die einfachste Bedeutung entspricht derjenigen der englischen Alltagssprache. In diesem Fall bezeichnet der Begriff etwas Neuartiges, das vorher nicht gesehen wurde und nun neu auftaucht. Man kann die Bedeutung relativ genau mit „auftauchen" übersetzen. So gefasst eignet sich der Begriff nicht als Fachterminus. In einer weiteren Verwendung wird der Begriff *emergent* spezifischer gefasst und für das Auftreten von neuartigen Erscheinungen verwendet, die nicht vorhergesagt werden konnten. Eine dritte Bedeutung des Begriffs *emergent* geht noch einen Schritt weiter. Hier bezeichnet *emergent* etwas Neuartiges, das nicht vorhergesagt werden kann und das auch im Nachhinein nicht auf seine Bestandteile reduziert werden kann. So kann man eine schwache, eine mittlere und eine starke Form der Emergenz unterscheiden.

Für diesen kurzen Aufsatz will ich mich vor allem mit den beiden spezifischeren Bedeutungen von Emergenz beschäftigen, da die Verwendung von *Emergenz* mit der ersten Bedeutung des Begriffs unproblematisch ist. Wird *Emergenz* allerdings in dieser Bedeutung verwendet, bleibt der Begriff zu unspezifisch und sagt nur sehr wenig über das zu betrachtende System aus.

Es gibt wohl kaum ein komplexeres System, auf das diese schwache Deutung von Emergenz nicht angewendet werden kann. Auf jeder neuen Komplexitätsstufe sehen wir neue Erscheinungen, die sich von den bisher bekannten unterscheiden. Demzufolge erscheint es mir nicht gerechtfertigt und auch nicht sinnvoll, hierfür einen spezifischen Begriff zu verwenden.

Im nächsten Abschnitt, möchte ich die verschiedenen Formen der Emergenz noch genauer untersuchen und über eine kurze historische Einführung die unterschiedlichen Verwendungen deutlich hervorheben. Es wird sich zeigen, dass diese verschiedenen Formen sehr unterschiedliche Ansprüche haben und dass es notwendig ist, die Ansprüche des Begriffs bei der Verwendung mit anzuführen, denn eine einfache Verwendung des Begriffes *Emergenz* ohne weitere Erläuterung führt in sehr vielen Fällen zu langwierigen Diskussionen und unnötigen Streitereien, die sich bei klarer Begriffsverwendung leicht vermeiden lassen.

2 Historische Entwicklung des Begriffs

Der Begriff *Emergenz* wird 1875 das erste Mal in philosophischen Zusammenhängen angewendet. Der englische Philosoph und Naturwissenschaftler GEORGES HENRY LEWE spricht von *emergenten* Wirkungen und unterscheidet diese von *resultierenden* Wirkungen. Emergente Wirkungen sind solche, die nicht direkt aus den Ursachen resultieren, sondern irgendwie etwas Neues hervorbringen, wobei unklar bleibt, woher das Neue kommt. Eine ähnliche Unterscheidung findet sich schon bei JOHN STUART MILL (1843), der zwischen homogenen und heterogenen Faktoren unterscheidet. Er spricht von heterogenen Faktoren, wenn die Gesamtheit der Wirkungen nicht der Summe der einzelnen Wirkungen der Komponenten entspricht. Weiter unterscheidet Mill zwischen letzten und abgeleiteten Gesetzen. Für psychische Gesetze gibt es Grenzen der Ableitbarkeit, sie können nicht vollständig aus den physikalischen abgeleitet werden. Heute wird man in beiden Fällen von Emergenz sprechen, obwohl es sich um unterschiedliche Aspekte handelt (vgl. STEPHAN, 2000, S. 303ff)[1].

Um etwa 1920 war die Blütezeit des Emergentismus mit Vertretern wie Lloyd Morgan, C.D. Broad, Hans Driesch und Henri Bergsson. Sie unterschieden deutlich zwischen belebten und unbelebten sowie zwischen physischen und mentalen Vorgängen. Emergentisten vertraten die Auffassung, dass die Eigenschaften des Lebendigen nicht aus den Eigenschaften des Toten heraus vollständig erklärbar seien, ebenso wenig wie die des Mentalen aus denen des Physischen. Auch wenn diese Vertreter die Emergenz in einer starken Form befürworteten, waren sie keine Dualisten, die zwei völlig voneinander getrennte Welten als existent annahmen (Bereich des Organischen und des Anorganischen oder des Physischen und des Mentalen), sondern Materialisten, die alles mit Hilfe der materiellen Grundbausteine und deren Gesetzen erklären wollten. Auch wenn sie der Meinung waren, dass die anorganischen Vorgänge nicht ausreichten, um Lebensprozesse zu erklären, nahmen sie doch keine übersinnlichen Eingriffe an.

Trotzdem kann man diese Auffassung als eine leichte Form eines Dualismus verstehen, da das Prinzip kausaler Abgeschlossenheit[2] verletzt wird, das damals und heute von fast allen Naturwissenschaftlern akzeptiert wurde/wird und das kaum mit naturwissenschaftlichen Erklärungsstrategien zusammenzubringen ist. Reine Mechanisten, die z. B. evolutionäre Vorgänge ausschließlich mit den Mechanismen Mutation (Variation) und Selektion erklären wollen, haben jedoch Schwierigkeiten, typisch organische und mentale Vorgänge angemessen zu erfassen. Emergentisten versuchen, einen Mittelweg zu gehen, und diese Problematik durch die Einführung von emergenten Eigenschaften zu betonen. Sie sind keine strengen Dualisten, sondern behaupten bloß, dass nicht alle vitalen und mentalen Eigenschaften des Organischen auf physiko-chemische Bestandteile und Prozesse zurückgeführt werden können. Wie es jedoch zur Ausbildung organischer und mentaler Eigenschaften kommt, die durch einen starken Emergenzbegriff gekennzeichnet werden, bleibt unklar.

Eine radikale Kritik an dieser Form emergentistischen Denkens wurde von den Positivisten HEMPEL & OPPENHEIM (1948) erhoben. Bei diesen Autoren wird *Emergenz* zu einem theorie-relativen Begriff, d.h. wir können von *Emergenz* sprechen, wenn wir relativ zu den derzeit bekannten Theorien nicht verstehen, weshalb System S die Eigenschaft E hat (HEMPEL & OPPENHEIM, 1948). Diese Form des epistemischen Emergenz - Verständnisses hat sich heute wieder gewandelt und der Begriff wird wieder in seiner eher metaphysischen Bedeutung verwendet, vor allem in der Philosophie des Geistes, aber auch in Selbstorganisationstheorien und im Bereich der Artificial Life.

---

[1] Die folgende Darstellung der Begriffsgeschichte orientiert sich an STEPHAN (2000) und STÖCKLER (1990)

[2] Die Annahme der kausalen Abgeschlossenheit der Welt besagt, dass jedes Phänomen als Wirkung einer Ursache angesehen werden kann und dass es nichts auf der Welt gibt, dass keine Ursache hat. Da die Ursachen ausschließlich in den materiellen Grundbausteinen, ihren Eigenschaften und ihrer Anordnung durch den evolutionären Prozess gesehen werden, kann jedes Ereignis und jede Eigenschaft, so komplex sie auch immer sein mögen auf die materiellen Grundbausteine und ihre Eigenschaften zurückgeführt werden

In der Philosophie des Geistes ist das Qualia - Problem und die Naturalisierung intentionaler Zustände ungelöst. Das bedeutet, dass die Fragen, ob und wie die Empfindungen z. B. von Farbe oder Geschmack auf das Individuum wirken und wie das Individuum diese Wirkung empfindet, nicht mit Hilfe neurobiologischer Untersuchungen erfasst werden kann, denn eine identische Neuronenaktivität kann bei zwei verschiedenen Personen zu völlig unterschiedlichen Erlebnissen führen. In diesem Fall kann man die Qualität der Empfindung als emergente Eigenschaft ansehen, die gegenüber der Neuronenaktivität nicht nur neu ist, sondern auch nicht vorhergesagt werden kann und die auch nicht auf die Neuronentätigkeit reduziert werden kann. Aber offensichtlich gibt es Korrelationen zwischen der Neuronenaktivität und mentalen Erlebnissen. In diesem Fall scheint es mir gerechtfertigt zu sein, von einer starken Emergenz zu sprechen, die den oben erwähnten Vorstellungen von Broad und Morgan entspricht.

Der Emergenzbegriff, der in der Artificial Life Debatte und in Selbstorganisationstheorien angewendet wird, ist sehr schwach und bedeutet oft nicht mehr, als dass die Eigenschaften eines Systems gegenüber den Eigenschaften seiner Komponenten neu ist. Meist ist aber die Systemeigenschaft reduzierbar auf die Komponenten und aus ihnen heraus erklärbar, z.T. ist sie sogar aus den Eigenschaften der einzelnen Komponenten voraussagbar. In diesem Fall bleiben wir bei einem sehr schwachen Emergenzbegriff, der keinerlei spezifische Bedeutung hat und eher weggelassen werden sollte, da er leicht mit einem starken Emergenzbegriff verwechselt werden kann. Diese Verwechslung führt oft zu langwierigen aber unnützen Diskussionen zwischen reduktionistischen und emergentistischen Positionen, die sich eigentlich in keinem Punkt widersprechen.

Ich möchte diese Form der Emergenz an einem sehr einfachen Beispiel erläutern: Ein Haus ist aus einzelnen Ziegelsteinen aufgebaut. Typische Eigenschaften eines Hauses sind Tür- und Fensteröffnungen, diese weisen die einzelnen Ziegelsteine nicht auf. Demzufolge ist die Eigenschaft „Tür- und Fensteröffnungenhaben" des Gesamtsystems Haus, emergent gegenüber den Eigenschaften der Komponenten, den Ziegelsteinen, die diese Eigenschaften nicht haben. Es ist jedoch ziemlich einfach vorherzusagen, dass Ziegelsteine so angeordnet werden können, dass das Gesamtsystem Öffnungen aufweisen wird. Da dies möglich ist, kann die Eigenschaft des „Tür- und Fensteröffnungenhabens" reduziert werden auf die Eigenschaft des „Ränderhabens" der einzelnen Ziegelsteine, die in einer bestimmten Anordnung folgerichtig Tür- und Fensteröffnungen bilden können.

Natürlich hat ein Haus noch andere Eigenschaften, die nicht auf die Ziegel und ihre Eigenschaften zurückgeführt werden können. Es kommt hinzu, dass bei einem Haus ein Plan vorliegt, der die Anordnung der Steine und ihre Eigenschaften auswählt (z. B. Wärmespeicherfähigkeit etc). Bezogen auf die Eigenschaft eines Hauses, Öffnungen zu haben, kann der Begriff *Emergenz* zwar verwendet werden, er besagt aber nichts Besonderes.

Solche Fälle gibt es zu Tausenden, aber sie sprechen nicht gegen eine Reduzierbarkeit des Gesamtsystems auf die Komponenten, ja nicht einmal gegen eine Vorhersagbarkeit bestimmter Hauseigenschaften aus den Eigenschaften ihrer Komponenten und deren Regeln (Anordnung). Aus diesem Grund sollte man den Begriff lieber nicht verwenden, sondern nur in solchen Situationen, in denen er in seiner starken Bedeutung angewendet werden kann. Allerdings sind diese Positionen außerhalb der Philosophie des Geistes rar gesät.

Nachdem der Begriff *Emergenz* seit dem zweiten Weltkrieg bis in die 90er Jahre kaum noch verwendet wurde (so ist er in einschlägigen philosophischen und wissenschaftlichen Wörterbüchern gar nicht erwähnt oder nur mit einem Satz), hat er heute wieder Konjunktur, wird in Wissenschaft und Philosophie verstärkt angewendet und ist auch wieder in den einschlägigen Wörterbüchern zu finden.

Es ergibt sich nun die Frage, welche Bedeutung *Emergenz* in der Ökologie hat, denn dort wird der Begriff häufig verwendet, z.T. wird das Auftreten emergenter Eigenschaften als spezifisches Charakteristikum ökologischer Systeme angesehen. Ob dies gerechtfertigt ist, möchte ich in dem folgenden Abschnitt untersuchen.

3 Emergenz als ökologisches Konzept

Der Begriff *Emergenz* wurde von MUELLER (1996) in die deutschsprachige Literatur der Ökologie eingeführt. Emergenz wird als ein wesentliches ökologisches Konzept angesehen, das eng verbunden ist mit den Konzepten Holismus, Ganzheit, Gestalt (vgl. WIEGLEB & BROERING, 1996, S. 180).

Der Begriff hat sich schnell ausgebreitet und heute wird der Begriff *Emergenz* häufig in der Ökologie verwendet. Diese Verwendung ist jedoch nicht einheitlich und meist auch nicht sehr spezifisch. Ökologen unterscheiden verschiedene Bedeutungen von *Emergenz*, die mit den oben dargestellten Bedeutungen kompatibel sind. In den meisten Fällen wird der Begriff in seiner schwachen Form verwendet und sagt nichts Spezifisches über Ökosysteme und ihre Eigenschaften aus. Eine typische Auffassung nimmt an, dass emergente Eigenschaften aus den Eigenschaften der Systemkomponenten und ihrer Interaktionen resultieren (z. B. MUELLER, 1996, S. 166). In diesem Fall gibt es keinen Unterschied zu dem oben erwähnten Beispiel des Hauses. Die Ziegelsteine entsprechen den Systemkomponenten und die Interaktionen sind vom Architekten bzw. Mauer festgelegt.

MUELLER (1996) unterscheidet vier unterschiedliche Formen emergenter Eigenschaften:

a) Eigenschaften, die auftauchen, wenn der Beobachter eine niedrige Auflösungsebene verwendet (z. B. Eigenschaften einer Population im Gegensatz zu den Eigenschaften der Individuen dieser Population).

b) Eigenschaften, die für den Beobachter unerwartet sind, weil er unvollständige Daten hat in Bezug auf das zu erklärende Phänomen.

c) Eigenschaften, die nicht a priori ableitbar sind von dem Verhalten der Komponenten.

d) Eigenschaften, die das Ergebnis der Prozesse der interagierenden Subsysteme auf einer spezifischen Integrationsebene sind (MUELLER, 1996, S. 161 f).

Der Autor kommt zu dem Schluss, dass emergente Eigenschaften definierte Besonderheiten ökologischer Systeme sind, sie seien aufklärbare Ergebnisse der Summe der Teile plus der Interaktionen zwischen ihnen, die interne koordinierende Strukturen einschließen. Das Konzept Emergenz solle angewandt werden, wenn der integrierte Charakter des untersuchten Ökosystems im Zentrum stehe. Es werde frei von Mystizismus sein, wenn die inhärente Unerklärbarkeit auf chaotisches Verhalten reduziert werden könne, auf den hohen Grad der Unsicherheit in ökologischen Systemen und auf den Fakt, dass wir nie die volle Einheit ökologischer Beziehungen verstehen werden. Das Konzept emergenter Eigenschaften könne verwendet werden für die Absichten der Grundlagenforschung als auch für Umweltanwendungen und so theoretische und praktische Aufgaben zusammenbringen (MUELLER, 1996, S. 166).

Aus diesem Abschnitt wird deutlich, dass der Begriff Emergenz in der Ökologie nicht eindeutig verwendet wird. Emergente Eigenschaften werden als aufklärbare Ergebnisse aufgefasst, die sich aus den Interaktionen der Komponenten ergeben, damit fällt die starke These der Emergenz, und sie kann nur noch als schwach oder mittelstark verstanden werden. Weiter wird Emergenz sowohl als metaphysisch (hier: den Dingen zukommend) (inhärente Unerklärbarkeit, die auf chaotisches Verhalten reduziert werden kann) als auch epistemisch, bzw. theorie-relativ verstanden (bezogen auf unser unvollständiges Wissen). Welche Bedeutung das Konzept der Emergenz hat, praktische und theoretische Aufgaben zusammenzubringen, bleibt unklar.

An weiteren Festlegungen von *Emergenz* in der Ökologie kann man sehen, dass dieser Begriff nicht sehr einheitlich gefasst wird und dass er auch nichts Besonderes für die Ökologie aussagt. So wird Emergenz als die Eigenschaft des Ganzen verstanden, die durch die Eigenschaften seiner Komponenten produziert wurde, aber die individuellen Eigenschaften sind von den emergenten qualitativ zu unterscheiden (HARRE, 1972)[3]. Dies ist eine sehr allgemeine Fassung. Genauere Aussagen sehen emergente Eigenschaften als unvorhersagbar aus der Beobachtung der Systemkomponenten,[4] dies entspricht der oben erwähnten mittleren These der Emergenz. Setzt man diese Auffassung zu Grunde kann zwischen kollektiven Eigenschaften und emergenten Eigenschaften unterschieden werden. Die Artenvielfalt der Lebensgemeinschaften ist eine kollektive Eigenschaft, da sie durch eine Untersuchung der Eigenschaften der Komponenten einer Lebensgemeinschaft bestimmt wird, eine emergente Eigenschaft ist die Reaktion von *Didinium* Populationen auf die Faktoren Hunger und Dichte, da diese nicht aus der Untersuchung der einzelnen Faktoren vorhergesagt werden kann (vgl. SALT, 1979, S. 146). Die Frage ist nun, ob Emergenz als theorie-relativer oder als metaphysischer Begriff verwendet wird, dies ist den meisten Darstellungen jedoch nicht zu entnehmen. Die verwendeten Formulierungen sagen auch nichts Neues

---

[3] „Many groups or aggregates have properties that are not properties of the individuals of which they are a collection. Such properties are called 'emergent' properties... Emergence: the property of the whole is produced by properties of the parts but is not qualitatively similar ..."(HARRE,1972 (zitiert nach SALT, 1979))

[4] „An emergent property of an ecological unit is one which is wholly unpredictable from observation of the components of that unit." (SALT, 1979)

und nichts Spezifisches über die Ökologie aus. So bleibt unklar, was an diesem Begriff besonders ist, und warum er überhaupt verwendet werden soll.

Häufig wird *emergent* verwendet, um Eigenschaften zu charakterisieren, die nur das System als Ganzes aufweist, die jedoch keine seiner Komponenten besitzt. So wird häufig die Aussage zitiert, dass das Ganze mehr als die Summe seiner Teile sei, jedoch wird fast nie dabei erläutert, was dieses *mehr* ist und wie es zustande kommt. Diese These wird häufig als Argument verwendet und für viele Ökologen scheint damit die Bedeutung von Emergenz geklärt zu sein. Zudem wird der Begriff *emergent* nur selten expliziert, so dass man in der Regel nicht wissen kann, welche der verschiedenen Bedeutungen der jeweilige Autor verwendet.

Auch das Verhalten eines Systems, das durch eine Computersimulation hervorgerufen wird, wird als *emergent* bezeichnet. In diesem Fall haben wir eine schwache bis mittlere Form der Emergenz, die ohne Schwierigkeiten mit reduktionistischen Erklärungen der Entstehung komplexer Systeme vereinbar ist. Dass ein komplexes Verhalten durch eine Simulation produziert werden kann, die mit den einzelnen Komponenten, ihren Eigenschaften und vorgegebenen Rechenschritten beginnt, belegt ja gerade die Möglichkeit einer reduktionistischen Erklärung. Auch wenn Eigenschaften des Ökosystems nicht aus den Eigenschaften der Komponenten vorhergesagt werden können, kann man so zeigen, dass emergente Eigenschaften Resultate von Anfangsbedingungen, dem Verhalten der individuellen Komponenten und spezifischen Anordnungsprozessen sind. Aber das gilt für jede Simulation komplexer Sachverhalte und ist wiederum nichts spezifisch Ökologisches.

Dennoch wird der Begriff häufig verwendet, um spezifisch ökologische Aspekte zu betonen. So wird behauptet, dass die Konzepte der „Selbstorganisation" und der „Emergenz" als „Führungsprinzipien" für die Ökosystemforschung in einer thermodynamischen Betrachtungsweise nicht wegzudenken sind (MÜLLER ET AL., 1997). Auch hier muss wieder untersucht werden, was mit Emergenz gemeint ist. Die Frage bleibt, was daran so besonders ist, dass es eine spezifische Richtung der Ökologie charakterisieren könnte. Der Fall, dass bestimmte Prozesse zwar im Prinzip aufeinander reduzierbar sind, dennoch die Ergebnisse nicht genau vorhergesagt werden können, tritt in jeder etwas komplexeren Wissenschaft auf (z. B. Meteorologie).

Emergenz wird oft als eine charakteristische Eigenschaft eines Ökosystems angesehen, aber die Eigenschaften, die Ökosystemen zugesprochen werden (neben Emergenz, Homöostase, Selbstorganisation), machen keine besondere Aussage über die Ökosysteme, sondern helfen uns, verschiedene Ökosysteme zu organisieren und handhabbar zu machen. Das bedeutet aber, dass der Begriff Emergenz nichts Spezifisches über Ökosysteme aussagt, sondern etwas über die Arbeitsweise der Ökologen, die diesen Begriff verwenden. Dies wird deutlicher, wenn man den Begriff Emergenz in Zusammenhang mit dem Begriff *Holismus* bringt, der auch nicht gerade besonders eindeutig in der Ökologie verwendet wird.

Viele der heutigen Ökologen verstehen Ökosysteme als menschliche Konstrukte, die uns helfen, die Natur einzuteilen und zu verstehen. Dies bedeutet, dass man nicht mehr von einem ontologischen oder metaphysischen Holismus[5] sprechen kann. Moderne Ökosystemkonzepte kann man der Auffassung eines methodologischen Holismus[6] zuordnen. Häufig jedoch wird *Holismus* von Ökologen so verwendet, dass man so viele Variablen wie möglich betrachten sollte, um das Forschungsobjekt zu verstehen (z. B. WILSON, 1988, S. 270).

Jetzt wird die ganze Geschichte undurchschaubar. Da Emergenz eng verbunden ist mit dem Konzept des Holismus, Holismus in der Regel wohl als methodologischer verstanden wird, ist anzunehmen, dass auch das Konzept der Emergenz in der Regel methodologisch oder epistemisch verstanden wird, nämlich in Bezug auf unser Wissen. So wird Emergenz zu einem theorie-relativen Begriff, wie es auch von WIEGLEB & BROERING (1996) deutlich vertreten wird.

Hinzu kommt noch, dass Holismus häufig als Antagonist zum Reduktionismus verstanden wird und im Gefolge wird Emergenz als ein anti-reduktionistisches Konzept aufgefasst. Wie sich aber aus dem oben dargestellten ergibt, werden emergente Eigenschaften in der Ökologie durchaus als reduktionistisch erklärbar aufgefasst (vgl. auch BRECKLING & REUTER, this volume).

Wir kommen zu dem Ergebnis, dass ein Kernbegriff der Ökologie, der sich gerne holistischer Terminologie bedient, sich nicht mit reduktionistischen Annahmen widerspricht. Auch wenn viele Ökologen nicht an ontologischen Fragen interessiert sein mögen, so werden sie doch die Vereinbarkeit eines ontologischen Reduktionismus mit den von Ökologen verwendeten Konzepten *Emergenz* und *Holismus* akzeptieren, denn diese werden in der Regel in einer schwachen Form und in Bezug auf methodologische Fragen vertreten. Dies bedeutet aber auch, dass die Debatte zwischen Reduktionismus und Emergenz bzw. Holismus zu einer Debatte über methodologische Fragen wird und dabei viel von ihren kontroversen Standpunkten verliert.

Ein weiterer Aspekt der Emergenz ist der immer wieder hergestellte Zusammenhang der Bedeutung dieses Konzeptes mit Naturschutz und Management, die wiederum eng mit holistischen Anschauungen verbunden sind.[7] Dies führt zu dem Punkt, dass Ökologen allgemein stärker an praktischen und umsetzbaren Konzepten interessiert zu sein scheinen als an eindeutig definierten Begriffen. Dies führt dazu, dass es in vielen Fällen sehr unterschiedliche Interpretationen des gleichen Konzeptes gibt (vgl. MITT-

---

[5] Dies ist eine Form des Holismus, die die natürliche System als Ganzheiten ansieht, die nicht aus einzelnen Teilen zusammengesetzt ist, sondern nur als Einheit existieren, funktionieren und entstehen konnte. Infolgedessen sollte ökologische Forschung auch daran interessiert sein, Ökosysteme als Ganze zu erforschen und zu verstehen.

[6] Besagt, dass man Ökosysteme so weit wie möglich als Ganzes erforschen sollte.

[7] „Emergente Eigenschaften [sind] beobachtbare und definierbare Qualitäten ökologischer Systeme, die die Summe der Teile unter funktioneller Hinzuziehung der Interaktionsschemata zwischen den Subsystemen darstellen. Das Konzept der Emergenz wird im ökologischen Kontext immer häufiger genutzt und operationalisiert, weil die Kenntnis gewachsen ist, dass ein hinreichendes Verständnis und Management ökologischer Systeme nur dann möglich ist, wenn reduktionistische Forschungsergebnisse und Managementstrategien in einem ganzheitlichen Rahmen integriert werden, der die indirekten räumlichen, zeitlichen und strukturellen Verknüpfungen ökologischer Netzwerke berücksichtigt. In diesem Zusammenhang betont der Begriff den ganzheitlich orientierten funktionellen Charakter ökosystemarer Attribute." (MÜLLER ET AL., 1997)

WOLLEN, 2002, Kap. 3). Und dies kann man auch sehr deutlich am Beispiel des Emergenzkonzeptes sehen, das dann jede Eindeutigkeit verliert.

Aus diesen ganzen Ungenauigkeiten und Uneindeutigkeiten der Interpretation des Begriffs Emergenz in der Ökologie, ergibt sich die Frage, ob dieser Begriff für die Ökologie wirklich hilfreich ist, oder ob seine Verwendung nicht für größere Unklarheit sorgt.

Wenn man von diesen Aspekten absieht, bleibt ein schwacher bis mittelstarker Emergenzbegriff für die Ökologie übrig, der jedoch nicht spezifisch für die Ökologie ist, sondern auf jede etwas komplexere Wissenschaft angewendet werden kann. Diese Auffassung wird in der Emergenzdefinition von KÜPPERS & KROHN (1992) deutlich: „Im klassischen Sinn bedeutet Emergenz die Entstehung neuer Seinsschichten (Leben gegenüber unbelebter Natur oder Geist gegenüber Leben), die in keiner Weise aus den Eigenschaften einer darunterliegenden Ebene ableitbar, erklärbar oder voraussagbar sind. Daher werden sie als 'unerwartet', 'überraschend' usw. empfunden. In einer modernen Version spricht man von Emergenz, wenn durch mikroskopische Wechselwirkungen auf einer makroskopischen Ebene eine neue Qualität entsteht, die nicht aus den Eigenschaften der Komponenten herleitbar (kausal erklärbar, formal ableitbar) ist, die aber dennoch in der Wechselwirkung der Komponenten besteht."

Die Frage ist, ob der Begriff Emergenz weiterhin als zentraler Begriff der Ökologie verwendet werden soll. Da er offensichtlich nichts spezifisch Ökologisches aussagt und auch meist bei seiner Verwendung nicht deutlich expliziert wird, wäre es vielleicht besser, diesen Begriff zu vermeiden, denn er führt nur zu Verwirrung, weil er so unterschiedlich interpretiert wird und in den verschiedensten Zusammenhängen auftaucht. Will man den Begriff weiterverwenden, sollte er bei jeder Verwendung expliziert werden, was sicher viel Mühe macht, aber helfen wird, langwierige Diskussionen zu vermeiden.

References

BRECKLING, B. & REUTER, H., this volume. Bedeutungsebenen des Emergenzbegriffs in der Ökologie und in der Systemtheorie. In H. Reuter, B. Breckling, . A. M. (ed.), *GfÖ Arbeitskreis Theorie in der Ökologie: Gene, Bits und Ökosysteme*. P. Lang Verlag Frankfurt/M.

HEMPEL, C. & OPPENHEIM, P., 1948. Studies in the Logic of Explanation. In Pitt, J. C. (ed.), *Theories of Explanation*, pp. 9 – 50. Oxford University Press (1988), Oxford, New York.

KÜPPERS, G. & KROHN, W., 1992. Zur Emergenz systemspezifischer Leistungen. In Krohn, W. & Küppers, G. (eds.), *Emergenz: Die Entstehung von Ordnung, Organisation und Bedeutung*, pp. 161 – 188. Suhrkamp, Frankfurt (Main).

MILL, J., 1843. A System of Logic, Bd. 3. repr. In: Collected Works vol. VII, Toronto.

MITTWOLLEN, A., 2002. Unity in Ecology? An Investigation of Patterns, Problems, and Unifying Concepts of Population Ecology, Systems Ecology and Evolutionary Ecology. Dissertation, Universität Bremen http://elib.suub.uni-bremen.de/publications/dissertations/E-Diss417_mit%twollen.pdf.

MUELLER, F., 1996. Emergent properties of ecosystems: Consequences of self-organizing processes? *Senckenbergiana Maritima* 27(3-6):151–168.

MÜLLER, F., BRECKLING, B., BREDEMEIER, M., GRIMM, V., MALCHOW, H., NIELSEN, S. N. & REICHE, E. W., 1997. Emergente Ökosystemeigenschaften. In Fränzle, O., Müller, F. & Schröder, W. (eds.), *Handbuch der Ökosystemforschung*, pp. Kap. III – 2.5. Ecomed Verlag.

SALT, G. W., 1979. A comment on the use of the term emergent properties. *American Naturalist 113*:145 – 148.

STEPHAN, A., 2000. Emergenz. In Sandkühler, H.-J. (ed.), *Enzyklopädie Philosophie, Bd.1*, pp. 303 – 305. Meiner, Hamburg.

STÖCKLER, M., 1990. Emergenz. Bausteine für eine Begriffseplikation. *Conceptus XXIV 63*:7 – 24.

WIEGLEB, G. & BROERING, U., 1996. The position of epistemological emergentism in ecology. *Senckenbergiana Maritima 27*(3-6):179–193.

WILSON, D. S., 1988. Holism and reductionism in evolutionary ecology. *Oikos 53*:269 – 273.

GfÖ Arbeitskreis Theorie in der Ökologie 2003: Gene, Bits und Ökosysteme (Hrsg: H. Reuter, B. Breckling, & A. Mittwollen), P. Lang Verlag Frankfurt/M; 225-233

Bedeutungsebenen des Emergenzbegriffs in der Ökologie und in der Systemtheorie

Broder Breckling & Hauke Reuter

[1]*Zentrum für Umweltforschung und Umwelttechnologie (UFT)*
Abt. Allgemeine und Theoretische Ökologie
Universität Bremen, Leobener Str, 28357 Bremen
broder@uni-bremen.de, hauke.reuter@uni-bremen.de

Abstract

The terms of *emergence* or *emergent properties* are frequently used in systems science and in theoretical ecology during the last years. They denote a specific relationship between the system as a whole and the constituting parts, referring to the fact, that the interaction of the parts leads to qualitativ new properties on the system level. In this paper we illustrate this type of qualitative new properties using three examples from an ecological context referring to spatial organisation in cellular automaton models, plant growth and chaotic differential equations. Historically in philosophy the term *emergence* is assigned to complex phenomena, which cannot be reduced to constituent elements and cannot be explained causally. In science however the term is currently in use with a different meaning. It is a comon practice to adopt terminologies from other disciplines and use them not with an identical but with a related meaning. Therefore, we do not see the necessity to abandon the term, as A. MITTWOLLEN (this volume) proposes.

Keywords: emergence, emergent properties, self-organisation,
Schlüsselworte: Emergenz, Emergente Eigenschaften, Selbstorganisation

1 Einleitung: Abschied vom Emergenzbegriff?

In der Philosophie ist der Emergenzbegriff mit einer weit zurück reichenden Denktradition verknüpft, die das Zustandekommen komplexer Phänomene bezeichnet, ihnen einen Namen gibt, sie aber nicht analytisch zerlegt und erklärt. Als Grundbegriff zur Diskussion der Eigenschaften lebender Systeme wurde der Begriff der Emergenz auch in die Biologie importiert. In diesem Band hat AREND MITTWOLLEN diese Bedeutungsebenen analysiert. In seiner philosophischen Bedeutung ist der Begriff schillernd und geheimnisvoll, denn er bezeichnet etwas, das der Analyse nicht zugänglich sein soll. Emergente Phänomene sind einfach da und einer Erklärung als solche prinzipiell unzugänglich. Die Funktion des Begriffs besteht in der Überbrückung der Vielfalt der Phänomene, die aus der Alltagswelt vertraut sind und der begrenzten Reichweite dessen, was zum bis dahin erreichten Zeitpunkt der kausalen Ableitung zugänglich war.

Das kausalistische Paradigma hat mit der Zunahme des Umfangs erklärbarer Phänomene im Verlauf der Wissenschaftsentwicklung immer mehr an Überzeugungskraft gewonnen PRIGOGINE & STENGERS (1981). In umgekehrter Proportion musste der Bereich dessen, was der Erklärung entzogen und „einfach da" ist, der Bereich dessen, was auf nicht intelligiblen Wirkungen von Kräften basiert, sich in immer engere Nischen zurückziehen. In den zwanziger und dreißiger Jahren des letzten Jahrhunderts schließlich schrumpfte das Habitat des Emergenzbegriffs in der Naturwissenschaft auf einen endemischen Bereich, der im Wesentlichen noch eine geheimnisvolle Lebenskraft umfasste, die *vis vitalis*, die auf unerklärliche Weise das Lebendige vom nicht Lebendigem unterschied. Aber auch dieses Resthabitat ging schließlich in dem Maße verloren, wie der Lebensprozess molekularbiologisch dechiffriert und die *vis vitalis* kausalanalytisch verdinglicht werden konnte. Ist der Begriff in der heutigen Wissenschaftsdiskussion damit ausgestorben? Der Impetus eines antireduktionistischen Gegenpols ist weitgehend erloschen und sein Schatten hat sich in die Esoterik verflüchtigt. Mit dem Fortschreiten der Naturwissenschaften nähert sich das alte Wort von der Emergenz den tieferen Schichten der Versteinerung in der begriffsgenealogischen Stratigraphie. Wie die im Museum der Naturgeschichte zu bestaunenden Knochen eindrucksvoller aber aus dem heutigen Leben verschwundener Dinosaurier markiert die Emergenz den ehemals respektablen Umgang mit dem Unbekannten. Aber gibt es mit den Riesenwaranen auf der kleinen Insel Kommodo im Indonesischen Archipel nicht noch letzte urtümliche Nachfahren der Saurier? Für die Emergenz besiedeln die Qualia eine solche Insel eines Anschauungsbeispiels für den ursprünglichen Bedeutungsgehalt von Emergenz. Dieses Habitat für einen Begriffsendemismus bietet die Kognitionspsychologie, die die Blauheit der Empfindung Blau, die Authentizität und Nicht-Kommunizierbarkeit eines wirklichen Gefühlseindruckes noch als im alten Sinne emergent ansieht.

„In der Philosophie des Geistes ist das Qualia - Problem und die Naturalisierung intentionaler Zustände ungelöst. Das bedeutet, dass die Fragen, ob und wie die Empfindungen z. B. von Farbe oder Geschmack auf das Individuum wirken und wie das Individuum diese Wirkung empfindet, nicht mit Hilfe neurobiologischer Untersuchungen erfasst werden kann, denn eine identische Neuronenaktivität kann bei zwei verschiedenen Personen zu völlig unterschiedlichen Erlebnissen führen. In diesem Fall kann man die Qualität der Empfindung als emergente Eigenschaft ansehen..." (A. MITTWOLLEN, this volume).

Damit ist die Frage, ob Deine Blauempfindung anders ist als meine nur im Bereich von Metaphern diskutierbar, ohne der Frage auf kausalanalytischem Wege auf den Grund gehen zu können.

Sollten wir den Emergenzbegriff abgesehen von solchen Restposten aufgeben, wie A. MITTWOLLEN in diesem Band vorschlägt? Aus der philosophischer Perspektive kann dem Argumentationsgang gut und gern gefolgt werden. Dennoch, und das begründet die Motivation einer Ergänzung, wurde der Begriff mit einer neuen Bedeutung in einem anderen disziplinären Kontext Re-Inkarniert: In den Systemwissenschaften bezeichnet der Begriff der Emergenz in einem weit verbreiteten Sprachgebrauch mittlerweile einen charakteristischen Aspekt im Verhältnis von Systemelementen und Gesamtsystem, der sich lohnt, mit einem Allgemeinbegriff hervorgehoben zu werden (u.a. KÜPPERS & KROHN, 1992; TEUBNER, 1992) und der auch in die Ökologie, insbesondere in die Ökosystemforschung, Eingang gefunden hat (MÜLLER ET AL., 1997; BRECKLING ET AL., 1997). Konstitutiv für die Systemtheorie ist die Erkenntnis, dass mit der Beschreibung von Einzelkomponenten und der Art ihrer Beziehung zu anderen Komponenten noch keine Einsicht darin gewonnen werden kann, was als Gesamtresultat der systemaren Interaktion zustandekommt. Der Emergenzbegriff erlangt sein Dasein aus der bekannten Einsicht, dass das „Ganze mehr ist als die Summe seiner Teile". Dieses „Mehr" wird unter dem Begriff der emergenten Eigenschaften zusammengefasst.

Es mag an dem geheimnisumwitterten Charakter des alten philosophischen Emergenzbegriff liegen, dass der veränderte Bedeutungsgehalt manchmal noch dem Nachklang der alten Begriffsverwendung zugeschrieben wird. Es scheint uns deshalb der Mühe wert, den aktuellen Bedeutungsgehalt darzulegen und dabei zu betonen, dass Emergenz in der Systemanalyse aus dem nicht intelligiblen Jenseits der Erkenntnisgrenzen ins Diesseits der Analyse kausaler Netzwerke gewechselt hat. Wir wollen die Situation an einigen Beispielen illustrieren und ergründen, dass Emergenz eine Klasse von sonst nicht geschlossen zu bezeichnenden Einzelphänomenen umfasst.

2 Spiralwellen in Zellulären Automaten

Zelluläre Automaten sind Gittermodelle, die für jeden Gitterpunkt (Zelle) schrittweise Zustandsfolgen ermitteln. Dies geschieht regelbasiert abhängig von dem aktuellen Zustand des jeweiligen Gitterpunktes und der umgebenden Zellen (WOLFRAM, 1984; TOFFOLI & MARGOLUS, 1987). Ein häufig verwendeter Regeltyp ist folgender: Wir unterscheiden drei mögliche Zustände einer Zelle, die wir mit „leer", „okkupiert" und „aktiviert" bezeichnen. Eine aktivierte Zelle kann die Zellen ihrer unmittelbaren Nachbarschaft ebenfalls in den aktivierten Zustand versetzen, wenn diese den Zustand „leer" haben. Eine Reihe von Schritten bleibt die Aktivierung erhalten und geht dann spontan in den Zustand „okkupiert" über. Eine okkupierte Zelle kann nicht aktiviert werden. Nach einer Weile erlischt der okkupierte Zustand und die Zelle ist wieder „leer". Abhängig von der Spezifizierung der Überganswahrscheinlichkeiten und der charakteristischen Anzahl von Schritten (Zeitdauern), die die Zustände erhalten bleiben, kommt es auf dem Gitter ausgehend von zufällig verteilten Anfangszuständen zu spontaner, selbstorganisierter Musterbildung (BRECKLING & REUTER, 1996; GERHARDT & SCHUSTER, 1995), in der Spiralwellen häufig eine dominierende Form bilden (**Abb. 1**). Diese Strukturbildung wird als emergent angesehen. Die makroskopische Ordnung geht aus kleinen, lokalen Interaktionen hervor. Diese Art von Modellen wird als Formalisierungsansatz für unterschiedliche Phänomene von Kontraktionswellen in Muskelgeweben (u.a. DAVIDENKO ET AL., 1992; WINFREE, 1994; BUB ET AL., 1998), über Aggregation von Populationen (u.a. AGLADZE ET AL., 1993) bis zu chemischen Oszillationen (u.a. BIGNONE, 1993; MARKUS ET AL., 1994) verwendet, die unter dem Oberbegriff „excitable media" zusammengefasst werden.

3 Kronenentwicklung in Baumwachstumsmodellen

Eine geeignete Modellierumgebung vorausgesetzt, lassen sich komplexe strukturen pflanzlicher Organismen darstellen, indem in das Modell lediglich Verhaltensweise und Interaktionen einander ähnlicher Module beschrieben werden. Als solche Module werden häufig Blätter, Ast-Abschnitte (Internodien), Wurzelabschnitte und Blütenanlagen benutzt (BRECKLING, 1996; ESCHENBACH, 2000; COLASANTI & HUNT, 1997; PRUSINKIEWICZ & LINDENMAYER, 1990). Deren Eigenschaften wie die Nährstoffaufnahme der Wurzelelemente, die Transport- und Speichereigenschaften der Internodien und die Assimilationsleistung der Blätter wird umgebungsabhängig modelliert und damit festgelegt, unter welchen Bedingungen jeweils an den Endabschnitten von Internodien neue Internodien bzw. Verzweigungen gebildet werden. So lässt sich die Morphogenese eines pflanzlichen Gesamtorganismus als Resultat elementarer Interaktionen reproduzieren. An der Spezifizierung der zugrundeliegenden Regeln lässt sich nun testen, ob die angenommenen physiologischen Modelleigenschaften mit dem Zustandekommen der Gesamtform einer älteren Pflanze konsistent ist. In diesem Bereich können

aufgrund der langen Dauer z.B. bei der Entwicklung von Bäumen kaum Experimente gemacht werden. Messtechnisch zugänglich sind aber die kurzfristigen Einzelprozesse. **Abb. 2** zeigt die Variation einer Baumstruktur, die durch unterschiedliche Spezifizierung des Nährstofftransports zwischen den Internodien zustandekommt. Emergente Eigenschaft, basierend auf den Eigenschaften der Einzelelemente ist hier die Kronenstruktur.

4 Chaotische Dynamik in Differenzialgleichungen

In den sechziger Jahren des vergangenen Jahrhunderts ist entdeckt worden, dass es in deterministischen Differenzialgleichungen vorkommen kann, dass anfänglich beliebig eng benachbarte Anfangszustände im Verlauf der Entwicklung zunehmend unkorrelierter werden können. Verschiedene Gleichungssysteme zeigen ein solches Verhalten. Der sog. Lorenz-Attraktor (LORENZ, 1963) ist eines der bekannteren Beispiele, gefolgt von dem nach Otto Rössler benannten Attraktor (RÖSSLER, 1976). Jedoch auch weniger umfangreiche Formalismen demonstrieren solche Eigenschaften dynamischer Systeme. Die Differenzialleichung

$$X(n+1) = X(n) - 1/X(n)$$

liefert eine definierte Zustandsfolge. Führen wir eine sukzessive Berechnung für ein beliebiges Intervall durch, zeigen einige kurze Überlegungen, dass dieses so lange verschoben und gestreckt wird, bis die beiden Enden rechts und links von 1 liegen. Im Folgeschritt wird dann eine Zerschneidung und Spreizung bis ins Unendliche erreicht. Die Gleichung ist bei (BRECKLING, 2000) in einfachen Worten

Bedeutungsebenen des Emergenzbegriffs

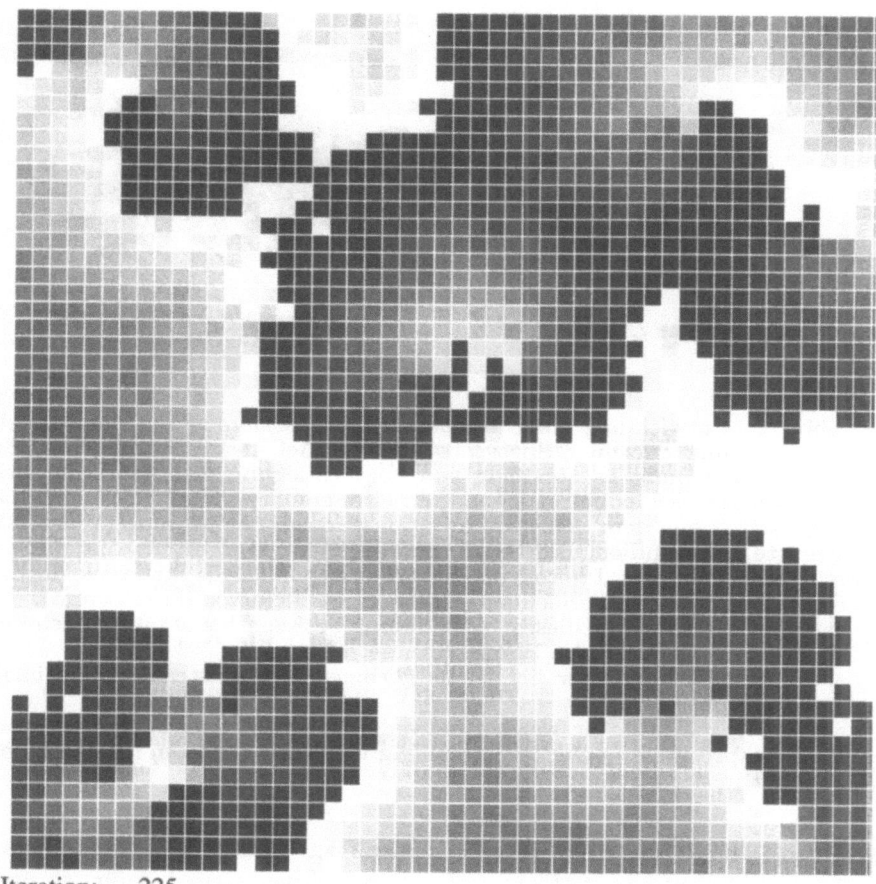

Iteration: 225
Zellulaerer Automat, Format X: 1 ... 50 ,Y: 1 ... 50

Abb. 1: Spiralwellen, die als makroskopisches Resultat eines Selbstorganisationsprozesses durch kleinräumige nachbarschaftliche Interaktionen entstehen. Spezifizierung:
Dauer der aktivierten Phase: **4**
Dauer der okkupierten Phase: **15**
Wahrscheinlichkeit der Aktivierung einer leeren Nachbarzelle durch eine aktivierte Zelle: **0.4**
Initialstadium: **Zufallsverteilung der Stadien**
Gitterformat: **50 X 50**
Nachbarschaft: **8 Zellen**

beschrieben. Das resultierende Fragmentierungsmuster ergibt sich aus den Einzelschritten. Für beliebig lange Schrittfolgen wird ein zunehmend strukturreicheres Muster produziert, dessen Beziehungsgefüge aufgrund der Einzelkalkulation nicht absehbar ist.

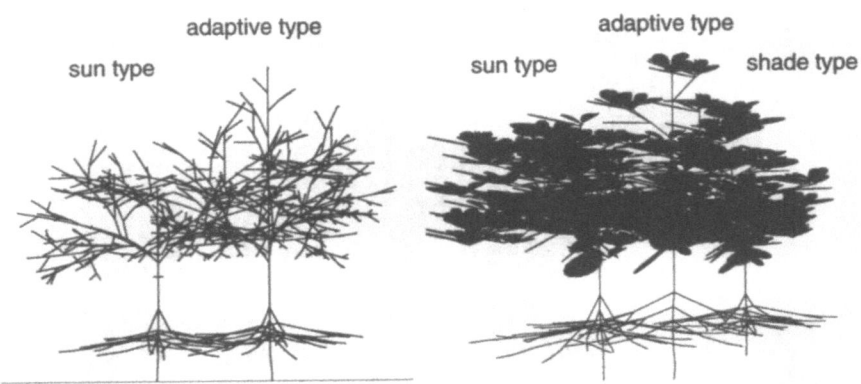

Abb. 2: Entwicklung einer Kronenstruktur basierend auf der Modellspezifizierung einzelner Sprossabschnitte. Bei ansonsten gleichen Bedingungen kommt es abhängig von der Festlegung des Nährstofftransports zu unterschiedlich ausgeprägten Kronenmorphen, die als emergente Eigenschaft aus dem Selbstorganisationsprozess der Module (Wurzelabschnitte, Internodien, Blätter...) hervorgehen. Dargestellt sind Bäume mit verschiedenem Photosyntheseverhalten, links als Aststruktur und rechts mit Blättern gezeichnet (Grafik C. ESCHENBACH pers. comm).
sun type: Die Blätter dieses Individuums besitzen bei stärkere Lichteinstrahlung die effizientere Photosynthese.
shade type: Die Blätter liefern be geringer Lichteinstrahlung optimale Assimilationsraten.
adaptive type: Blätter werden entweder dem sun type oder dem shade type entsprechend entwickelt, abhängig von dem mittleren lokalen Lichtangebot in der Krone.

5 Zusammenfassung: Emergenz als Brücke zwischen unterschiedlichen Organisationsebenen

Die skizzierten Beispiele entstammen unterschiedlichen Bereichen der Systemanalyse. Gemeinsam ist ihnen, dass die Interaktion der Komponenten bzw. eine iterative Folge der Anwendung elementarer Operationen als Gesamtergebnis qualitative Charakteristika konstituiert, die auf der Ebene der Einzelkomponenten bzw. des Einzelschritts nicht existent sind. Ist es sinnvoll, diesen Umstand, der in der Alltagsansicht durchaus eingängig ist, mit einem eigenen Fachbegriff zu belegen? Wir meinen ja. Ein wesentlicher Grund dafür ist nach unserer Ansicht, dass dieser Begriff in der Analyse von Zusammenhängen hilfreich ist. Er erlaubt, im Hinblick auf die Analyse von Interaktionsgefügen die Frage zu entscheiden, in welchen Fällen es sinnvoll ist, verschiedene Organisationsebenen voneinander abzugrenzen. Als dieses Abgrenzungskriterium lässt sich die Konstitution emergenter Eigenschaften durch die Interaktion der Komponenten anführen. Sind die einzelnen Zellen eines Organismus, die miteinander in Verbindung stehen, etwas andere als das Gewebe oder das Organ, das sie bilden? Nein, wenn wir auf der Ebene der Gesamtheit, die sie bilden nur die einfache Summation der Einzelteile betrachten. Ja, wenn hingegen als Eigenschaft des Zusammenwirkens etwas qualitativ Neuartiges in den Blick gerät wie etwa die organismische Funktion z.B. der Verdauung oder der Abgrenzung, die einen regelbaren Innenraum konstituiert. Wenn also das Zusammenwirken von Teilen eine Gesamtheit mit neuen Eigenschaften ergibt, bezeichnen wir diese als emergente Eigenschaften. Ein solches Verhältnis von Teilen, die zu einem Ganzen verbunden werden, finden wir nicht nur in der anschaulichen Gegenstandswelt sondern auch in formalen Systemen.[1]

Der Emergenzbegriff ist in dieser Eigenschaft der Vermittlung zwischen Organisationsebenen an zentraler Stelle der Systemanalyse angesiedelt. Ist es dabei störend, dass der Begriff in anderem disziplinären Zusammenhang anders belegt ist? Es gibt hierzu unterschiedliche Auffassungen. Wir meinen jedoch, dass Begriffsentwicklungen aus der Perspektive der Konsistenz eines disziplinären Kontext zu sehen sind und dass Begriffsschöpfungen häufig anderen Bereichen entlehnt und mit einer spezifischen Bedeutung versehen werden. Einige Beispiele hierzu:

Der Begriff des Objekts ist in der Philosophie fest etabliert. Trotz seiner allgemein bekannten Bedeutung hat sich die Informatik seiner bemächtigt und ihm im Zusammenhang mit der Programmierung von Rechenanlagen einen neuen Bedeutungsgehalt zugewiesen. Ein Objekt ist hier nicht ein Gegenstand, dem ein Subjekt gegenübersteht, sondern bezeichnet in einer dafür eingerichteten Programmiersprache eine nach außen abgeschlossene Datenstruktur, die Code und Speicherplatz für Variable kombiniert.

In der Theorie dynamischer Systeme hat der Begriff des Chaos eine spezifische Verwendung erfahren (siehe Abschnitt 4). Er bezeichnet hier nicht das in der Umgangssprache übliche Durcheinander, sondern einen Typ deterministischer (Gleichungs-) Systeme, deren Zustandsfolge Periodizitäten eines breiteren Frequenzspektrums aufweist und strikt und präzise definiert ist. Diese Art von Dynamik wird gegenüber Systementwicklungen abgegrenzt, die stationär werden oder unendlicher Größe zustreben bzw. die sich auf eine regelmäßig wiederholte Oszillation einstellen.

Nehmen wir als weiteres Beispiel den Gartenbau. Ein „Auge" ist hier nicht unbedingt ein Sehorgan, vielmehr wird so gelegentlich eine Knospe bezeichnet. Während eine Mutter in der Regel ein Elternteil darstellt, wird ein Mechaniker mit dem Begriff ein Metallteil bezeichnen, das als Gegenstück zur Befestigung einer Schraube verwendet wird. Schließlich ist ein Teekesselchen nicht immer ein kleines Behältnis für ein Heißgetränk aus dem Aufguss getrockneter Pflanzenteile,

---

[1] Mit der Denkfigur der vollständigen Induktion macht die Mathematik beispielsweise von einem solchen Verhältnis Gebrauch: Wir wissen nicht, wie sich eine Gesamtheit verhält. Wir können diese aber ordnen, so dass sich eine durchgängige Beziehung zwischen Vorgänger und Nachfolger herstellen lässt. Die Elemente der Gesamtheit werden miteinander in systematische Beziehung gesetzt. Wir zeigen nun die Gültigkeit einer Aussage für ein einzelnes Element und beweisen, dass es auch für den Nachfolger gilt. Da auch dieser wieder Nachfolger besitzt gibt es die Möglichkeit des geordneten Fortschreitens zu weiteren Nachfolgern. Theoretisch ist damit erschlossen, dass die Gesamtheit aller so erreichbaren Nachfolger die zu beweisende Eigenschaft besitzt. Nun ist eine Aussage für eine Gesamtheit qualitativ zu unterscheiden von einer Aussage über Einzelelemente. Beide stehen aber durch die Vermittlung eines Übergangs in einer Art von Beziehung, in der die eine Ebene aus der anderen hervorgeht, die beide aber dennoch qualitativ verschieden sind.

sondern wird auch als Name eines Spiels verwandt, in dem es um das Raten von Begriffen geht, die kontextabhängig eine unterschiedliche Bedeutung besitzen können...

So scheint es auch um die Verwendung des Emergenzbegriffs in der Ökologie bestellt zu sein. Während er in der Ökosystemtheorie in Anlehnung an systemtheoretisches Gedankengut benutzt wird, kennen Freiland-Entomologen den Begriff noch in einer anderen Bedeutung: Wenn nach langer Larvenentwicklung oder nach einer Diapause die Imagines von Insekten in großer Zahl in einem neuen Biotop erscheinen und dort sichtbar werden, die Eintagsfliegen über der Wasseroberfläche erscheinen oder die Blattkäfer aus dem Boden in den Kronenraum wandern wird dies als Emergenz der jeweiligen Art bezeichnet.

Der Ursprungsbedeutung des Emergenzbegriffs liegt es also durchaus nahe, ihn dafür zu verwenden, dass er einen Übergang bezeichnet, an dem etwas Neues auftritt, das wenn es erstmalig beobachtet wird, überraschend sein mag. Die Überraschung mag retrospektiv bei entsprechender Analyse der zugrundeliegenden Beziehungen durchaus kausal aufklärbar sein. Das Überraschungsmoment mag bei erstmaligem Auftreten oder bei erstmaliger Beobachtung eindrucksvoll und bedeutsam sein, uns bei Wiederholung und Aufklärung des Phänomens hingegen weniger innerlich bewegen. Für den philosophischen Diskurs lassen sich dem aber noch mindestens zwei weitere Einsichten abgewinnen. Erstens: Wenn lokale Interaktionen bei ihrem Zustandekommen kohärente Phänomene der Selbstorganisation makroskopischer Strukturen zustandebringen können, dann existieren diese als Resultat der Interaktion. Ohne diese käme ihnen höchstens in Platos virtuellem Ideenreich eine Existenz zu. Neuen kausalen Netzwerken, neu gesponnenen Fäden elementarer Interaktion wohnt die Eigenschaft inne, entsprechend neue (System-) Eigenschaften zu generieren. Für das potenzielle Maß an Überraschung auf höheren Systemebenen ist also unablässig gesorgt, solange das Netz der Kausalität sich zu weiteren Maschen verknüpft. Zweitens, eine weitere Überraschung mag es sein, dass die Terminologieentwicklung einen Begriff, den die Philosophie gern ad acta legen würde, auf den dort gelegentlich auch als „schwache Emergenz" herabgeblickt wird, dass dieser Begriff auch ohne jenes Attribut dazu ansetzt, nicht mehr einen Wegweiser in die Unmöglichkeit von Erkenntnis zu bilden, sondern eine Brücke, die verschiedene Organisationsebenen eines kausalen Gefüges miteinander verbindet.

References

AGLADZE, K., BUDRIENE, L., IVANITSKY, G., KRINSKY, V., SHAKBAZYAN, V. & TSYGANOV, M., 1993. Wave mechanism of pattern formation in microbial populations. *Proceedings of the Royal Society of London Series B Biological Sciences* 253(1337):131–135.

BIGNONE, F. A., 1993. Cells-gene interactions simulation on a coupled map lattice. *Journal of Theoretical Biology* 161(2):231–249.

BRECKLING, B., 1996. An individual based model for the study of pattern and process in plant ecology: an application of object oriented programming. *Ecosys* 4:241–254.

BRECKLING, B., 2000. Funktionalität und Ungewißheit in einfachen Modellen ökologischer Prozesse. In Jax, K. (ed.), *Funktionsbegriff und Unsicherheit in der Ökologie, Theorie in der Ökologie Band 2*, pp. 99–113. Peter Lang Verlag, Frankfurt.

BRECKLING, B., LATUS, C., MÜLLER, F. & MATHES, K., 1997. Konzepte zur Untersuchung ökologischer Komplexität: Der Bezug zwischen Kausalität, Skalierung, Rekursion, Hierarchie und Emergenz. In *Tagungsband zum Arbeitskreistreffen 'Theorie in der Ökologie', Beschreibung und Erklärung von Mustern und Prozessen auf Ökosystem- und Landschaftsebene*, vol. 4/97, pp. 106 – 124. Brandenburgische Technische Universität Cottbus, Aktuelle Reihe.

BRECKLING, B. & REUTER, H., 1996. The use of individual based models to study the interaction of different levels of organization in ecological systems. *Senckenbergiana Maritima* 27(3-6):195–205.

BUB, G., GLASS, L., PUBLICOVER, N. G. & SHRIER, A., 1998. Bursting calcium rotors in cultured cardiac myocyte monolayers. *Proceedings of the National Academy of Sciences of the United States of America* 95(17):10283–10287.

COLASANTI, R. L. & HUNT, R., 1997. Resource dynamics and plant growth: A self-assembling model for individuals, populations and communities. *Functional Ecology* 11(2):133–145.

DAVIDENKO, J. M.., PERTSOV, A. V., SALOMONSZ, R., BAXTER, W. & JALIFE, J., 1992. Stationary and Drifting Spiral Waves of Excitation in Isolated Cardiac Muscle. *Nature* 355(6358):349–351.

ESCHENBACH, C., 2000. The effect of light acclimation of single leaves on whole tree growth and competition: An application of the tree growth model ALMIS. *Annals of Forest Science* 57(5-6):599–609.

GERHARDT, M. & SCHUSTER, H., 1995. Das digitale Universum : zelluläre Automaten als Modelle der Natur. Vieweg, Braunschweig [u.a.].

KÜPPERS, G. & KROHN, W., 1992. Zur Emergenz systemspezifischer Leistungen. In Krohn, W. & Küppers, G. (eds.), *Emergenz: Die Entstehung von Ordnung, Organisation und Bedeutung*, pp. 161 – 188. Suhrkamp, Frankfurt (Main).

LORENZ, E. N., 1963. Deterministic nonperiodic flow. *The Journal of the Atmospheric Sciences* 20:130 – 141.

MARKUS, M., KLOSS, G. & KUSCH, I., 1994. Disordered waves in a homogeneous, motionless excitable medium. *Nature* 371(6496):402–404.

MÜLLER, F., BRECKLING, B., BREDEMEIER, M., GRIMM, V., MALCHOW, H., NIELSEN, S. N. & REICHE, E. W., 1997. Emergente Ökosystemeigenschaften. In Fränzle, O., Müller, F. & Schröder, W. (eds.), *Handbuch der Ökosystemforschung*, pp. Kap. III – 2.5. Ecomed Verlag.

PRIGOGINE, I. & STENGERS, I., 1981. Dialog mit der Natur: Neue Wege naturwissenschaftlichen Denkens. Piper, München, 2nd edn.

PRUSINKIEWICZ, P. & LINDENMAYER, A., 1990. The algorithmic beauty of plants. Springer, New York, NY.

RÖSSLER, O., 1976. An equation for continuous chaos. *Phys. Lett. A* 57:397.

TEUBNER, G., 1992. Die Vielköpfige Hydra: Netzwerke als kollektive Akteure höherer Ordnung. In Krohn, W. & Küppers, G. (eds.), *Emergenz: Die Entstehung von Ordnung, Organisation und Bedeutung*. Suhrkamp, Frankfurt (Main).

TOFFOLI, T. & MARGOLUS, N., 1987. Cellular Automata Machines. Cambridge (Mass.), London (MIT Press).

WINFREE, A. T., 1994. Persistent tangled vortex rings in generic excitable media. *Nature London* 371(6494):233–236.

WOLFRAM, S., 1984. Cellular automata as models of complexity. *Nature* 311:419 – 424.

Über die vielen Formen des Realismus

Manfred Stöckler

FB 9, Universität Bremen, Postfach 330440, 28334 Bremen
e-mail: stoeckl@uni-bremen.de

Abstract

At first, I distinguish between different senses of 'realism'. Next I characterise the basic intuitions of realists as opposed to those who defend an instrumentalist conception of scientific theories. The program of Radical Constructivism is criticised because of internal flaws. A critical evaluation of arguments against realism (based on pluralism and scientific change) and of arguments in favour of realism (e. g., the miracle argument) supports the concluding pleading for a modest form of realism.

Keywords instrumentalism, radical constructivism, realism, realistic, reality, aim of science

Schlüsselworte: Instrumentalismus, Radikaler Konstruktivismus, Realismus, realistisch, Wirklichkeit, Ziele der Naturwissenschaft

1 Einleitung

Unter dem Stichwort „Realismus" werden viele unterschiedliche Probleme diskutiert. Ziele und Planungen können realistisch oder ohne Erfolgsaussichten sein. Modelle können realistisch oder zu stark idealisiert sein. Wissenschaftliche Theorien können realistisch, d. h. als Abbildungen eines unabhängig von den Beschreibungen existierenden Objektbereichs aufgefasst werden oder als bloße Instrumente zur Ableitung und Vorhersage von Beobachtungen. Eine realistische Erkenntnistheorie wird die Ergebnisse der Wissenschaft, z. B. physikalische Theorien, als Repräsentationen einer angenommenen Wirklichkeit auffassen, in Gegensatz etwa zum Konstruktivismus, der wissenschaftliche Erkenntnisse nur als Fiktionen betrachtet, die unser Leben erleichtern. In meinem Beitrag werde ich versuchen, etwas Ordnung in die verwirrende Begriffsbildung zu bringen und Argumente für und gegen realistische Positionen darzustellen. Dabei will ich auch andeuten, welche Aspekte für die Wissenschaftspraxis wichtig sind und welche vor allem für grundlegende philosophische Fragestellungen relevant werden. Nicht zuletzt möchte ich begründen, warum ich in der Erkenntnistheorie trotz aller ernst zu nehmender Einwände eine gemäßigt realistische Position vertrete. Die Debatte um den Realismus ist differenziert und unübersehbar, deshalb können im Folgenden nur einige durchaus subjektiv gewählte Ausschnitte dargestellt werden.[1]

2 Realismus: Bedeutungen und Konzeptionen

2.1 Bedeutungen von „realistisch"

Es ist hilfreich, zunächst noch einmal einen Blick auf die Verwendung des Wortes „realistisch" in den verschiedenen Zusammenhängen zu werfen. *Ziele* und *Planungen* sind realistisch, wenn sie in dem Sinne zur Wirklichkeit passen, dass es gute Chancen zu ihrer Realisierung gibt. Planungen können z.B. deswegen unrealistisch oder ohne Erfolgsaussichten sein, weil sie die Fakten falsch einschätzen.

Wenn man im Zusammenhang mit *Modellen* das Wort „realistisch" verwendet, dann steht es oft in Gegensatz zu „idealisiert". Ein Modell ist realistisch, wenn die Erkenntnisse, die mit Hilfe des Modells gewonnen werden, im Wesentlichen mit dem übereinstimmen, was in der Wirklichkeit an dem System beobachtet wird, das modelliert wird. Ein Modell ist idealisiert, wenn viele Details dessen, was modelliert wird, im Modell nicht berücksichtigt sind. Wenn man einen Planeten als Massenpunkt darstellt, verwendet man ein idealisiertes Modell. Für viele Zwecke ist dieses Modell jedoch gut brauchbar („nicht unrealistisch").

Bei diesen beiden Varianten von „realistisch" gibt es halbwegs handfeste Verfahren zur Überprüfung der Frage, ob eine Vorstellung realistisch ist oder nicht. Das ist bei der im Folgenden betrachteten Verwendung von „realistisch" viel schwieriger. Hier geht es nämlich um die Frage, ob *Erkenntnisse, wissenschaftliche Aussagen* und *Theorien* realistisch interpretiert werden können (was noch genauer zu erläutern sein wird) oder ob sie nur Instrumente zur Gewinnung von Vorhersagen sind bzw. bloße Fiktionen unseres Gehirns, die ohne speziellen Bezug zu einer von uns unabhängigen Welt gedacht werden. Bei dieser Bedeutung von „realistisch" geht es also nicht um das Problem, ob eine spezielle Aussage wahr oder falsch oder mehr oder weniger vertrauenswürdig ist, sondern ganz grundsätzlich darum, wie sich unsere wissenschaftlichen Theorien zur Wirklichkeit verhalten.

2.2 Realistische Erkenntnistheorien

Mit dieser letzten Variante von „realistisch" möchte ich mich nun etwas genauer befassen, da sie im Mittelpunkt der philosophischen Diskussion um den Realismus steht. Eine realistische Erkenntnistheorie fasst die Ergebnisse der Wissenschaft als Repräsentation/Abbildung einer Realität auf, von der man annimmt, dass sie unabhängig von unserem Wissen und unseren Erkenntnismitteln existiert. Wissenschaft wird hier als so etwas wie eine Landkarte aufgefasst, die nicht nur ein Konstrukt, nicht nur eine nützliche Fiktion ist, sondern neben dem instrumentellen Nutzen auch noch die Landschaft abbildet, die selbst schon vor der Landkarte existierte. Natürlich ist die Darstellung auf dem Plan vereinfacht (es wird nicht jede Biegung eines Flusses abgebildet) und sie benutzt konventionelle Symbole (eine schwarze Linie steht z.B. für die Gleise einer Eisenbahnverbindung, eine blaue Linie für einen Fluss und eine gelb-rote Linie für eine Autobahn).

---

[1] Für kritische Anmerkungen und wertvolle Hinweise zu einer früheren Fassung des Beitrags danke ich Carsten Kölmman, Meinard Kuhlmann und Arend Mittwollen

Der erkenntnistheoretische Realismus entwickelt aus dieser Intuition eine explizite Theorie. Unterschiedliche Explikationen führen dabei zu verschieden starken Varianten des Realismus. Die folgenden Thesen R 1, R 2 und R 3 habe ich von Winfried Franzen übernommen, der damit die „realistische Gesamteinstellung" in drei Teilbehauptungen gegliedert hat (FRANZEN, 1992, S. 23):

R 1: Es gibt eine Wirklichkeit, die der Existenz nach von uns und unserem Bewusstsein unabhängig ist.

R 2: Die Wirklichkeit weist Beschaffenheiten und Strukturen auf, die von unserem Bewusstsein unabhängig sind.

R 3: Nennenswerte Teile der Wirklichkeitsstrukturen sind unserem Denken zugänglich und werden in unserem Wissen erfasst.

Wer nur R 1 aber nicht auch R 2 und R 3 behauptet, vertritt eine sehr schwache Form des Realismus (wenn man diese These überhaupt schon realistisch nennen will). Es wird nur die *Existenz* einer Wirklichkeit außerhalb unseres Bewusstseins behauptet, nicht aber, dass diese Wirklichkeit bestimmte Eigenschaften hat und so, wie sie ist, auch unserem Denken zugänglich ist. R 2, zusammen mit R 1 behauptet, führt zu einer stärkeren Form des Realismus. Sie schließt ein, dass es sinnvoll ist, der bewusstseinsunabhängigen Wirklichkeit *Beschaffenheiten* und *Strukturen* zuzusprechen, dass man also sinnvoll behaupten kann, in der Wirklichkeit *gibt es* Beschaffenheiten und Strukturen unabhängig vom menschlichen Bewusstsein, von Sprache und wissenschaftlichen Theorien. Die dritte und stärkste realistische Behauptung ist R 3, nach der diese Eigenschaften der Wirklichkeit (der Welt „an sich") auch *unserem Wissen zugänglich* ist.

Eine solche Annahme kann natürlich nicht direkt empirisch überprüft werden. Das würde ja bedeuten, dass man unser Bild von der Wirklichkeit mit der Wirklichkeit selbst so vergleichen kann wie eine Postkarte des Eiffelturms mit dem Eiffelturm selbst. Das ist aber der Blickwinkel Gottes und nicht die Situation, in der wir als erkenntnissuchende Wesen sind. Es gibt gute Gründe für den Verdacht, dass unsere Wahrnehmungen die Welt nicht vollständig und genauso widerspiegeln, wie sie ist. Unsere Erfahrung ist eingeschränkt durch die Sinneskanäle und überformt von unserem „Erkenntnisapparat". Wissenschaftliche Theorien sind sprachlich verfasst, und es versteht sich überhaupt nicht von selbst, was es heißt, dass eine solche Theorie mit der Wirklichkeit übereinstimmt. Bildlich gesprochen hat auch unsere „direkte" Wahrnehmung des Eiffelturms keinen anderen Status als das Bild einer Postkarte: wir müssen uns immer mit dem Vergleich von Postkarten zufrieden geben. Wir können nur darüber nachdenken, wie die Welt wohl aussehen könnte, die wir aus ihren Bildern rekonstruieren (z. B. in den Theorien der Physik), und wie weit es sinnvoll ist, dieser uns unsichtbaren „echten Wirklichkeit" objektive Eigenschaften und Strukturen zuzugestehen. Antworten auf diese Fragen hängen sehr stark von erkenntnistheoretischen Vorentscheidungen und methodischen Idealen ab, die nur sehr indirekt bestätigt oder widerlegt werden können.

2.3 Wissenschaftlicher Realismus versus Instrumentalismus

Der Realismus kommt in verschiedenen Varianten vor. Im Umkreis der aus dem logischen Empirismus hervorgegangenen Wissenschaftstheorie wird vor allem der sog. wissenschaftliche Realismus diskutiert. Der wissenschaftliche Realismus vertritt die Auffassung, dass Theorien der reifen Wissenschaft typischerweise Theorien mit Wahrheitsanspruch sind und die zentralen Begriffe dieser Theorien sich typischerweise auf tatsächlich existierende Gegenstände und Prozesse beziehen.[2] Die damit verbundenen Existenzbehauptungen betreffen nicht nur die *beobachtbaren* Gegenstände. Es wird vielmehr darüber hinaus angenommen, dass auch nicht direkt beobachtbare „Gegenstände" wie Quantenfelder oder Raum-Zeit-Metriken eine vom menschlichen Erkenntnisvermögen unabhängige Existenz haben, sofern Begriffe, die im Kontext einer bewährten wissenschaftlichen Theorie einen festen Platz haben, auf sie Bezug nehmen. Mit dieser Schwerpunktsetzung grenzt sich der wissenschaftliche Realismus von einem extremen Empirismus ab, der nur solchen Gegenständen eine Existenz zubilligt, die auch direkt beobachtbar sind.

Diese Fragestellung kann nun im Hinblick auf die Rolle und Ziele naturwissenschaftlicher Theorien verallgemeinert werden. Nach Auffassung des Instrumentalismus sind naturwissenschaftliche Theorien nur nützliche Instrumente, die praktisch und erfolgreich für die Orientierung in der Welt sind, aber nicht direkt auf eine Welt außerhalb der Theorie Bezug nehmen und bestenfalls empirisch adäquat sind. Empirische Adäquatheit bedeutet hier, dass die Theorien im Bereich der Beobachtungen verlässlich sind und im übrigen Bereich nur den Status einer Fiktion haben. Der wissenschaftliche Realismus behauptet dagegen, dass Theorien Abbilder der Natur sind in dem Sinne, wie eine Landkarte einen bestimmten geographischen Bereich abbildet. Insbesondere wird im Realismus die Auffassung vertreten, dass die Qualität und der Erfolg von Erklärungen eine gute Vertrauensbasis für die Annahme liefern, dass die bei der Erklärung vorausgesetzten Gegenstände auch tatsächlich existieren, selbst wenn sie nicht beobachtbar (d. h. „theoretische Entitäten") sind.

Die Auseinandersetzung um den wissenschaftliche Realismus ist wesentlich dadurch geprägt, welche Vorstellungen man davon hat, wie Begriffe und Terme von Theorien zu ihrer Bedeutung kommen (ob man z. B. glaubt, dass die Bedeutung eines Terms bestimmt werden kann, indem man Verfahren angibt, durch die Aussagen, in denen dieser Term vorkommt, experimentell verifiziert werden können). Paul Horwich hat diese realistische Position, die bei ihm semantischer Realismus heißt, so gekennzeichnet (HORWICH, 1992, S. 67):

„Darunter verstehe ich die ... anti-verifikationistische und anti-instrumentalistische Sichtweise, die darauf hinausläuft, dass man Behauptungen über theoretische Entitäten für bare Münze nehmen sollte. Sie sind weder bloße Verifizierbarkeitsbehauptungen noch versteckte, komplexe Berichte über Beobachtungen und auch keine bedeutungslosen Instrumente zur Systematisierung von Daten. Ein semantischer Realist in Sachen Mikrophysik ist jemand, der glaubt, dass es eine feste Menge von Tatsachen über die mikroskopische Struktur der Welt gibt und dass es das Ziel der Mikrophysik ist, diese Struktur zu entdecken, also Theorien zu formulieren und Belegmaterial zu beschaffen, welches die

---

[2] Diese Formulierung habe ich fast wörtlich von Martin CARRIER (1995) übernommen.

Annahmen rechtfertigt, dass jene Theorien eine wahre Beschreibung dieses Aspekts der Realität liefern. Darüber hinaus glaubt er weder, dass wir die mikroskopischen Tatsachen, welche es auch sein mögen, notwendigerweise erkennen können, noch dass sie von unserer Methodologie abhängen."

Es geht hier also um schwierige Probleme der Bedeutung von Begriffen in der Wissenschaft und um das Verhältnis von Wissen und Welt. Die Entscheidung zwischen Instrumentalismus und Realismus kann deshalb selbst nicht durch Beobachtung getroffen werden. Auch im Instrumentalismus kann die (mehr oder weniger gute) Übereinstimmung einer Theorie mit der Beobachtung verstanden werden. Umgekehrt werden Realisten nicht behaupten wollen, dass alle vorliegenden Theorien schon perfekt sind, so dass sie in jedem Fall eine wortwörtliche Übereinstimmung mit der „Welt da draußen" zeigen.

2.4 Radikaler Konstruktivismus

Der Streit zwischen dem Instrumentalismus und dem wissenschaftlichen Realismus ist insbesondere ein Streit verschiedener Strömungen der Erkenntnistheorie, die sich vor allem darin unterscheiden, welche Rolle die Erfahrung bei der Begründung des Wissens und in der Bedeutungstheorie spielt. Der radikale Konstruktivismus ist dagegen eine Strömung, die in einem gewissen Sinn das Projekt einer philosophischen Erkenntnistheorie selbst in Frage stellt. Auch in der Geschichte der Erkenntnistheorie (etwa bei David Hume) gab es Versuche, Erkenntnistheorie durch Psychologie, d. h. das philosophische Projekt der Begründung von Wissen durch das empirische Projekt der Beschreibung des Zustandekommens von Wissen zu ersetzen. Die Begründer des gegenwärtigen sogenannten Radikalen Konstruktivismus kommen entsprechend aus verschiedenen Wissenschaftszweigen. Humberto R. Maturana und Francisco J. Varela aus der Biologie, Heinz von Foerster und Ernst von Glasersfeld aus der Kybernetik und der Psychologie. Philosophen waren daran kaum beteiligt. Der radikale Konstruktivismus setzt der traditionellen Erkenntnistheorie eine empirische Kognitionstheorie entgegen. In diese empirische Kognitionstheorie geht nun Wissen aus der Neurophysiologie ein. Eine wichtige Annahme ist, dass das Gehirn alle Bewertungs- und Deutungsmuster aus eigenen Operationen gewinnt. Erkennen heißt nicht passive Abbildung einer äußeren objektiven Realität, sondern eigenständige Konstruktion der Welt.

Die professionelle Erkenntnistheorie hat sich bisher nur wenig mit diesen Thesen auseinandergesetzt. Ulf Dettmann, der eine umfassende kritische Bewertung des Radikalen Konstruktivismus vorgelegt hat, gehört zu den wenigen Ausnahmen. Er hat den Radikalen Konstruktivismus so charakterisiert (DETTMANN, 1999, S. 5):

„Das um Erkenntnis und Begründung bemühte Subjekt findet sich im Radikalen Konstruktivismus in seiner eigenen, in sich abgeschlossenen, subjektiven Welt wieder, in der Erkenntnis über die objektive Welt aus objektiven Gründen nur subjektiven Charakter haben kann. Lässt sich der „Klassische" Konstruktivismus durch den Versuch charakterisieren, konstruktive Verfahren zu entwickeln, um die Sätze der Wissenschaft auf ein solides Fundament zu stellen, das ... Objektivität durch Intersubjektivität garantieren soll, so kann man den Radikalen Konstruktivismus durch das Vorhaben bestimmen, den Glauben ... an solche die Objektivität garantierenden konstruktiven Verfahren zu destruieren, indem er jeglichen Grundlegungsversuchen der Wissenschaft die Auskunft erteilt, dass auf Grund der viel grundlegenderen konstruktiven Tätigkeit des Gehirns Objektivität auch durch konstruktive Verfahren nicht zu erreichen sei. Die These, dass die Konstrukte des Gehirns notwendigerweise subjektiv und relativ sind, glaubt der Radikale Konstruktivismus dabei gerade jenen Wissenschaften entlocken zu können, die in besonderem Maße um Objektivität bemüht sind, nämlich den Wissenschaften von der Natur."

Die Erkenntnis, dass schon die Sinneswahrnehmung keine passive Abbildung der äußeren Welt ist, ist nun allerdings nicht neu in der Philosophie. Wesentliche Elemente von Kants Erkenntnistheorie beruhen auf der Analyse von Formprinzipien, die bei der Wahrnehmung und bei der Bildung von Aussagen darüber beteiligt sind. Generell hat man bei der Lektüre der Werke konstruktivistischer Autoren den Eindruck, dass sie eine Form von Realismus angreifen, die nie vertreten wurde oder jedenfalls jetzt nicht mehr ernsthaft vertreten wird. Zuweilen scheint die Bekehrung zum Konstruktivismus nichts anderes zu sein, als die Abkehr von einem unter Naturwissenschaftlern häufig verbreiteten naiven Realismus und die Zuwendung zu einer Auffassung, die man im Umkreis von empirischen Umdeutungen Kants und des Kantianismus einordnen könnte.

Der radikale Konstruktivismus leugnet nicht, dass es eine von den kognitiven Aktivitäten und Fähigkeiten lebender System unabhängige Welt gibt. Die kognitiven Aktivitäten haben jedoch nicht die Aufgabe, die Welt zu erkennen, sondern sie sollen das physische und mentale Gleichgewicht des Organismus durch Anpassung zu erhalten. Der Konstruktivismus leugnet nicht die Existenz einer bewusstseinsunabhängigen Realität, doch er behauptet, dass wir sie nicht rational erfassen können. Die Bestätigung des Wissens wird nicht in einem unmöglichen Vergleich mit der Realität gesucht, sondern in seiner Brauchbarkeit angesichts der Hindernisse, denen wir beim Verfolgen unserer Zwecke begegnen.

Mit dem Stichwort „Überleben statt Wahrheit" nimmt der Radikale Konstruktivismus in einem gewissen Sinne wieder die Unterscheidung zwischen Instrumentalismus und Realismus auf. Die Unterscheidung zwischen der Welt, wie sie sich in unserer Erfahrung zeigt und der Welt der „Dinge an sich" findet sich z. B. bei Gerhard Roth wieder in der Unterscheidung zwischen Realität und Wirklichkeit (vgl. STEKELER-WEITHOFER ET AL., 1999, insbes. 5). Die *Realität* ist nach Roth die unerkennbare Welt, wie sie unabhängig von unserem Begriffssystem und unserer Erfahrung existiert. Die *Wirklichkeit* ist die Welt, wie sie sich in unserer Erfahrung und in unserem Erleben zeigt.

Der radikale Konstruktivismus hat eine ganze Reihe von internen Problemen, die mit seiner ziemlich unreflektierten philosophischen Basis zusammenhängen. Erstens ist da die Frage nach dem erkennenden Subjekt. Wer konstruiert, in welchem Sinne konstruiert ein Gehirn (wessen Gehirn?) etwas, was man Wissen mit

Anspruch auf Geltung nennen könnte? Welche Konstruktionen sind als Irrtümer zu klassifizieren? Ein weiterer offener Punkt ist der Status der Theoriebildung. Wodurch wird garantiert, dass das biologische Wissen, das in den radikalen Konstruktivismus einfließt, nicht selbst bloße Konstruktion ist, sondern tatsächlich Überzeugungskraft hat? Wie kann man auf der Grundlage der Neurophysiologie die Begründung naturwissenschaftlicher Theorien leisten? Und wenn dies nicht möglich ist, wie steht es dann um die Sicherheit der Basis des radikalen Konstruktivismus?

Meine Kritik am radikalen Konstruktivismus betrifft nicht die Untersuchungen zum Zustandekommen individuellen Wissens. Der radikale Konstruktivismus verfolgt (übrigens ähnlich wie viele Teile der evolutionären Erkenntnistheorie) eine andere Fragestellung als die Erkenntnistheorie, eine Fragestellung, die eher zur Erkenntnispsychologie gehört als zu den klassischen Themen der Erkenntnistheorie, die nicht das Zustandekommen, sondern die Rechtfertigung des Wissens und die Bewertung von Erkenntnissen sowie die Auseinandersetzung mit dem Skeptizismus zum Gegenstand haben.[3] Man kann natürlich der Auffassung sein, dass das klassische Programm der Erkenntnistheorie undurchführbar ist. Aber man muss auch sagen, dass gegen diese Zweifel gut begründete Einwände erhoben worden sind (vgl. dazu BIERI, 1994, S. 58 - 65 und S. 409 - 419). Auch die materialen Annahmen des Radikalen Konstruktivismus sind nicht unproblematisch. U. Dettmann zeigt, dass die These, lebende Systeme könnten keine Informationen aus der Umwelt aufnehmen, höchst problematisch ist (DETTMANN, 1999, Kap. 3). Der Radikale Konstruktivismus ist in seinen philosophischen Teilen nicht empirisch begründet, sondern setzt selbst eine antirealistische Metaphysik voraus (vgl. dazu DETTMANN, 1999, Kap. 5). Unglücklicherweise ersetzen die Anhänger des radikalen Konstruktivismus ihr Lesepensum und die genaue Analyse alternativer Positionen häufig durch ein zugegeben gut entwickeltes Selbstbewusstsein.

3 Argumente pro und kontra Realismus

3.1 Argumente gegen den Realismus

Die Hauptargumente gegen die verschiedenen Formen des Realismus haben einen skeptischen Hintergrund. Sie haben die Auffassung gemeinsam, dass wir keinen guten Grund zur Annahme haben, dass die Gegenstände, über die wir unsere Theorien machen, auch tatsächlich „da draußen in der Wirklichkeit" so existieren, wie wir das vermuten. Wir haben ja keine Möglichkeit, unsere Bilder von der Wirklichkeit, unsere Theorien mit ihren Existenzannahmen mit der Wirklichkeit selbst zu vergleichen, so wie wir eine Landkarte mit der Landschaft selbst vergleichen können. Daraus wird von Gegnern des Realismus abgeleitet, dass unabhängig von unseren Begriffsschemata keine Gegenstände existieren.

In die gleiche Richtung gehen Argumente, die den wissenschaftlichen Wandel als Indiz für die Unhaltbarkeit des

---

[3] Für eine genaue Analyse vgl. DETTMANN (1999) Kap. 3., insbes. 3.4, siehe auch KÖLLMANN (in Press) Abschnitt 5. Zu den klassischen Aufgaben der Erkenntnistheorie vgl. BIERI (1994) insbes. S. 9 - 84

Realismus ansehen. Ein Blick in die Wissenschaftsgeschichte zeigt, dass Annahmen über die Existenz von Objekten über die Zeiten hinweg nicht stabil sind. Wir glauben heute z.B. weder an die Existenz des Phlogiston (weil wir Verbrennung durch Verbindung mit Sauerstoff erklären) noch an den Äther als Träger elektrischer Felder. Wenn wir für die meisten der vergangenen Theorien annehmen, dass die in ihnen angenommenen Gegenstände nicht existieren, so haben wir nach dieser Überlegung auch keinen guten Grund für die Annahme, dass ausgerechnet die gegenwärtigen Theorien die Gegenstände beschreiben, die es tatsächlich in der Welt gibt. Es ist viel naheliegender anzunehmen, dass die Gegenstände der heutigen physikalischen Theorien irgendwann auch das Schicksal von Phlogiston und Äther teilen werden. Verteidiger der realistischen Positionen müssen dagegen zeigen, das wissenschaftlicher Wandel als Zunahme von Wissen über die gleichen Gegenstände verstanden werden kann (vgl. CARRIER, 1995).

Ein weiteres Argument gegen den Realismus geht von der Frage aus, wie Beobachtungen unsere Theorien stützen und evtl. festlegen. Es ist ein zentrales Ergebnis der neueren Wissenschaftstheorie, dass die Erfahrung (die Menge der Beobachtungen) in keinem Fall eine Theorie, die ja auch immer über die Beobachtung hinausgehende Teile hat, eindeutig festlegt. Man spricht hier von der Unterbestimmtheit einer Theorie durch Beobachtung. Deshalb sind mit der gleichen Datenmenge immer unterschiedliche Theorien verträglich, die auch einander widersprechende Existenzannahmen haben. Man kann deshalb nicht auf die unabhängige Existenz der jeweils angenommenen Gegenstände in der Außenwelt schließen.[4] Jedenfalls kann man das nicht tun, wenn man Beobachtungen als einzige Quelle des Wissens akzeptiert. Vertreter des Realismus müssen dagegen zeigen, dass die methodologischen Gründe, mit denen man eine von verschiedenen empirisch äquivalenten Theorien auszeichnet (z. B. aufgrund ihrer besonderen Erklärungskraft) auch ausreichen, um z. B. den Existenzhypothesen dieser Theorie eine besondere Glaubwürdigkeit zu verleihen (vgl. CARRIER, 1995).[5]

Ein verwandtes Argument gegen den Realismus kann man aus der Überlegung gewinnen, dass wir die Welt aufgrund ihrer Komplexität nicht mit einer einheitlichen Theorie, sondern mit schichtenspezifischen Theorien mit eigenem Vokabular beschreiben und erklären. Die auf den höheren Ebenen angesiedelten Theorien arbeiten häufig mit anderen Gegenständen (etwa mit Ionenkanälen oder Neuronen) als die mikroskopischen Theorien (in denen es z. B. Quarks und Elektronen gibt). Man sagt, Theorien, die den gleichen Objektbereich beschreiben, können ganz unterschiedliche Ontologien (Gegenstandsannahmen) haben. Wenn man als Realist aber annimmt, dass die von der Theorie angenommenen Gegenstände auch wirklich existieren (wenn die Theorie wahr ist!), dann scheint ein Widerspruch zu drohen, weil man für den gleichen Ausschnitt der Wirklichkeit die Existenz unterschiedlicher, in gewissem

---

[4]Theorien können nach dieser Konzeption nur für die empirische Adäquatheit, d. h. für die Übereinstimmung im Bereich der Erfahrung, garantieren, vgl. dazu BARTELBORTH (1997) S. 24 f.

[5]Die zentrale Rolle abduktiver Argumente (des Schlusses auf die beste Erklärung, mit dem man wegen der hohen Erklärungskraft einer Theorie auch auf ihre Richtigkeit vertraut) diskutiert LEPLIN (2000).

Sinn unvereinbarer Gegenstände annehmen muss.

Will man den Realismus verteidigen, dann muss man erklären, wie es zu der Vielfalt von Beschreibungen der einen Welt kommt. Fritz ROHRLICH (2001) hat dazu an einigen Beispielen nachgewiesen, wie man trotz des Pluralismus der Existenzannahmen zeigen kann, dass die Existenz der Gegenstände auf der höheren Ebene mit Hilfe der Theorien der tieferen Ebenen erklärt werden kann. Die verschiedenen Existenzannahmen widersprechen sich also nicht, sondern ergänzen sich. Es ist ja auch kein Problem, dass wir nicht nur an die Existenz von Motor, Reifen und Lenkrad, sondern zugleich an die Existenz eines Autos glauben. „Der Realist muss bloß behaupten, dass es nur die *eine Welt* gibt, aber nicht, dass sie nur eine wahre Beschreibung zulässt" (BARTELBORTH, 1997, S. 23).

3.2 Argumente für den Realismus

Eine wichtige Argumentationsstrategie für den Realismus beruht darauf, dass der Realismus die natürliche common sense - Auffassung ist und dass man gute Gründe haben muss, eine solche alltagsbewährte Auffassung aufzugeben. Auf dieser Grundlage kann man dann die realistische Position verteidigen, indem man zeigt, dass antirealistische Argumente nicht zwingend sind. Eine besondere Strategie besteht darin, dass man ein Zugeständnis der meisten Antirealisten zu Hilfe nimmt. Wenige Antirealisten werden nämlich bestreiten, dass die These R 1 (also die Existenz einer Außenwelt) falsch ist. Dann kann man aber als Realist argumentieren, dass unter dieser Voraussetzung auch R 2, die Annahme der Existenz von bewusstseinsunabhängigen Beschaffenheiten und Strukturen in der Welt, nicht bestritten werden sollte.[6]

Ein weiteres Argument für den Realismus ist die Annahme, dass die Existenz einer Außenwelt mit Gegenständen, die bestimmte Eigenschaften haben, die beste Erklärung für den Erfolg der Wissenschaft ist. Ohne die Voraussetzung des Realismus sei der Erfolg der Wissenschaft ein reines Wunder (vgl. zu diesem „Wunderargument" auch CARRIER, 1993):

> „Wenn es einer Theorie gelingt, so das Argument, neuartige empirische Regularitäten zutreffend vorherzusagen, oder wenn sie ohne Anpassung zu diesem Zweck eine einheitliche theoretische Beschreibung von zuvor als verschiedenartig geltenden Phänomenen bereitstellt, dann besteht die einzig plausible Erklärung derart ‚überraschender' Vorhersageerfolge in der Annahme, dass die entsprechende Theorie die einschlägigen Prozesse im wesentlichen korrekt beschreibt und dass die hierfür herangezogenen theoretischen Entitäten tatsächlich existieren" (CARRIER, 1995).

Das ist allerdings ein Schluss auf die beste Erklärung, mit dem von der Erklärungskraft einer Theorie auf ihre Wahrheit geschlossen wird. Solche Schlüsse werden nicht von allen anerkannt, möglicherweise setzt ihre Überzeugungskraft schon selbst einen gewissen Realismus voraus (vgl. LEPLIN, 2000; BARTELBORTH, 1997, S. 20 f.).

Weitere Versuche der Verteidigung des Realismus beginnen mit dem Hinweis auf die Konvergenz der Theorienentwicklung

---

[6]Dieses Argument hat Winfried FRANZEN (1992) S. 43 ausgeführt. Eine materialreiche und differenzierte Verteidigung von R 3 findet sich in dem gleichen Aufsatz S. 45 - 57.

(vgl. BARTELBORTH, 1997, S. 24 f.). Tatsächlich ist die Entwicklung der Theorien in den Naturwissenschaften bei weitem nicht so, dass permanent neue Gegenstände mit neuen Eigenschaften die alten Gegenstände, über die die früheren Theorien gesprochen haben, ablösen. In der Regel „verschwinden" die Gegenstände der Vorgängertheorie nicht, sondern die neuen Theorien machen plausibel, wie sie zustande kommen. So kann in der kinetischen Gastheorie der Druck eines Gases durch den Impulsübertrag der Gasmoleküle auf die Wand des Gefäßes erklärt werden.

4 Ein Fazit

Es ist plausibel, dass in dieser Lage die Entscheidung pro und kontra Realismus nicht auf einfache Weise getroffen werden kann. Sie folgt nicht aus einer bestimmten naturwissenschaftlichen Theorie, und es ist auch nicht unbedingt zu erwarten, dass naturwissenschaftliche Theorien viel dazu beitragen können. Die Entscheidung pro oder kontra Realismus hängt von vielen anderen Einstellungen und Entscheidungen des Hintergrundwissens ab. Zum Beispiel davon, wie man Wahrnehmungen einordnet, wie man zum Schluss auf die beste Erklärung steht, welche Erklärungstheorie man hat, wie man den wissenschaftlichen Fortschritt rekonstruieren und erklären will, welche Wahrheitstheorie man vertritt und vor allem auch welche Bedeutungstheorie man favorisiert. Da die Naturwissenschaften eine zentrale Quelle unseres Wissens sind, wird verständlich, warum die Frage nach dem Realismus in der Regel auch die Frage nach dem Status wissenschaftlicher Theorien enthält.

Mein Hauptmotiv, am Realismus festzuhalten, ist die Überlegung, den common sense - Realismus nur aufzugeben, wenn gute Gründe gegen ihn sprechen. Die bisherigen Einwände - so scheint es mir - können alle durch entsprechende Korrekturen im Realismus aufgefangen werden. Dabei muss dann über Details verhandelt werden. Es gibt nicht *den einen* Realismus, und bei manchen Positionen kann man vielleicht sogar darüber streiten, ob sie als realistisch zu klassifizieren sind oder nicht. Das kann schnell zu einem Streit um Worte werden. Interessanter sind in jedem Fall die jeweiligen Argumente pro und kontra Realismus. Der zentrale Streitpunkt scheint mir dabei zu sein, in welchem Umfang man wissenschaftlichen Theorien aufgrund ihrer Erklärungskraft auch in den Bereichen vertrauen kann, in denen sie nicht direkt empirisch überprüfbar sind. Können die realistischen Thesen nachvollziehbar begründet werden oder aber bleiben sie metaphysischer Natur? Der Realismus muss sich vor allem gegen skeptische Anfragen verteidigen. (Winfried FRANZEN, 1992, S. 25) hat das treffend formuliert: „Die eigentliche Frage nach dem Status unserer Erkenntnis lautet nicht, ob wir *statt* Realisten Idealisten, sondern wieweit wir *als* Realisten Skeptiker sein müssen."

Zum Glück scheint es auch so zu sein, dass die Entscheidung pro oder kontra Realismus für die Naturwissenschaften selbst aber auch für den überwiegenden Teil der methodologischen Probleme keine Rolle spielt. Im Einzelfall kann es zwar auch in der Forschungspraxis von Bedeutung sein, ob bestimmte Elemente einer Theorie (z. B. Atome) realistisch gedeutet oder nur als Fiktionen angesehen werden. Realisten und Antirealisten werden bei solchen Streitfragen aber meist nicht zu unterschiedlichen Ergebnissen kommen. Ich will damit allerdings nicht sagen, dass die Diskussion um die vielen Formen des Realismus ein sinnloses Unterfangen ist, es handelt sich eben „nur" um eine philosophische Frage, die nicht für das Labor, sondern für unser Weltbild und für die Verknüpfung der naturwissenschaftlichen Erkenntnisse mit den übrigen Teilen unseres Wissens wichtig ist.

References

BARTELBORTH, T., 1997. Wissenschaftlicher Realismus. *Information Philosophie Juni*:18–29.

BIERI, P. (ed.), 1994. Analytische Philosophie der Erkenntnis. Weinheim (mit sehr informativen Einleitungen).

CARRIER, M., 1993. What is Right with the Miracle Argument. Establishing a Taxonomy of Natural Kinds. *Studies in History and Philosophy of Science 24*:391 – 409.

CARRIER, M., 1995. Art. 'Realismus, wissenschaftlicher'. In Mittelstraß, J. (ed.), *Enzyklopädie Philosophie und Wissenschaftstheorie, Bd. 3*. Stuttgart (mit vielen gut ausgewählten Literaturhinweisen).

DETTMANN, U., 1999. Der Radikale Konstruktivismus. Anspruch und Wirklichkeit einer Theorie. Tübingen.

FRANZEN, W., 1992. Totgesagte leben länger. Beyond Realism and Anti-Realism: Realism. In für Philosophie Bad Homburg, F. (ed.), *Realismus und Antirealismus*, pp. 20 – 65. Frankfurt/Main. Dieser Sammelband enthält auch eine umfangreiche Bibliographie.

HORWICH, P., 1992. Drei Formen des Realismus. In für Philosophie Bad Homburg, F. (ed.), *Realismus und Antirealismus*. pp. 66 – 93. Frankfurt/Main. Dieser Aufsatz ist zuerst unter dem Titel 'Three Forms of Realism' in Synthese 51 (1982) 181 - 201 erschienen.

KÖLLMANN, C., in Press. Unser Kummer mit dem Antirealismus.

LEPLIN, J., 2000. Realism and Instrumentalism. In Newton-Smith, W. H. (ed.), *A Companion to the Philosophy of Science*, pp. 393 – 401. Oxford (lackwell).

ROHRLICH, F., 2001. Cognitive Scientific Realism. *Philosophy of Science 68* pp. 185 – 202.

STEKELER-WEITHOFER, P., PSARROS, N. & STADLER, M., 1999. Art. 'Realität/Wirklichkeit'. In Sandkühler, H J. (ed.), *Enzyklopädie Philosophie*. Hamburg.

GfÖ Arbeitskreis Theorie in der Ökologie 2003: Gene, Bits und Ökosysteme (Hrsg: H. Reuter, B. Breckling, & A. Mittwollen), P. Lang Verlag Frankfurt/M; 247-256

Transfer- und Vollzugsdefizite bei der Umsetzung umweltfachlicher Erkenntnisse in Politik und Verwaltung

Karin Mathes[1], Arnold von Bosse[2] & Anni Nottebaum[3]

[1] *Bürgerschaftsfraktion von B90/Die Grünen in Bremen, Schlachte 19/20, 28195 Bremen, Karin.Mathes@gruene-bremen.de*

[2] *Bauamt der Hansestadt Stralsund, a.v.b@in-mv.de*

[3] *Geschäftsstelle der Fraktion von B90/Die Grünen in Bremen, Schlachte 19/20, 28195 Bremen, Anni.Nottebaum@gruene-bremen.de*

Abstract

For environmental protection and nature conservation, the execution of the European and national environmental law is essential. In Germany, this is the responsibility of the 16 federal countries. The deficiencies to transform norms and environmental standards into actions are shown by using examples from Bremen and Mecklenburg-Vorpommern. From this, conclusions are drawn in order to improve nature conservation.

Keywords: protection of the environment, nature conservation, environmental law, weak point, Natura 2000, flora-fauna-habitat directive, regulation concerning the intervention into nature and its balancing

Schlüsselworte: Umweltschutz, Naturschutz, Umweltrecht, Vollzugsdefizit, Natura 2000, Flora-Fauna-Habitat-Richtlinie, Eingriffs- und Ausgleichsregelung

1 Einführung

Nur wenn die europäischen Regionen auch das Umweltrecht vollziehen, hat Europa eine Chance, die natürlichen Lebensgrundlagen zu erhalten. Wenn das Artensterben aufgehalten werden soll, wenn die Belastung der Umwelt durch synthetische Chemikalien reduziert werden soll, wenn die natürlichen Lebensgrundlagen erhalten werden sollen, ist ein europaweites ebenso wie ein weltweites Handeln erforderlich.

Im deutschen Umweltrecht geben heute die politischen Organe der Europäischen Union bereits weitgehend den Rahmen für die Normensetzung vor. Für ein zusammenwachsendes Europa ist dies essentiell. Es ist aber auch aufgrund der Phänomene im Umweltbereich sachlich-inhaltlich und mithin naturwissenschaftlich begründet. Weder ökologische Zusammenhänge noch deren Zerstörung beschränken sich und halten sich an Ländergrenzen.

Der Schutz der natürlichen Lebensgrundlagen steht in den westlichen Industrienationen von staatlicher Seite auf zwei Fundamenten: Das eine sind die Erkenntnisse und Verpflichtungen, was zu tun ist. Diese werden festgelegt mit den Umwelt-Richtlinien bzw. -Verordnungen der Europäischen Union, den internationalen Vereinbarungen und den Regelungen der Nationalstaaten. Das zweite Fundament ist der Gesetzesvollzug. Dabei geht es darum, das zu tun, was demokratisch ausgehandelt wurde und materielles Recht geworden ist. Aufgabe der jeweiligen Regierung und Verwaltung ist u.a. die Umsetzung des geltenden Umweltrechts. Nur, wenn die so kodifizierten Normen, die in langwierigen gesellschaftlichen Prozessen unter Berücksichtigung des wissenschaftlichen Kenntnisstands ausgehandelt wurden, auch vollzogen werden, können rechtsstaatliche und demokratische Prinzipien ihre Wirkung entfalten. In der Bundesrepublik Deutschland fällt diese Aufgabe wegen der konkurrierenden Gesetzgebung gem. Art 72 GG i. V. m. Art 74 GG häufig in den Zuständigkeitsbereich der Bundesländer.

Es wird die These entfaltet, dass Bundesgesetze zum Umweltschutz sowie die z.T. weitreichenden Umweltrichtlinien der EU häufig in der Umsetzung durch das Mitgliedsland Bundesrepublik Deutschland an Vollzugsdefiziten auf der Ebene des einzelnen Bundeslandes scheitern.

Die Diskrepanzen zwischen der Rechtslage und dessen Vollzug werden exemplarisch aufgezeigt und veranschaulicht, um damit Konsequenzen für einen effektiveren Umweltschutz abzuleiten.

2 Vollzugsdefizite im Umweltrecht

Vollzugsdefizite im engeren Sinne beziehen sich auf den mangelhaften Gesetzesvollzug im Sinne schwacher Kontroll- und Sanktionsaktivität der Behörden. Im Umweltordnungsrecht zeigt sich dies z. B. in zu wenigen Kontrollen illegaler Gewässereinleiter oder naturschutzrechtlicher Ausgleichsmaßnahmen. Auch werden zu selten Straf- und Bußgeldverfahren im Umweltordnungsrecht erfolgreich durchgeführt (REHBINDER, 1996). Vollzugsdefizite im weiteren Sinne zeigen sich im Bereich der Entscheidungsvorbereitung und Entscheidungsfindung (Implementationsdefizit, REHBINDER, 1996). Hierzu gehören z. B. Schwächen in der Praxis der Ausweisung von Wasser- und Naturschutzzonen bzw. -gebieten oder bei der konsequenten Nichtgenehmigung vermeidbarer Beeinträchtigungen im Naturhaushalt.

Die mangelhafte Personal- und Finanzausstattung sowie nicht qualifiziert genug ausgebildete Bedienstete (LANDESREGIERUNG MECKLENBURG-VORPOMMERN, 1998) stellen wichtige Gründe für Vollzugsdefizite dar; was immer wieder beklagt wird (RÜTHER, 1992). Dieser Umstand ist auf einigen Politik- und Verwaltungsfeldern zu verzeichnen. Ein spezifisch umweltordnungsrechtliches Vollzugsproblem scheint aber darin zu liegen, dass Ermessens- und Abwägungsspielräume von der Exekutive nicht oder rechtsfehlerhaft ausgenutzt werden und politische Einflussnahmen zur „Verwässerung" der Gesetzesziele führen (GRUEHN & KENNEWEG, 1999).

Die Verfassungen demokratisch regierter Länder gehen von einer Aufgabenteilung zwischen den drei Staatsgewalten aus: *Legislative* (= der Gesetzgeber, sprich das durch Wahlen legitimierte nationale Parlament), *Exekutive* (= die gesetzesausführende Gewalt, sprich die Verwaltung = Ressorts auf Ministerialebene und alle ihr nachgeordneten Behörden bzw. die mit hoheitlicher Aufgabenerfüllung beauftragten Personen) und *Judikative* (=die Rechtsprechung; diese entwickelt die Rechtsetzung der Legislative weiter und die Rechtsanwendung der Exekutive durch Konkretisierung und Fortbildung des Rechts anlässlich streitiger Einzelfälle).

Nach der hier zugrundliegenden Gesellschaftskonstruktion ist es neben dem Erlass von Gesetzen auch Aufgabe der Legislative, also der Abgeordneten, die Exekutive zu kontrollieren. Defizite können beim Handeln (oder Nicht-Handeln) der Exekutive und bei der Kontrolle durch das Parlament entstehen. Bei der Kontrolle der Exekutive durch die Legislative spielen die Sanktionen, die bei Nichterfüllung bzw. Verstößen gegen Recht und Gesetz glaubhaft angedroht und dann auch konsequent angewandt werden, eine wichtige Rolle.

Die folgenden Beispiele beleuchten die Praxis dieser demokratietheoretischen Grundlagen. Um die verschiedenen methodischen Ansätze der Analyse umweltfachlicher Defizite zu demonstrieren, ist das Beispiel unter 3.1. eher politologisch und dasjenige unter 3.2. deutlicher juristisch gefasst.

3 Beispiele für Vollzugsdefizite im Umweltrecht

3.1 „Natura 2000" und die Flora-Fauna-Habitat-Richtlinie (FFH-RL)

Mit der Natura 2000 soll ein europaweites und vernetztes Schutzgebietssystem entstehen, um dem Verlust an biologischen Ressourcen und biologischer Vielfalt entgegenzuwirken. Ökologie hält sich nicht an Ländergrenzen. Deshalb sind miteinander verbundene Naturareale auf transnationaler Ebene erforderlich. Dies wurde 1992 von der Bundesregierung anerkannt; mit ihrer Stimme wurde die Flora-Fauna-Habitat-Richtlinie (FFH-RL) vom Rat der Europäischen Union erlassen. Entsprechend dem Europäischen Recht muss die Gebietsauswahl fachlich korrekt anhand des Vorkommens schützenswerter Lebensraumtypen (Anhang I der FFH-RL) oder Tier- bzw. Pflanzenarten (Anhang II der FFH-RL) erfolgen. Bei der Meldung schützenswerter Gebiete für die Natura 2000 gibt es kein Ermessen der Regierungen bzw. Naturschutzbehörden. Bereits im Juni 1995 hätte die Bundesrepublik Deutschland der EU-Kommission eine vollständige nationale Liste der Gebiete, welche die im Anhang zur FFH-RL genannten fachlichen Kriterien erfüllen, vorlegen müssen. Stattdessen wurde die Richtlinie erst 1998, nämlich unter der rot-grünen Bundesregierung, mit der 2. Änderung des Bundesnaturschutzgesetzes in nationales Recht umgesetzt.

Fallbeispiel zur Nicht-Umsetzung der Flora-Fauna-Habitat-Richtlinie in Bremen

Aufgrund der föderalen Struktur der Bundesrepublik Deutschland war und ist es die zugewiesene Aufgabe der einzelnen Bundesländer, die den o.g. naturschutzfachlichen Kriterien genügenden Gebiete und Naturräume, die sogenannten potenziellen FFH-Gebiete, dem Bundesumweltministerium zur Weiterleitung nach Brüssel zu melden. Exemplarisch für ein solches potenzielles FFH-Gebiet im Bundesland Bremen ist das sogenannte Hollerland. Dieses ca. 300 ha umfassende großflächige Grünland-Graben-Areal mit einer Binnenlandsalzstelle, der sog. Pannlake, steht bereits unter Naturschutz. Auf der Grundlage von 25 Gutachten und der naturschutzfachlichen Bewertung des Senators für Bau und Umwelt (SENATOR FÜR BAU UND UMWELT (SBU), 1999) besteht keinerlei Zweifel, dass das Hollerland für die Natura 2000 zu melden ist.

Bei der letzten Binnenlandsalzstelle in Bremen und eine von nur ca. 4-5 Vorkommen im deutschen Teil der atlantischen biogeographischen Region handelt es sich um einen prioritären Lebensraumtyp gemäß Anhang I der FFH-RL. Zudem befindet sich im Hollerland das einzige größere Vorkommen der Grabenfischart *Schlammpeitzger* in Bremen. Das Hollerland ist ein Schwerpunktverbreitungsgebiet dieser Fischart in Nordwestdeutschland mit einer der wenigen in diesem Raum bekannten stabilen Populationen. Allein aus diesen Fakten resultiert eine Meldepflicht gemäß Anhang II der FFH-RL. Es gibt kein Ermessen, das eine Nicht-Meldung zulassen würde.

Bereits in 1998 hatte das Bundesamt für Naturschutz Bremen aufgefordert, das Hollerland als FFH-Gebiet anzugeben. Statt dieser Aufforderung zu folgen, gab der Senator für Wirtschaft und Häfen in Bremen ein weiteres Gutachten in Auftrag. Darin heißt es:

„Das Naturschutzgebiet Westliches Hollerland beherbergt eine hohe Zahl an Rote-Liste-Arten. Dies betrifft die Roten Listen der BRD, aber auch die von Niedersachsen und Bremen. Vor allem die Pflanzen und Vögel sind bezüglich der Roten Listen stark vertreten. Dies begründet den Status als Naturschutzgebiet und Vogelschutzrichtliniengebiet.... Im Naturschutzgebiet Westliches Hollerland finden sich innerhalb der Fauna und Flora nur zwei Arten des Anhangs zwei der FFH-Richtlinie. Es handelt sich hierbei um den Steinbeißer (*Cobitis taenia*) und den Schlammpeitzger (*Misgurnus fossilis*).... Die Bedeutung des Naturschutzgebiets Westliches Hollerland ist für die Erhaltung des *Schlammpeitzgers* und dessen Population sehr wichtig." (WILKENS, 1999, 31, 32).

Darauf Bezug nehmend äußert sich der Senator für Wirtschaft und Häfen, Herr Hattig (CDU), in der 5. Sitzung der Bremischen Bürgerschaft (Landtag) am 17.11.99: „Das Hollerland wurde bisher in der Öffentlichkeit als hochwertiges Naturschutzgebiet dargestellt. Auch auf Ersuchen meines Ressorts wurde eine erneute gutachterliche Bewertung in Auftrag gegeben, die die bisherige Einschätzung grundlegend in Frage stellt........Auch das Vorkommen von zwei Fischarten gemäß Anhang der FFH-Richtlinie erfordert nicht notwendigerweise die Anmeldung, da für keine Fischart ein besonderes Habitat, Lebensraum, vorhanden und vorgegeben ist....Dieser Bestand, dieses Habitat, hat keine Zwangsläufigkeit zur Folge. Eine andere Fischart, der Schlammpeitzger, wurde ja schon erwähnt. ... Auch dieser Fisch hat keine konkrete fachliche Abwägungszwangsläufigkeit vorgegeben. Wir haben also eine flexible Handhabung. Diese ist möglich." (Protokoll der Plenarsitzung am 17.11.99, 369, 370, vgl.: www.bremische-buergerschaft.de)

Mit dieser Begründung verweigert die Regierung die Meldung nach Brüssel, weil sie das Hollerland für eine Bebauung vorhalten will (Protokoll der Stadtbürgerschaft vom 20.8. 2002, vgl.: www.bremische-buergerschaft.de, Weser-Kurier vom 5. 10. 2002, 11). Denn das Hollerland grenzt an den sog. Technologiepark in Universitätsnähe an; diese Gewerbeansiedlung soll ausgedehnt werden. Die Debatte im Landtag kulminierte in der Aussage von Senator Hattig „Was kann denn eigentlich ein Gesetz noch ermöglichen, bei dem ich nur noch nicken darf, und dieses ist "nur" eine Richtlinie (Protokoll der Plenarsitzung am 17.11.99, 369, vgl.: www.bremische-buergerschaft.de).

Der Senator hat im konkreten Fall der FFH-RL Unrecht mit seiner Bewertung, eine flexible Handhabung sei möglich. Es gibt definitiv keinen politischen Ermessensspielraum, sondern alleine die naturschutzfachliche Wertigkeit ist meldeentscheidend. Der Senator offenbart, dass er die rechtlichen Vorgaben missachtet; diese Missachtung blieb zwar nicht folgenlos, aber bisher doch ohne Sanktion. Zwar hat das Bundesumweltministerium (BMU) Bremen aufgefordert zu bestätigen, dass eine vollständige Meldung aller potenziellen FFH-Gebiete erfolgt sei. Bremen ist dieser Aufforderung aber nachgekommen und hat einen falschen Sachstand, seine Meldungen seien vollständig und abschließend, benannt. Auf der Konferenz der Atlantischen Region im Juni 2002 hat die Europäische Kommission die Bundesrepublik Deutschland gerügt und aufgefordert, ihre Meldungen zu vervollständigen. Von Bremen wird erwartet, dass es u.a. das Naturschutzgebiet Hollerland nicht weiter verleugnet. Die naturwissenschaftlichen Expertisen sprechen eindeutig für die Meldung des Hollerlandes, wie dies in der Sache auch die für Umwelt zuständige Senatorin (SPD), die Abgeordneten von Bündnis 90/Die Grünen und der SPD sowie die Naturschutzbehörde bewerten (Protokoll der Plenarsitzung am 17.11.99, 356 ff., vgl.: www.bremische-buergerschaft.de). Aufgrund der großen Koalition und der oben dargelegten Position der CDU hat die Regierung insgesamt jedoch ihren hoheitlichen Auftrag nicht erfüllt, das Hollerland und weitere potentiellen FFH-Gebiete wurden rechtswidrig nicht gemeldet (Urteil des Verwaltungsgericht Bremen, Az: 8 K 1243/00 vom 6.8. 2002).

3.2 Die naturschutzrechtliche Eingriffs- und Ausgleichsregelung

Dieses naturschutzrechtliche Instrument beinhaltet die folgenden Grundsätze: Vermeidbare Beeinträchtigungen der Natur sind zu unterlassen, unvermeidbare Beeinträchtigungen sind auszugleichen, für nicht ausgleichbare, aber vorrangige Eingriffe sind Ersatzmaßnahmen zu ergreifen bzw. Ausgleichszahlungen zu leisten. Diese Regelung ist in den §§ 18 ff. Bundesnaturschutzgesetz und den Landesnaturschutzgesetzen zu finden. Sie flankiert das jeweilige fachgesetzliche Prüfungsverfahren (durchgeführt z. B. durch das kommunale Bauamt im Rahmen der Bauleitplanung) und sanktioniert damit die sog. Eingriffe; solche können z. B in einer geplanten Eigenheimsiedlung oder im Neubau einer Strasse liegen.

Der Begriff der Eingriffsregelung beinhaltet also, dass erhebliche Beeinträchtigungen der Natur minimiert und nach rechtsförmigen Verfahren bestmöglich ausgeglichen werden müssen. Die Eingriffsregelung ist damit vom Ansatz her ein innovatives Instrument, fußend auf dem Verursacher- und Vorsorgeprinzip. Es soll den Naturschutz dadurch effektivieren, dass neben dem ordnungsrechtlichen Rahmen (keine Vorhabensgenehmigung ohne Berücksichtigung der Eingriffsregelung) ein ökonomisches Moment tritt: ein Eingriff in die Natur/ die Umwelt kostet etwas, da Ausgleich bzw. Ersatz geschaffen werden muss. Diese Effizienz-Steigerung des Naturschutzrechts spricht also gesetzesstrukturell für einen besseren Vollzug im Sinne der Vorhabensoptimierung und Umweltvorsorge. Allerdings ist diese Vollzugsverbesserung durch die Bezugnahme auf den Ausgleichsgedanken gleichzeitig gefährdet:

In dem Maße, wie es an objektiven Methoden zur Ermittlung des Ausgleichsbedarfes mangelt und Verfahren zur objektiv-rechtlichen Kontrolle des Verwaltungshandelns fehlen, gerät das Institut der Eingriffsregelung in Gefahr, zur den jeweiligen Interessen unterworfenen Dispositionsmasse zu werden. Z. B. werden in der Bauleitplanung im Wege der Abwägung durch die Baubehörden die naturschutzrechtlichen Belange zu häufig als nachrangig betrachtet, weil Investoren-Interessen als gewichtiger angesehen werden (GRUEHN & KENNEWEG, 1999).

Auch besteht ein gravierendes Defizit darin, dass weder die tatsächliche Eingriffswirkung noch der Erfolg der vorgesehenen Ausgleichsmaßnahmen einer ausreichenden Erfolgskontrolle unterzogen werden (HAAREN ET AL., 1997). Oft bestehen nur unzureichende Flächenverzeichnisse, und es ist auch nicht ungewöhnlich, dass ein und dieselbe Fläche mehrfach und für verschiedene Ausgleichsmaßnahmen herangezogen wird und dabei ältere Maßnahmeeffekte zerstört werden. Erhebliche Vollzugsdefizite bestehen also insbesondere bei den Erfolgskontrollen (HAAREN ET AL., 1997; REXMANN ET AL., 2001).

Eine Effizienz-Steigerung könnte durch das verstärkte Heranziehen der naturschutzrechtlichen Ausgleichsabgabe (§ 19 Absatz 4 Bundesnaturschutzgesetz und entsprechende Regelungen in den Naturschutzgesetzen der Länder) erreicht werden. Sie greift dann, wenn weder Ausgleichs- noch Ersatzmaßnahmen angeordnet werden können. Als modernes marktwirtschaftliches Instrument belastet sie den Naturverbrauch finanziell direkt beim Verursacher. Allerdings darf die Ausgleichszahlung, z. B. gem. § 15 (6) Landesnaturschutzgesetz Mecklenburg-Vorpommern, erst dann erhoben werden, wenn die durch den Eingriff verursachten Beeinträchtigungen der Natur durch Ersatzmaßnahmen nachweisbar nicht behoben werden können. Diese Hürde erscheint zu hoch. Im Landesnaturschutzgesetz von Bremen ist die Anwendung demgegenüber etwas leichter: In §11 Abs. 2 heißt es u.a., dass die Ausgleichsabgabe dann erhoben werden darf, wenn sinnvolle Ersatzmaßnahmen nicht möglich sind.

Insgesamt sollten hier aber Erleichterungen im Sinne der einfacheren und vorgezogenen Handhabung des Instrumentes Ausgleichsabgabe erwogen werden, um damit den Verwaltungsvollzug z. B. dann zu vereinfachen, wenn unzureichende Ersatzpflanzungen zu erwarten sind oder für denkbare Ersatzmaßnahmen nicht ausreichend große (Grund)Flächen zur Verfügung stehen. Die Ausgleichsabgabe muss allerdings streng zweckgebunden für tatsächliche Naturschutzzwecke verwandt werden.

Vergessen werden darf bei der Ausgleichs-Diskussion jedoch nicht, dass zunächst vorrangig alle Anstrengungen unternommen werden müssen, den Eingriff als solchen zu verhindern oder seine negativen Wirkungen zu minimieren. Anschaulich zeigt dies das folgende Beispiel.

Fallbeispiel zur unzureichenden Umsetzung der Eingriffsregelung: Alleenschutz in Mecklenburg-Vorpommern

Aufgrund der landeskulturellen und klimatologischen Bedeutung der Alleen in Mecklenburg-Vorpommern (M.-V.) genießt ihr Schutz hier Verfassungsrang (Art. 12 Abs. 2 Landes-Verfassung M.-V.). Deshalb ist die Ausnahmeregelung zur Fällung von Alleebäumen in § 27 Abs.2 Landes-Naturschutz-Gesetz M.-V. restriktiv gefasst. Die untere Naturschutzbehörde kann im Einzelfall Ausnahmen zulassen, wenn die Maßnahme aus überwiegenden Gründen des Gemeinwohles notwendig ist. Eine Maßnahme nach Satz 1 dient in der Regel erst dann überwiegenden Gründen des Gemeinwohls, wenn sie aus Gründen der Verkehrssicherheit zwingend erforderlich ist und die Verkehrssicherheit nicht auf andere Weise verbessert werden kann.

Dieser Normanspruch korreliert jedoch nicht mit der Vollzugswirklichkeit. Pro Jahr werden ca. 2000 Alleebäume an Bundes- und Landesstraßen in M.-V. gefällt (UMWELTMINISTERIUM MECKLENBURG-VORPOMMERN, 2001). Der normierte Ausnahmefall wird zur praktizierten Regel.

Zu prüfen ist, welche Ursachen dieses erhebliche naturschutzrechtliche Vollzugsdefizit hat. Festzuhalten ist, dass eine erhebliche Anzahl von Fällungen hätte vermieden werden können, wenn das Verhältnismäßigkeitsprinzip, wie es im 3. Halbsatz („...Verkehrssicherheit nicht auf andere Weise verbessert werden kann") des § 27 (2) Satz 2 Landes-Naturschutzgesetz M.-V. zum Ausdruck kommt, strikt eingehalten worden wäre. An Unfallschwerpunkten kann in der verstärkten Ausweisung von 30 km-Zonen ein „minderschweres Mittel" gesehen werden; dieses Mittel wird aber nach aller Erfahrung viel zu wenig eingesetzt. Die Gründe dafür liegen u.a. in folgendem:

Zwar gilt auch für Eingriffe in Alleen das Einvernehmenserfordernis des § 16 Absatz 2 LNatSchG M-V, d. h. ohne die Zustimmung der Naturschutzbehörden darf der Vorhabensträger Alleebäume nicht fällen lassen. Allerdings beziehen sich die Straßenbauämter und Landkreise, die für die Landes- und Kreisstraßen zuständig sind, rechtsfehlerhaft auf den mit dem Art.3 des LNatSchG 1998 geänderten § 10 Absatz 2 Satz 2 des Straßen- und Wegegesetzes M.-V., der Genehmigungen zur Fällung von Alleebäumen angeblich dann nicht verlangt, wenn das Landesbauamt oder der Landkreis den Bau und die Unterhaltung der betreffenden Straße leiten. Damit wird dem Fällen des Alleebaumes allzu schnell zugestimmt, da den o.g. Entscheidungsträgern ihr Bauprojekt in der Abwägung nach aller Erfahrung am wichtigsten ist und diese sich wenig Mühe bei der Suche nach weniger schweren Eingriffen geben (VON BOSSE, 2002).

Die o.g. Auslegung ist jedoch fehlerhaft. Denn eine Alleebaumfällung ist

„verboten" (§ 27 (1) LNatSchG), es sei denn es liegen rechtsfehlerfrei zu handhabende Ausnahme-Tatbestände vor. Somit greift § 10 Absatz 2 Satz 4 Straßen- und Wegegesetz, der bei „Ausnahmen" das LNatSchG unberührt lässt, d. h. Fäll-Genehmigungen als Ausnahme sind weiterhin von der Naturschutzbehörde zu erteilen (§ 16 Absatz 2 LNatSchG M.-V., siehe auch: Drucksache des Landtages Mecklenburg-Vorpommern 2/3443 1998, 172f).

Zu konstatieren ist also, dass im Vollzug des Alleenschutzes unzulässige, erweiternde Gesetzesauslegungen vorgenommen werden, die den Vollzug defizitär werden lassen. Denn das Einhalten der gesetzlichen Regelung, dass ein Straßenbauamt die untere Naturschutzbehörde im Rahmen des Einvernehmens zu beteiligen hat oder, dass ein Landkreis die oberste Naturschutzbehörde zu beteiligen hat (§ 16 Absatz 2 Satz 2 LNatSchG), stellt ein gewolltes Hindernis gegen allzu leichtfertig genehmigte Fällungen dar. Allerdings dürfte auch im Falle der ordnungsgemäßen Beteiligung die Gefahr bestehen, dass die Verkehrssicherheitsbelange abwägungsfehlerhaft in den Vordergrund rücken. Denn erfahrungsgemäß setzen die Straßenbauämter und die Landräte die Naturschutzbehörden allzu oft unter Druck, den Fällungen zuzustimmen, da 30-km/h-Zonen in der Bevölkerung wenig konsensfähig sind.

Dem ist in § 65a der Novelle 2002 zum LNatSchG M.-V. insofern ein (erfahrungsgemäß nicht oft genutzter) Riegel vorgeschoben worden, als die Verbandsklage als mögliches Kontrollinstrument eingeführt wurde, allerdings erst, wenn mehr als 10 Alleebäume durch die Ausnahmeerteilung betroffen sind.

4 Resümee und Bewertung

Was lehren uns diese Beispiele? Wie entsteht eine solche, sowohl wissenschaftlichen Erkenntnissen als auch Gesetzen oder internationalen Vereinbarungen widersprechende Handlungsweise und was kann dagegen getan werden?

Es wird nicht rechtskonform gehandelt. Der Akteur ist die Regierung. Beim Bremer Fallbeispiel der FFH-Gebietsmeldungen zeigen sich die Wechselwirkungen und Grenzen zwischen dem SPD/CDU-Senat (der Exekutive) und den Regierungsfraktionen (der Mehrheit der Legislative) besonders deutlich. Ausgelöst durch die Verweigerungs- bzw. Blockadehaltung der CDU und ihres Wirtschaftssenators unterbleibt die gebotene Meldung des Hollerlandes als FFH-Gebiet. Trotz besseren Wissens lösen weder die SPD-Fraktion noch ihre Umweltsenatorin, als Teil der Regierung, dieses gesetzwidrige Handeln auf.

Das Beispiel Bremen stellt hier aufgrund der großen Koalition einen Extremfall dar, der sich mithin besonders eignet, das demokratietheoretische Problem zu veranschaulichen. SPD und Grüne haben eine zahlenmäßige Mehrheit im Landesparlament, die SPD-Abgeordneten können in der Sache das Notwendige bewirken. Und dennoch nehmen weder sie noch die CDU-Abgeordneten ihre Aufgabe, die Kontrolle der Exekutive, wahr. Dieses Verhalten resultiert aus der gängigen Praxis des Fraktionszwanges und der Stützung der Regierung, an der die eigenen ParteienvertreterInnen beteiligt sind. Kontrolle findet also nur durch die - zahlenmäßig stets unterlegene - Opposition statt. Die postulierte, de facto aber nur schwach ausgeprägte Gewaltenteilung und Kontrolle der Exekutive durch die Legislative führt im Umweltbereich u.a. zur Vernachlässigung fachlicher und naturwissenschaftlich-ökologischer Kenntnisse.

Eine Möglichkeit, die Einhaltung des Ordnungsrechts zu verbessern besteht darin, das Durchsetzungsvermögen der Wissenden, aber oft Machtlosen zu vergrößern. Das Verbandsklagerecht müsste in Umweltgesetzen häufiger implementiert sein.

Auch die Europäische Union könnte die Daumenschrauben anziehen: Umsetzungsdefiziten aus EU-Recht müssten effektivere Sanktionen folgen. So hat z. B. Mecklenburg-Vorpommern seine FFH-Gebiete deshalb nach Begutachtung der Kontinental-Region als eines der ersten Bundesländer „vollständig" gemeldet, weil die EU überzeugend mit Fördermittelentzug gedroht hatte.

Dennoch scheint ohne gravierende Neuerungen außerhalb des Umweltrechts es in naher Zukunft nicht hinreichend lösbar zu sein, dass sich fachliche Erkenntnis und das sachlich Gebotene bzw. das an der Sache orientiert Naheliegende in der praktischen Politik angemessen niederschlagen wird. Die Rahmenbedingungen für Umweltschutz mittels Ordnungsrecht werden sich voraussichtlich zukünftig weiter verschlechtern. Mit den jeweiligen Verwaltungsreformen des Bundes und der Länder, einhergehend mit dem Abbau von Personal, wird die Dimension des dargelegten Vollzugs-Problems noch erheblich zunehmen.

Deshalb führt - neben der Nutzung ehrenamtlichen Umweltschutzes, insbesondere der Verbände - kein Weg daran vorbei, ökonomische Steuerungsinstrumente weiter auszubauen bzw. zu entwickeln.

Wenn wir Umweltschutz wollen, wenn wir die natürlichen Lebensgrundlagen auch für zukünftige Generationen erhalten wollen, dann fehlt es nicht an ökologischem Wissen. Vielmehr muss es in Zukunft vor allem darum gehen, gesellschaftliche Steuerungsmechanismen zu entwickeln und zu implementieren, die dieses Wissen effektiver wirksam werden lassen.

References

GRUEHN, D. & KENNEWEG, H., 1999. Berücksichtigung der Belange von Naturschutz und Landschaftspflege in der Flächennutzungsplanung, 82, BfN-Skripten 6. Verlag Bundesamt für Naturschutz, Bonn.

HAAREN, C., JANSSEN, U., HAUBFLEISCH, E. & HORN, R., 1997. Naturschutzfachliche Erfolgskontrollen, Natur und Landschaft 1997, 326. Verlag W. Kohlhammer.

LANDESREGIERUNG MECKLENBURG-VORPOMMERN, 1998. Unveröffentlichtes Protokoll des Umweltministeriums.

REHBINDER, E., 1996. Das Vollzugsdefizit im Umweltrecht und das Umwelthaftungsrecht. Leipziger Universitätsverlag GmbH.

REXMANN, B., TEUBERT, H. & TISCHOW, S., 2001. Erfolgskontrollen - Erfordernisse, methodische Ansätze und Ergebnisse am Beispiel des Neubaus der A 14 zwischen Halle und Magdeburg, BfN-Skripten 44. Verlag Bundesamt für Naturschutz, Bonn.

RÜTHER, W., 1992. Defizite im Vollzug des Umweltrechts und des Umweltstrafrechts, Informationsdienst Umweltrecht 1992, 152. Verlag Verein für Umweltrecht, Bremen.

SENATOR FÜR BAU UND UMWELT (SBU), 1999. Gebietsvorschläge zur abschließenden Umsetzung der FFH-RL der EU (92/43/EWG) in Bremen (2. Tranche).

UMWELTMINISTERIUM MECKLENBURG-VORPOMMERN, 2001. Statistik des Umweltministeriums M.-V. für 2000. Verlag und Herausgeber Umweltministerium M.-V., Schwerin.

VON BOSSE, A., 2002. Regelungs- und Vollzugsdefizite im Naturschutzrecht - Am Beispiel von Mecklenburg-V., Themenarbeit. Universität Greifswald, unveröffentlicht.

WILKENS, H., 1999. Bewertung des NSG 'Westliches Hollerland' (Leher Feld) gemäß der Fauna-Flora-Habitat-Richtlinie (FFH-RL) der Europäischen Union. Im Auftrag der Freien Hansestadt Bremen, Senator für Frauen. Gesundheit, Jugend, Soziales und Umweltschutz, Bremen.

Theorie in der Ökologie

Herausgegeben von Broder Breckling

Band 1 Broder Breckling / Felix Müller (Hrsg.): Der Ökologsche Risikobegriff. Beiträge zu einer Tagung des Arbeitskreises „Theorie" in der Gesellschaft für Ökologie vom 4.-6. März 1998 im Landeskulturzentrum Salzau. 2000.

Band 2 Kurt Jax (Hrsg.): Funktionsbegriff und Unsicherhet in der Ökologie. Beiträge zu einer Tagung des Arbeitskreises „Theorie" in der Gesellschaft für Ökologie vom 10. bis 12. März 1999 im Heinrich-Fabri-Institut der Universität Tübingen in Blaubeuren. 2000.

Band 3 Hauke Reuter: Individuum und Umwelt. Wechselwirkungen und Rückkopplungsprozesse in individuenbasierten tierökologischen Modellen. 2001.

Band 4 Fred Jopp / Gerd Weigmann (Hrsg.): Rolle und Bedeutung von Modellen für den ökologischen Erkenntnisprozeß. 2001.

Band 5 Kurt Jax: Die Einheiten der Ökologie. Analyse, Methodenentwicklung und Anwendung in Ökologie und Naturschutz. 2002.

Band 6 Franz Hölker (ed.): Scales, Hierarchies and Emergent Properties in Ecological Models. 2002.

Band 7 Achim Lotz / Johannes Gnädinger (Hrsg.): Wie kommt die Ökologie zu ihren Gegenständen? Gegenstandskonstitution und Modellierung in den ökologischen Wissenschaften. Beiträge zur Jahrestagung des Arbeitskreises Theorie in der Gesellschaft für Ökologie vom 21.-23. Februar 2001 im Kardinal-Döpfner-Haus Freising (Bayern). 2002.

Band 8 Katrin S. Romahn: Rationalität von Werturteilen im Naturschutz. 2003.

Band 9 Hauke Reuter / Broder Breckling / Arend Mittwollen (Hrsg.): Gene, Bits und Ökosysteme. Implikationen neuer Technologien für die ökologische Theorie. 2003.

Karin Mathes / Broder Breckling / Klemens Ekschmitt (Hrsg.): Systemtheorie in der Ökologie. Beiträge zu einer Tagung des Arbeitskreises *Theorie* in der Gesellschaft für Ökologie: Zur Entwicklung und aktuellen Bedeutung der Systemtheorie in der Ökologie. Schloss Rauischholzhausen im März 1996. 1996.

Dieser Band ist ausschließlich erhältlich bei:
Geschäftsstelle der Gesellschaft für Ökologie, Institut für Ökologie, Technische Universität Berlin, Rothenburgstr. 12, 12165 Berlin, Tel.: 030-314 713 96, Fax: 030-314 713 55, E-Mail: gfoe@tu-berlin.de

Achim Lotz / Johannes Gnädinger (Hrsg.)

Wie kommt die Ökologie zu ihren Gegenständen?

Gegenstandskonstitution und Modellierung in den ökologischen Wissenschaften.

Beiträge zur Jahrestagung des Arbeitskreises Theorie in der Gesellschaft für Ökologie vom 21.-23. Februar 2001 im Kardinal-Döpfner-Haus Freising (Bayern)

Frankfurt/M., Berlin, Bern, Bruxelles, New York, Oxford, Wien, 2002.
XII, 235 S., 30 Abb.
Theorie in der Ökologie. Herausgegeben von Broder Breckling. Bd. 7
ISBN 3-631-39705-4 · br. € 37.80*

Die Gegenstände der Ökologie können nicht als voraussetzungslos gegeben begriffen werden. Sie sind vielmehr Ergebnis vielschichtiger Konstitutionsprozesse und hängen maßgeblich von den zu Grunde gelegten Naturbegriffen ab. Gemeinsam ist diesen die im abendländischen Denken verwurzelte Konzeption von „Natur" als Ort der „Nicht-Kultur". Die ökologischen Wissenschaften sind bei der Bearbeitung der als ökologische Krisenphänomene formulierten gesellschaftlichen Problemlagen aufgefordert, Wissen darüber zu erarbeiten, inwieweit „Natur" belastbar ist, wie sie gestaltet werden kann und mit welchen Techniken sie dauerhaft nutzbar bleibt. Die vorrangig auf der dichotomen Trennung von Natur und Kultur basierenden naturwissenschaftlich-technischen Lösungsstrategien werden jedoch zunehmend problematisch. Vor diesem Hintergrund werden in dem Buch Fragen der Gegenstandskonstitution, der Modellierung und Theoriebildung in der ökologischen Forschung behandelt.

Die Beiträge gehen auf eine Tagung des Arbeitskreises Theorie in der Gesellschaft für Ökologie (GfÖ) zurück. In ihrer Mehrzahl gehen sie von der Notwendigkeit der Rekonstruktion dessen aus, was wir alltagssprachlich als „Natur" bezeichnen. Die Perspektiven, die in diesem Band ausgebreitet werden, reichen von historisch und wissenschaftssoziologisch motivierten Arbeiten über wissenschaftsphilosophische Beiträge bis hin zu neuen theoretisch-methodologischen Konzepten in der Ökologie sowie in der sozial-ökologischen Forschung.

Frankfurt/M · Berlin · Bern · Bruxelles · New York · Oxford · Wien
Auslieferung: Verlag Peter Lang AG
Moosstr. 1, CH-2542 Pieterlen
Telefax 00 41 (0) 32 / 376 17 27

*inklusive der in Deutschland gültigen Mehrwertsteuer
Preisänderungen vorbehalten

Homepage http://www.peterlang.de